国外页岩气采气技术进展

范 宇 叶长青 刘 青
杨 建 蔡道钢 王永红 等著

石油工业出版社

内 容 提 要

本书主要聚焦 Haynesville、Marcellus 和 Eagle Ford 三个北美页岩气开发区块并将其作为对比对象，介绍了国外页岩气开发情况，通过压裂后返排制度、排水采气工艺技术、水平井动态检测技术、增产增压开采技术、自动化监测与管理技术五个方面详细讲解了页岩气采气技术，以涪陵页岩气田为例阐述了国内页岩气采气工艺技术现状，旨在推动国内推动页岩气开发及采气技术发展。

本书可供从事油田开发、采油气工程、油田化学等相关研究的科学技术人员及高等院校石油相关专业师生参考阅读。

图书在版编目（CIP）数据

国外页岩气采气技术进展 / 范宇等著 . —北京：石油工业出版社，2023.9

ISBN 978-7-5183-5719-2

Ⅰ . ①国… Ⅱ . ①范… Ⅲ . ①油页岩 – 油田开发 – 研究 – 国外 Ⅳ . ① P618.130.8

中国版本图书馆 CIP 数据核字（2022）第 202650 号

出版发行：石油工业出版社
（北京安定门外安华里 2 区 1 号 100011）
网 址：www.petropub.com
编辑部：（010）64249707
图书营销中心：（010）64523633
经 销：全国新华书店
印 刷：北京九州迅驰传媒文化有限公司

2023 年 9 月第 1 版 2023 年 9 月第 1 次印刷
787×1092 毫米 开本：1/16 印张：13.75
字数：345 千字

定价：100.00 元

《国外页岩气采气技术进展》
编委会

主　　编：范　宇

副 主 编：叶长青　刘　青　杨　建　蔡道钢　王永红

编写人员：（按姓氏笔画排序）

前　言

中国境内页岩气资源丰富，据自然资源部中国地质调查局 2015 年 6 月发布的《中国页岩气资源调查报告（2014）》，页岩气资源总量为 $134.4 \times 10^{12} m^3$，可采资源 $25 \times 10^{12} m^3$，尤其深层页岩油气资源占相当比重。经过近几年发展，国内在页岩气方面已经具备 3500m 以浅页岩气井开采技术能力，3500~4000m 配套开采技术虽取得重大进展，但距商业性开发还很遥远，国内深层页岩气勘探程度总体较低。深层页岩气开发是世界性难题，壳牌、康菲、埃尼和 HESS 公司先后退出国内深层页岩气开发，目前 BP 公司在内江—大足和荣昌北深层区块的开发也面临巨大挑战。

2019—2021 年，中国石油天然气集团有限公司设立了"深层页岩气有效开采关键技术攻关与试验"重大现场实验项目，针对国内当时页岩气排采还未形成主体排采工艺，页岩气光纤监测技术发展还面临工艺不成熟、数据解释不完善，无法真正指导生产作业等问题，开展国内外页岩气采气技术调研，为国内页岩气开发提供借鉴，并基于调研撰写了本书。书中介绍了国外 Haynesville、Marcellus 和 Eagle Ford 三个区块的页岩气开发情况，通过压裂后返排制度、排水采气工艺技术、水平井动态检测技术、增产增压开采技术、自动化监测与管理技术五个方面详细讲解了页岩气采气技术，以涪陵页岩气田为例阐述了国内页岩气采气工艺技术现状，为推动页岩气开发及采气技术发展起到了重要支撑作用。

全书分为七章，第一章由范宇、刘青、杨雄文、彭齐、王勋杰、熊杰等负责编写，第二章由叶长青、王果、孙风景、吴勇、唐寒冰、杨建英等负责编写，第三章由杨建、杨智、何轶果、余帆、王庆蓉、于洋、王晓娇等负责编写，第四章由刘青、刘得军、刘宇、李文宏、肖帆、罗远平、刘波等负责编写，第五章由蔡道钢、叶长青、李泊春、蒋密、戴敏、蒲欢、朱庆等负责编写，第六章由刘青、刘得军、高翔、李建申、刘怀亮、郑健、张小涛、谢波等负责编写，第七章由王永红、高翔、吴晰、周玮、房烨欣、谭昊等负责编写，整体统筹策划与校勘由叶长青、刘青完成。

在本书的编写过程中，得到了中国石油西南油气田公司、中国石油集团工程技术研究院有限公司、中国石油大学（北京）等相关单位各级领导和广大技术人员的大力支持，在此表示衷心的感谢！

页岩气采气技术涉及领域较广，加之近年来页岩气采气技术发展较快，故本书很难包罗所有的采气工艺技术。由于编写人员水平有限，书中难免存在不足或纰漏，望广大读者给予批评指正！

目　录

第1章 国外页岩气开发概况

页岩气是一种非常规天然气资源，具有很大的开发潜力，高效开发页岩气对保障能源安全具有重要作用。国外的页岩气开发以美国为主，美国是目前世界上最早商业化开发页岩气的国家。美国页岩气资源量达 $16.9×10^{12}m^3$，可开采资源量 $7.47×10^{12}m^3$。至 20 世纪 90 年代末，美国页岩气产量一直徘徊在（30~50）×10^8m^3/a。2000 年新技术的应用及推广，使得页岩气产量迅速增长。2005 年进入大规模勘探开发，成功开发了 Fort Worth 等 5 个盆地的页岩气田，产量以 $100×10^8m^3$/a 的速度增长。自 2009 年以来，北美的页岩气开发发生了革命性的变化，目前美国已取代俄罗斯成为世界最大的天然气生产国，实现了自给自足，并能连续开采上百年。

1.1 国外页岩气开发情况介绍

美国是最早进行页岩气开发的国家，主要区块有 Haynesville、Marcellus 和 Eagle Ford 三个页岩气田。Haynesville 区块主要为深层页岩气，对深层排水采气技术有着深入的研究及应用经验。Marcellus 区块为美国东北部山地页岩气田，其在地面建设及排水采气管理技术方面积累了大量的经验。Eagle Ford 页岩气田含有较多的凝析油，在排液采气技术方面具有较好的应用经验。

1.1.1 Haynesville 页岩气田

在美国排名前十的页岩气开发区块中，Haynesville 页岩气田埋藏深度最深，范围为 3200~4500m，储层有效厚度为 60~90m。该区块采取水平井开发的模式，已部署实施的气井垂深为 3000~3500m，水平段长为 2000~3000m。钻完井后通过水力压裂来进行储层改造，压裂级数 40 级。

1.1.2 Marcellus 页岩气田

Marcellus 页岩气田位于美国东部诸州。目前，对 Marcellus 的钻探区域主要集中在一条东北—西南走向的油气带上，油气带长度超过 800km（500mile），主要针对 Marcellus 垂直深度为 1370~2750m 的页岩储层。该区块地层压力变化范围比较大，从西南部的低压 10MPa，至东北部的中高压 30MPa。经过十多年的勘探开发，Marcellus 页岩其开发区块涵盖了 Pennsylvania 和 West Virginia 的 26 个县，共有 31 家作业者参与开发。

1.1.3 Eagle Ford 页岩气田

Eagle Ford 页岩气田位于 Texas 东部，截至 2021 年 1 月，共有油井 16749 口，气井

7463 口，已经获得钻井许可的井 1448 口。Eagle Ford 页岩气储层的范围、厚度及地层的变化在很大程度上受到区域构造特征的制约，它包括 Mawarrick Basin、The Arch of SAN Marcos、City of Stuart、Sligo Shelf Edge，以及 East Texas Basin 等。

1.2　国外页岩气区块地质及开发特征

美国页岩气开发快速发展是技术进步、需求推动和政策支持等多种因素合力作用的结果，从技术进步角度来看，则主要得益于以下几方面的关键技术：前期的页岩气藏分析、地层评价、岩石力学分析，后期的钻完井技术、压裂增产技术以及合理的页岩气生产技术。

1.2.1　Haynesville 页岩气田

Haynesville 页岩气田的生产区域位于美国 Texas 东北部以及 Louisiana 中西部，面积约为 13468km²。页岩气的技术可采储量为 $2.11×10^{12}m^3$，是美国含气量最丰富的页岩区块之一，自 2007 年进入快速发展阶段后，该气田目前是美国页岩气的主要产地之一。

1.2.1.1　地质概况

地质研究表明，Haynesville 页岩形成于侏罗纪晚期，存在两个沉积中心，页岩厚度均比较大，孔隙度为 8%~14%，束缚水饱和度和总有机碳含量相对较低，绝大多数游离气储存在非有机质骨架中。Haynesville 页岩是晚侏罗世富含有机质的页岩，覆盖 Texas 东部和 Louisiana 西北部约 20 个县 / 教区。从地层上看，Haynesville 页岩靠近其他 4 个产气区，即 Bossier 页岩、CottonValley 石灰岩、CottonValley 砂岩和 Smackover 石灰岩。

Haynesville 页岩气产区进一步细分为 7 个区，分别为 Shelby Trough、Carthage、Greenwood-Waslfkom、Spider、Woodardville、Caspiana Core 和 Haynesville Combo。Haynesville 页岩埋藏深度为 2700~4900m，具有北部（Carthage、Greenwood-Waslfkom、Haynesville Combo）较浅、南部（Shelby Trough、Spider、Woodardville）较深的特征；页岩储层厚度为 15~130m，具有北部（Carthage、Greenwood-Waslfkom）较厚、南部（Shelby Trough、Spider）较薄的特征。页岩平均孔隙度为 8%~10%，基质渗透率为 0.005~0.8mD，TOC 含量为 2%~6%，R_o 值为 14%~22%。气藏具高温（71~143℃）高压（54~98MPa）特性。Haynesville 页岩气地质储量为 $13.85×10^{12}m^3$，可采储量为 $4.18×10^{12}m^3$，游离气储量丰度平均为 $1028×10^8m^3/km^2$，在中东部（Woodardville、Caspiana Core）及西南部（Shelby Trough）高，向外围逐步降低。

Haynesville 页岩气区块上部的 Glenrose、Rodessa 等地层岩性以泥岩、膏岩为主；中间的 Hosston、Cottonvalley、Knowles 等地层岩性分别为高研磨性石英砂岩、含砾砂岩、石灰岩，厚 800~1200m，单轴抗压强度 70~315MPa，软硬交错、可钻性差、研磨性强；下部的 Bossier 为含气页岩层，裂缝较发育，是 Haynesville 页岩气的目的层，该段地层压力系数 1.66~2.08，最高井底温度接近 180℃。

与其他页岩区块相比，Haynesville 页岩的独特性在于其深度为 3048~4420m（垂深），具有异常高的压力（1.66~2.08g/cm³），高温（138~176℃），62.1~82.7MPa 的闭合应力，主要是方解石填充的天然裂缝，孔隙压力超过 68.9MPa，延展性接近煤炭（布氏硬度约为 18）。

从组成上看，Haynesville 页岩主要由黏土大小的颗粒组成，并含有少量淤泥和砂。

黏土含量通常小于 40%，镜质组反射率为 13%~24%（在干气窗口内），总有机碳含量为 3%~5%。厚度从 45.72m 到 121.92m 不等。核心数据表明基质渗透率在 5~800nD 之间，孔隙度从 6% 到 12% 不等，含水饱和度从 25% 到 35% 不等。图像记录显示了矿化的天然裂缝和小裂缝，这些裂缝可能在压力下扩张，并导致未成熟的裂缝断裂。

岩心分析和测井解释表明，Haynesville 页岩上部较脆，二氧化硅、方解石含量较高，总有机碳含量也较高，因此，此页岩可选择为最佳完井层位。页岩下部较软，有较好的延展性，并且具有更高的黏土含量，这会导致支撑剂嵌入并降低电导率。由于其延展性，与较脆页岩（Barnett 页岩等）相比，Haynesville 页岩往往具有较少的复杂裂缝。因此，完井设计中可能需要更多的增产入口点。

1.2.1.2　生产特征

Haynesville 区块的第一口发现井是 2004 年 4 月施工的，2006 年初证实 Haynesville 页岩储层具有实施水平井和多段压裂的可行性，2007 年 12 月完钻该区第一口水平井，随后天然气价格的持续走高以及 Barnett 和 Fayetteville 页岩气产区采用水平井开发取得良好成效，拉开了 Haynesville 页岩气产区规模开发的序幕。该区块，2008 年开始规模建产，2010 年天然气价格约为 1.07 元 /m³，投产井数约为 900 口。随后，页岩气产量随之迅速上升，2012 年 1 月达到历史峰值产量 $2.09×10^8$m³/d，成为当时北美第一大页岩气田。2011 年 6 月至 2012 年 4 月天然气价格骤降，在高生产成本的压力下，投产井数在 1 年内降至不足 50 口 / 月，降幅高达 56%，随后几年天然气价格波动较大，投产井数在低值范围内小幅变化，产气量缓慢下降。当 2016 年 3 月气价仅 0.411 元 /m³ 时，页岩气产量跌至 $0.99×10^8$m³/d。2017 年以后随着生产成本的降低，LNG 出口需求的剧增，开发技术的持续进步以及天然气价格的回升，投产井数逐步恢复，气田产量稳步提高，2018 年 10 月超过历史峰值产量。2019 年 12 月，Haynesville 页岩气产区月均日产量为 $2.75×10^8$m³，是北美继 Marcellus 和 Permian 之后的第三大页岩气产区。图 1.2.1 直观显示了投产井数量、产气量和天然气价格之间的关系。

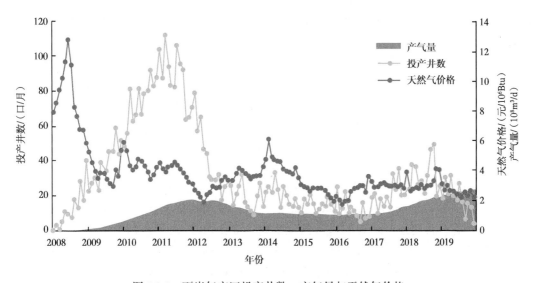

图 1.2.1　页岩气产区投产井数、产气量与天然气价格

相对 Barnett 和 Fayetteville 等美国其他页岩气产区，Haynesville 页岩由于埋藏深、地层压力高，单井平均初期产量最高。如图 1.2.2 所示，Haynesville 页岩气产量曲线显示井投产 4~5 个月内，产量较高；投产 5~30 个月内，产量逐步下降；投产 30 个月后，产量处于稳定的低产量阶段。

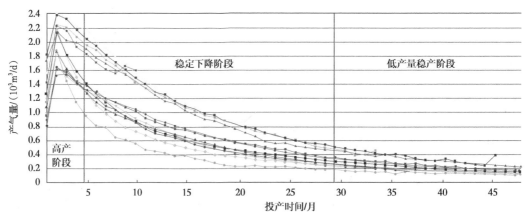

图 1.2.2　Haynesville 页岩气产量年对比曲线

Haynesville 页岩在该区块东南角深陷，温度接近 350℉。最佳油井区域的突出断层包括 Desoto、Louisiana、Red River 和 Parish of Caddo 的埃尔姆格罗夫断层以及 Shelby County、Texas 的斯托克曼断层。在沉积过程中，盆地向北变厚，向南隆升变薄。在北部，页岩层很厚，富含黏土。在南部，页岩很薄，富含方解石。

Haynesville 页岩中的大多数水平井眼都使用大量的水和以高速率泵送的支撑剂进行了压裂。成功的增产措施和井位的选择都是决定最终井性能的关键因素。支撑剂嵌入、破碎、成岩作用和细颗粒运移是增产作业后出现的问题，可能对油井性能产生不利影响。了解如何经济有效地创建广泛的增产储层体积（SRV）以及如何保持该 SRV 的电导率是在 Haynesville 页岩中提高生产井性能的关键。

Haynesville 的有开发潜力区域具有非常高的孔隙压力（当量钻井液密度 2.19g/cm³），以及良好的孔隙度和渗透率。这些良好的储层特征是厚度、总有机碳含量和高热条件下成熟的产物。因此，它产生的气体几乎没有凝析液。高孔隙压力梯度以及由此产生的高储层压力对页岩气开发是有利的先天条件，但也导致更高的钻井成本和完井成本。较高生产成本和较低井口天然气价格是导致 Haynesville 油田开发速度和钻井速度均比较缓慢的主要影响因素。

Haynesville 的长期生产特性是业界关注的问题，较高的储层压力影响了储层的改造效率。图 1.2.3 是 Louisiana Haynesville 井的累计产气量与产能指数的半对数图。由图 1.2.3 可以看出，基于后期生产趋势的预计恢复量约为 $8×10^9 ft^3$，而理想情况下的预测回收率约为 $11×10^9 ft^3$。$3×10^9 ft^3$ 的差异相当于 25%~30% 的采收率降低，这对油井经济性有较大的影响，且这种现象在此区块深层高压储层完井的井中出现较多。Haynesville 气田一般井的总产气量由预计的 $31×10^8 m^3$ 下降到 $22×10^8 m^3$，减少了约 $9×10^8 m^3$。

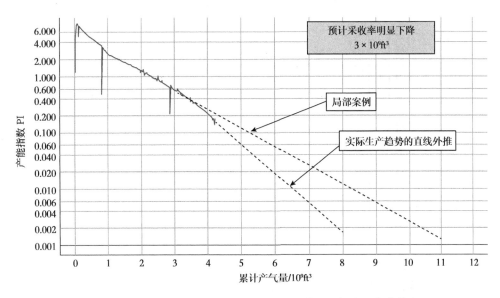

图 1.2.3　Haynesville 页岩气产能指数随累计产气量变化曲线

由于 Haynesville 气田主要是干气，加上初期产量较高，井内气体流速非常高，初期一般不会有排液问题。后期可能会出现的排液问题将结合人工举升技术一起探讨。

1.2.1.3　钻完井情况

Haynesville 页岩气区块钻井过程主要存在以下难点：

（1）二开 Hosston、Knowles、Cottonvalley 层段钻头机械钻速低、单只钻头进尺少、寿命低。2008 年，壳牌公司在 Hosston、Cottonvalley 等地层的平均机械钻速为 2~5m/h，一般需要 8~11 只钻头。

（2）页岩层段裂缝发育，埋藏深，温度高，地层孔隙压力大，钻井液密度高，造成该井段钻井工具、仪器易失效，机械钻速低，易发生井漏和溢流等。

（3）页岩段下套管时，环空间隙小，套管下入困难。

Haynesville 页岩气区块普遍采用水平井开发，因为产液问题较少，一般不会针对积液问题对井眼轨迹进行上倾或下倾设计，倾角一般根据地层倾角的变化来设计。Haynesville 地层下倾向为南—东南方向，而大部分井的方位是南北方向，总体来说下倾井数稍多于上倾井数。不同钻井方位时的井斜角倾向如图 1.2.4 所示。Haynesville 页岩气区块典型井身结构如图 1.2.5 所示。

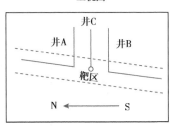

平面投影视图	主视图	定向数据表		

			井A	井B	井C
方位角/(°)			0	180	90
井斜角/(°)			<90	>90	90
说明			上倾	下倾	不倾斜

图 1.2.4　北向南变深目标区域的井眼井斜角和方位角

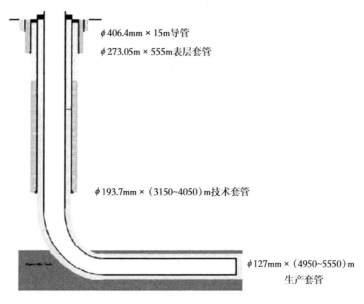

图 1.2.5　Haynesville 页岩气区块典型井身结构

Haynesville 区块固井完井后应用桥塞进行分段压裂，压裂作业需要在每个压裂井段设置一个桥塞，以隔离处理过的井筒。因此，水力压裂作业结束时，井内桥塞的数量取决于压裂井段所分的段数，Haynesville 区块水平井一般分段数量不低于 25 段。理论上，当气井开始生产时，来自下方的压力会推动桥塞球阀解封，流体从外缘裂缝末端流向井筒直至地面。但是，在生命周期内，需要对压裂桥塞进行钻塞作业，以清除井底沉砂。钻塞作业的重点是高速钻塞、碎屑清除、卡管预防、井控安全等。如果在压裂后短时间内就进行钻塞作业，裂缝闭合可能不完整，充填的支撑剂应力不足，容易出现裂缝出砂进入井筒。

图 1.2.6 展示了一口 Haynesville 区块 2019 年所钻井压裂作业后的作业简况。该井完井段为 3675~5832m，横向长度为 2157m，共使用了 60 只聚合物塞和 10 只可溶桥塞，每段压裂段长度为 30m。钻塞作业在压裂增产措施完成后立即进行，使用连续油管装置执行压裂塞钻塞作业。全井共钻塞 60 只，每天钻塞 25 只，返排前焖井 2d。

由于 Haynesville 区块压力较高，初期采用套管生产，待压力下降到允许带压作业时，尽早下入 $2\frac{3}{8}$in、$2\frac{7}{8}$in 或 $3\frac{1}{2}$in 油管生产，带压作业界限为油管内压力梯度小于 16.96kPa/m。

1.2.2　Marcellus 页岩气田

1839 年地质勘察首次在 New York 的 Marcellus 地区发现了部分页岩层露头，故将该页岩气藏命名为 Marcellus 页岩气藏。Marcellus 页岩气藏是迄今北美已投入开发的最大的页岩气藏之一。2005 年 Marcellus 页岩气藏开始规模投入开发，2010 年天然气年产量达到 $50.97\times10^8\text{m}^3$。随钻完井技术的进步和天然气价格的不断上涨，Marcellus 页岩气藏已成为北美天然气开发的焦点。

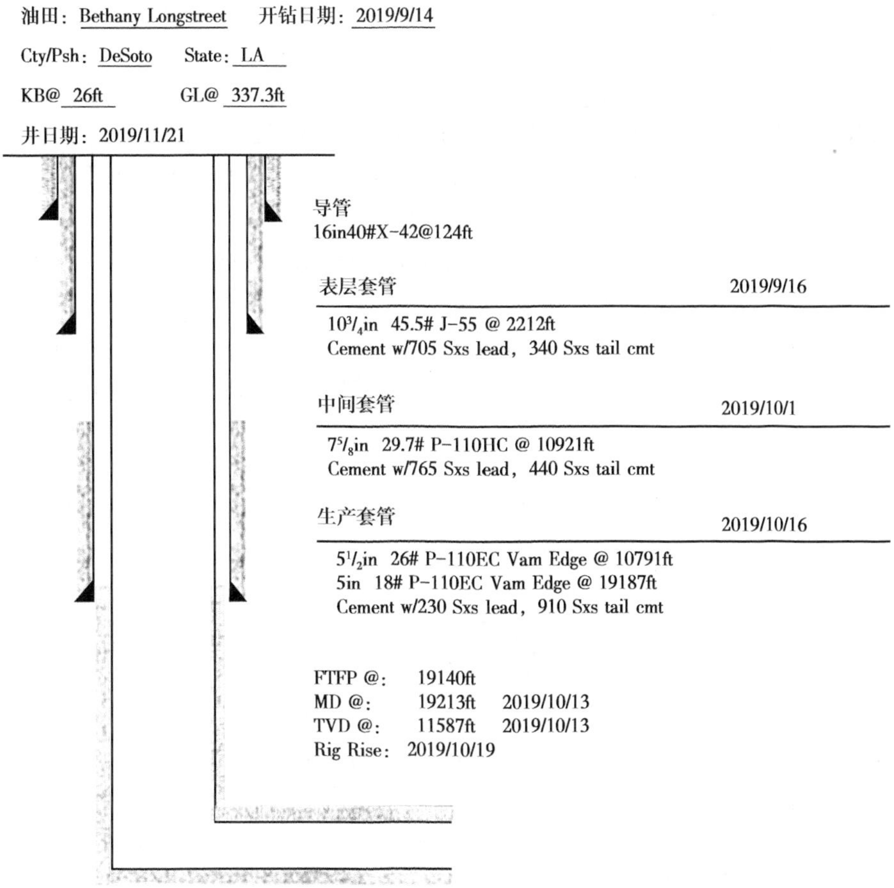

油田：Bethany Longstreet　　开钻日期：2019/9/14

Cty/Psh：DeSoto　　State：LA

KB@ 26ft　　GL@ 337.3ft

井日期：2019/11/21

导管
16in40#X-42@124ft

表层套管　　　　　　　　　　　　　　　　　　2019/9/16
$10\frac{3}{4}$in 45.5# J-55 @ 2212ft
Cement w/705 Sxs lead，340 Sxs tail cmt

中间套管　　　　　　　　　　　　　　　　　　2019/10/1
$7\frac{5}{8}$in 29.7# P-110HC @ 10921ft
Cement w/765 Sxs lead，440 Sxs tail cmt

生产套管　　　　　　　　　　　　　　　　　　2019/10/16
$5\frac{1}{2}$in 26# P-110EC Vam Edge @ 10791ft
5in 18# P-110EC Vam Edge @ 19187ft
Cement w/230 Sxs lead，910 Sxs tail cmt

FTFP @：　19140ft
MD @：　19213ft　　2019/10/13
TVD @：　11587ft　　2019/10/13
Rig Rise：2019/10/19

施工概况			序列号：251931
下面列出在钻井和完井过程中经作业许可后的所有工作			
作业许可证编号	完成作业日期	服务公司	作业描述
			开钻2019/9/14
			作业到井底 2019/10/13
			释放钻机2019/10/19
988-19-3	2019/11/1-15	Davis & Schlumberger	射孔/压裂12056~19135in
988-19-3	2019/11/16-20	CUDD Coil Tubing	12146~18046ft磨削后下入60个桥塞
			18146~19046ft留下10个可溶解的桥塞
988-19-3	2019/11/20-21	B&D Flowback Inc	起管试油后转入生产

图 1.2.6　Haynesville 区块 2019 年完井作业总结

1.2.2.1　地质概况

中泥盆统 Marcellus 页岩在 Appalachian 盆地内部广泛发育，Appalachian 盆地位于美国东北部，是美国最重要的油气产区之一。页岩地层由西南向东北方向延伸近 965km，主要在 New York、Pennsylvania、Ohio、West Virginia、Maryland 和 Virginia 的 $19425×10^4km^2$ 范围内发育。Marcellus 页岩气藏的核心区主要包括 Pennsylvania、West Virginia 和 New York 地区，核心区总面积为 $12.95×10^4km^2$。美国能源信息署（EIA）将 Marcellus 页岩气藏划分为两个部分：已开发区域和未开发区域。已开发区域是指目前已经有开发公司获取了矿权的区域，主要是在 West Virginia 和 Pennsylvania。已开发区域的面积为 $275.11km^2$，余下的 $21.82×10^4km^2$ 区域是指未被开发公司获取矿权的区域。

Appalachian 盆地是两亿年前经三次独立造山运动形成的非对称前陆盆地，盆地以前寒武纪结晶岩为基底，发育寒武系至二叠系沉积岩，沉积厚度达 12000m。Marcellus 页岩为碳质易碎、软到中等韧性、高放射性、灰黑色到黑色页岩，伴随石灰岩和碳酸盐胶结物充填在岩石缝隙内。页岩中富含黄铁矿，尤其在地层基部存在大量黄铁矿，石灰岩中有化石出现。多数地质学家认为泥盆系至密西西比系中的 Marcellus 页岩和其他黑色页岩起源于无氧深水沉积环境。然而也有部分学者给出了针对阿卡迪亚碎屑楔形层不同的解释结果，认为泥盆系页岩起源于浅水环境。不同区域和地层内的泥盆系页岩有机碳含量变化幅度较大。Marcellus 底部页岩层有机碳含量在 West Virginia 北部和 Pennsylvania 西南地区出现最高值 6%，在 Appalachian 盆地中心部位有机碳含量下降为 2%~4%。Marcellus 页岩镜质组反射率最小值 0.5%~1.0%（成熟峰值早期）出现在 Ohio 东部区域，最大值 3.0%~3.5%（过成熟）出现在 Pennsylvania 东部地区。

不同学者对 Marcellus 页岩气藏天然气储量的预测也有所不同。2006 年 Milici 预测的天然气地质储量为 $8.35×10^{12}m^3$。2008 年 Pennsylvania 州立大学和 New York 州立大学两位学者对 Marcellus 页岩气藏天然气储量进行了预测，认为其技术可采储量为 $14.2×10^{12}m^3$。美国地质调查局（USGS）最新的报告指出 Marcellus 页岩气藏的技术可采储量超过 $8.5×10^{12}m^3$。Engelder 最新的评价结果显示 Marcellus 页岩气藏技术可采储量可达 $13.85×10^{12}m^3$。

Marcellus 页岩是面积为数千平方英里单一连续的天然气烃源岩。作为 Appalachian 盆地内部的地层圈闭，Marcellus 页岩跨越盆地轴部的构造低部位。页岩底部的钻井深度向东南方向逐渐增加，沿 Lake Erie 的钻井深度为 600m，West Virginia 北部区域的钻井深度为 2400m，Maryland 到 Pennsylvania 中心部位的钻井深度为 2400~3000m。

Marcellus 页岩孔隙度主要由两个部分组成，分别为粒间孔隙和裂缝。粒间孔隙主要是指粉砂岩、黏土颗粒和有机质中的基质孔隙，平均孔隙度范围为 6%~10%。粒间孔隙中同时存储游离气和吸附气，多数粒间孔隙形成于有机质热分解形成石油的阶段。页岩中有机质热成熟度较高时（$R_o > 20%$），基质孔隙度通常为 2% 或更高。

Zielinski 研究指出 Marcellus 页岩渗透率范围为 0.13~0.77mD，平均渗透率为 0.363mD。Hill 给出的渗透率范围为 0.004~0.216mD。Engelder 给出的渗透率范围为 0.2~0.4mD。页岩极低的渗透率源于有机质的塑性压缩作用，液态烃的存在也会降低岩石的气相渗透率。

Marcellus 页岩气藏，地层具有轻微超压特征，在 Appalachian 盆地北部区域尤为明显。Marcellus 页岩在 West Virginia 西南区域的地层表现为欠压情形，Wrighstone 的研究给出了 West Virginia 西南区域的页岩压力梯度为 0.23~0.45MPa/100m，West Virginia 中心部位 Marcellus 页岩的压力梯度为 0.45~0.79MPa/100m。

Marcellus 页岩含气饱和度范围为 55%~80%，含水饱和度范围为 20%~45%。气藏开发过程中地层水几乎不能产出，表明页岩中没有自由水相，水相的相对渗透率为零。

Marcellus 页岩主要存在两组天然裂缝，分别为东北和西北方向。J1 裂缝倾角为 60°~75°，J2 裂缝倾角为 315°~345°。J1 和 J2 裂缝在 Marcellus 页岩气藏中广泛发育，然而在部分异常高压孔隙压力区域裂缝并未开启。

目前，对 Marcellus 的钻探主要集中在一条东北—西南走向的油气带上，油气带长度超过 800km（500mile），主要针对 Marcellus 页岩垂直深度为 1370m（4500ft）或更大的区域。截至 2010 年 7 月，据报道，Pennsylvania 和 West Virginia 26 个不同县的 Marcellus 页岩区有 100 多台钻机和 31 家作业者进行作业。到 2010 年年中，70 家公司在该区块的超压区域至少完成了 800 口井。2009 年和 2010 年，Chesapeake、Ultra Petroleum、East Resources 和 Talisman Energy 等油气生产商报告了包括 Pennsylvania Bradford 县和 Tioga 县的重大新发现。卡博特石油天然气公司报告了其水平井的一些最高初产，即（169.9~509.7）$\times 10^4 m^3$[（60~180）$\times 10^6 ft^3$/d]，因为其显著扩大了 Susquehanna 县项目区域。2010 年初，油气生产商 Range Resources 报告了上泥盆统杰纳西组（Genesee）和奥陶系尤蒂卡页岩的首次成功水平井测试，为进一步扩大 Appalachian 盆地页岩气开发开辟了新的机遇。

中泥盆统 Marcellus 页岩组位于哈密尔顿群下部，其上界为中泥盆统 Tully 石灰岩，下界为下泥盆统 Onondaga 石灰岩（Onesquethaw 群）。Marcellus 页岩主要分为两层，分别为下部 Marcellus/Union Springs 页岩和上部 Marcellus/Oatka Creek 页岩，它们被 Cherry Valley/Purcell 石灰岩隔开。

Marcellus 页岩的热成熟度模式（R_o）通常向东南方向增加，范围从 Pennsylvania 西北部和 Ohio 东部的 0.5% 到 Pennsylvania 东北部和 New York 东南部的大于 3.5%。最近的 Marcellus 页岩钻井活动和结果表明，最重要的油气潜力和产量发生在大约 1.0% 成熟度的东南方向。Marcellus 页岩区块中发育的两个新兴核心区具有不同的热成熟度特征。在西南地区，Marcellus 迄今已确定的产量出现在 1.0%~2.8% 的镜质组反射率范围内，东部的干气窗和西部的组合凝析油气层中都发现了商业天然气。在这里，Marcellus 页岩中的英热单位（Btu）含量从东到西约为 1000Btu，在靠近热成熟度 1.0% 等高线的西部地区接近 1400Btu。该区块东北部 Marcellus 已建立的生产区具有较高的热成熟度剖面，大部分生产发生在 R_o 值 20%~30% 之间。这里，燃烧值在 1000~1080Btu 的范围内。对 Pennsylvania Range Resources 公司钻取的 15 口井的专有整体岩心和井壁方案数据的分析表明，Marcellus 页岩中的 TOC 值范围在 1%~15%。纽约 Marcellus 页岩区块的最新研究表明，Marcellus 页岩的 TOC 值平均为 6.5%，范围在 1%~11% 之间。

已确定 Marcellus 页岩中的三种压力状态，包括欠压、过渡（仍然欠压）和正常至超压。在 West Virginia 南部和中南部，Marcellus 页岩和其他较浅储层的压力梯度显著降低，从小于 2.262kPa/m 到 5.655kPa/m 不等。低压区对 Marcellus 页岩的生产性能产生负面影响。假设 Marcellus 页岩的过渡压力区穿过 West Virginia 中部，预计压力梯度为 5.655~9kPa/m。West Virginia 中北部 Marcellus 页岩区带的大部分剩余部分拟采用正常至超压梯度，向北进入 Pennsylvania 和纽约南部。预计这些区域的压力梯度范围为 9.7kPa/m 以上。还应注意，沿区块东部边缘，靠近结构前缘，可能存在压力梯度下降，可能是由于缺乏上覆密封完整性和（或）接近结构前缘的保存有机物减少所致。根据最近在 Pennsylvania 东北部、Pennsylvania 西南部和 West Virginia 北部的 Marcellus 页岩水平井和垂直井取得的成功，Marcellus 页岩中持续的高产量和高最终储量主要存在于正常至超压区域。罗马海槽系统的位置与 Marcellus 页岩中观测到的最高压力梯度区域密切相关。

Appalachian 盆地的结构框架是一个强烈不对称的海槽。Marcellus 页岩底部的深度向东南方向缓慢增加，超过 2590m。最大钻井深度出现在结构前缘向盆地方向的背斜中。大多数允许的和已钻井的 Marcellus 井位于钻井深度在 1371~2743.2m 范围内的区域。一般来说，由于超压环境中的压力增加，深度增加将导致更高的天然气原地值，从而提供了 1219m 以下钻井的当前偏差。大多数钻井深度为 1371m 或更深，尽管对历史钻井数据的审查表明，Marcellus 页岩在较浅深度有明显的自然显示。

Marcellus 页岩的总厚度由 Mahantango 地层底部附近第一次出现的有机页岩顶部到 Onondaga 石灰岩顶部确定。Marcellus 页岩的总厚度通常从 Ohio 东部和 West Virginia 西部的零等厚线向东增加，到 Pennsylvania 东北部的最大厚度超过 107m。增厚趋势通常与 Appalachian 构造前缘平行。Marcellus 页岩的总体沉积模式可能受到基底断层模式的影响，基底断层模式显示罗马海槽内总体走向平行增厚和相关走向平行基底断层。此外，横向基底断层处或附近可能存在突然沉积终止。

观察到的 Marcellus 页岩孔隙度远高于 Appalachian 盆地其他泥盆纪页岩的孔隙度，从区块西南部的 5%~15% 不等，到 Marcellus 页岩区块东北部的 4%~10% 不等。Pennsylvania Range Resources 公司在 Marcellus 页岩区块钻取的油井数据遇到了范围广泛的计算渗透率，范围为 130~2000nd。

1.2.2.2 生产特征

Marcellus 页岩区带中发育的两个新兴核心区具有不同的产量和热成熟度特征。在西南湿气地区，Marcellus 产气层的镜质组反射率范围为 1.0%~2.8%。该地区天然气的热量按照英国热量单位（Btu）计算接近 1400Btu。由投资者西南能源（Southwestern Energy）披露，该区块石油产量占 16%，液化天然气产量占 45%，天然气产量占 39%，如图 1.2.7 所示，初始产量为每天（15~18）×10^4m^3；在 200 天时，为每天 14×10^4m^3。在 800 天时，产量下降到每天 6000m^3。在东北干气地区，天然气的热量按照英国热量单位（Btu）计算为 1000~1080Btu。该区域已经建立的生产区具有更高的热成熟度特征，大部分镜质组反射率为 2.0%~3.0%，甚至更高。图 1.2.8 为西南能源干气井生产动态总结，初始平均产量约为 5×10^4m^3/d，200 天后降至约 2×10^4m^3/d；在 800 天时，下降到 7500m^3/d。

直井初期产气量一般小于 28×10^4m^3/d，水平井初期产气量在（4~25）×10^4m^3/d。Engelder 给出了 Marcellus 页岩气藏在 Pennsylvania 地区 50 口水平井的平均初始产气量为 119×10^4m^3/d。直井最终可采储量为 495×10^4m^3，水平井的最终可采储量为（0.17~1.10）×10^8m^3。

图 1.2.9 为 Marcellus 页岩气藏水平井典型生产曲线，水平井初期产量为 12.18×10^4m^3/d、第一个月的平均产气量为 10.48×10^4m^3/d，第一年累计产气量 0.19×10^8m^3、5 年累计产气量 0.44×10^8m^3、10 年累计产气量 0.60×10^8m^3、单井最终可采量（EUR）106×10^8m^3、平均勘探成本为 0.04 美元 /m^3、单井成本 350×10^4 美元。生产 10 年，单井产气量由初期 12.18×10^4m^3/d 递减至 0.7×10^4m^3/d，前三年产气量的年递减率分别为 78%、35% 和 23%，生产后期产气量年递减率稳定在 5%~8% 之间。

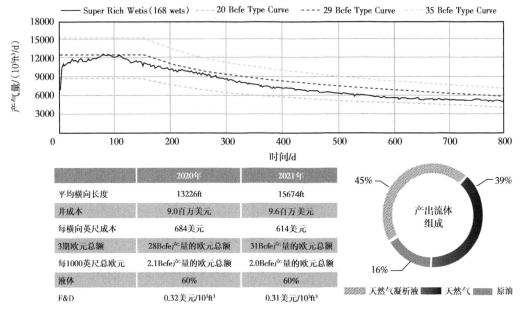

图 1.2.7　西南能源西南湿气气井动态

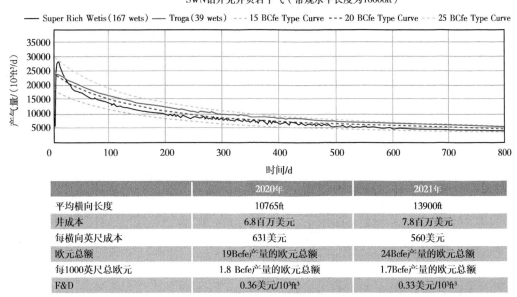

图 1.2.8　西南能源东北干气井动态

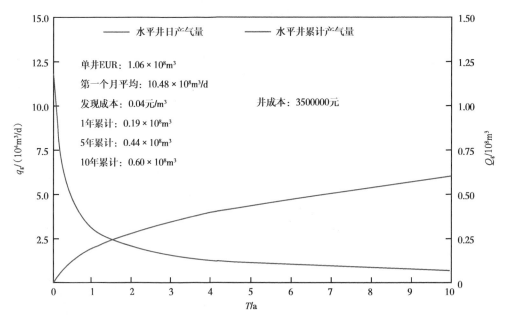

图 1.2.9　Marcellus 页岩气藏水平井典型生产曲线

1.2.2.3　钻完井情况

在 Marcellus 特定区域的地质层序应用水平井钻探，图 1.2.10 显示了三种井眼倾角，这个倾角的大小取决于井眼方位角，以确保井眼轨迹保持在倾角为 4° 的地层中靶。由图 1.2.10 还可以看出，井眼方位决定了井眼是向上钻进（井 A）、向下钻进（井 B）还是在与垂直方向成 90° 倾角的真实水平面上钻进（井 C）。Marcellus 区块的钻井井眼方向主要朝向东南—西北平面。

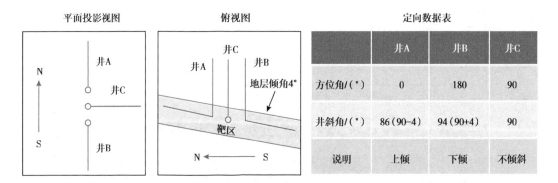

图 1.2.10　井眼倾角和方位角

图 1.2.11 是 Marcellus 页岩能源和环境实验室（MSEEL）项目提供的地质导向图。该报告通过转换钻头上的测量值，并将其与从 MIP-3H 先导井获得的测井曲线相关联，绘制了 MIP-3H 井筒在地层中的位置。在模拟软件内，根据倾斜地层的总体趋势，通过将伽马射线读数与报告中的读数相匹配，将井筒标记在地层网格中。

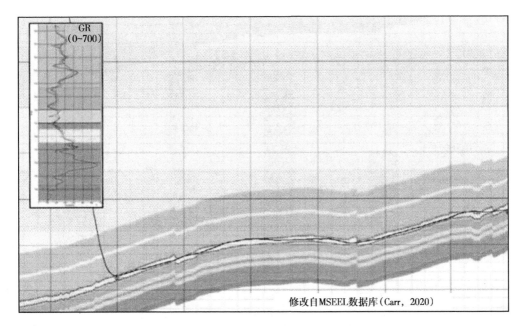

修改自MSEEL数据库（Carr，2020）

图 1.2.11　MIP-3H 地质导向图

Marcellus 页岩能源和环境实验室项目的 Boggess 井场井眼方向和间距如图 1.2.12 所示，平均间距为 228.6m，钻井井眼朝向为北西方向。

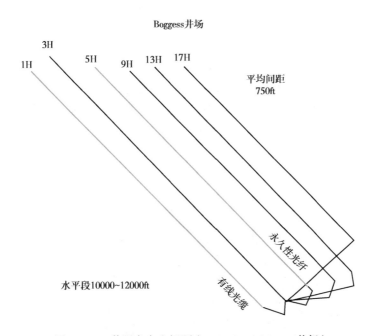

图 1.2.12　井眼方向和间距（MSEEL，Boggess 井场）

Marcellus 区块的完井设计在过去 10 年中发生了重大变化，其中支撑剂和流体强度的增加以及压裂分段间距的减小使产量和采收率显著提高。如图 1.2.13 所示，通过显著增

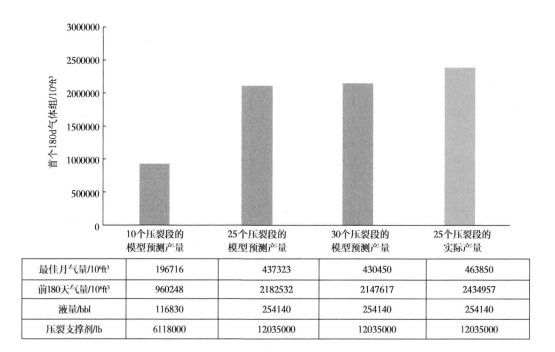

	10个压裂段的 模型预测产量	25个压裂段的 模型预测产量	30个压裂段的 模型预测产量	25个压裂段的 实际产量
最佳月气量/10^6ft^3	196716	437323	430450	463850
前180天气量/10^6ft^3	960248	2182532	2147617	2434957
液量/bbl	116830	254140	254140	254140
压裂支撑剂/lb	6118000	12035000	12035000	12035000

图 1.2.13　完工评估结果

加支撑剂和流体强度，并将压裂级数从 10 增加到 25，使井的产量增加了一倍多。这个 1865m 长的井眼共完成了 25 级分段压裂，每级 4 个射孔簇。增产措施为每 100m 加 40~70 目的砂 5459t，所需要的携砂液量为 $4.04×10^4$m^3。前 6 个月的产量超过预测，达到 $463850×10^6$ft^3，目前的做法是使用更长的横向长度，最高达 4572m，以及更紧密的压裂级间距，最小达到 61m。

水力压裂的增产效率取决于两个因素，即裂缝面积和裂缝导流能力，因此，使用更高强度的支撑剂有利于保持裂缝，并提高裂缝的导流能力。很明显，裂缝处理量越大，裂缝面积越大，但处理量越大，支撑剂强度越高，裂缝导流能力也会提高。如图 1.2.14 所示，

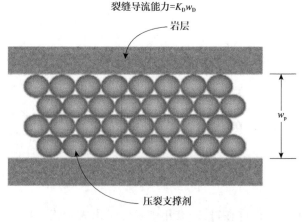

图 1.2.14　裂缝导流能力

裂缝导流能力由支撑剂渗透率和裂缝支撑宽度两部分组成。增产处理量越大，裂缝水力宽度越大，支撑剂强度越大，支撑剂充填裂缝水力宽度越大。因此，实际上，可以通过增加支撑宽度来提高裂缝导流能力。此外，更大的支撑宽度减少了支撑剂包埋本身对支撑剂嵌入和连通性问题的影响。在可能的情况下，横向长度已增加至 6300m，这可进一步提高油井的产能和经济性。

实际上，所有 Marcellus 多裂缝水平井完井都采用了桥塞分级压裂技术，在压裂分段中处理多个射孔簇。在相同段长情况下，趋向于通过缩小射孔簇间距来使井筒中产生更多的裂缝。这导致每个分段有更多的射孔簇，同时每个射孔簇的孔眼也更少。使用距离更近的射孔簇的目的是创建更紧密间隔的裂缝，这对于从超低渗透性岩石中有效释放碳氢化合物是必要的。图 1.2.15 总结了渗透率、裂缝间距和相邻裂缝间干扰的生产时间。如图 1.2.16 所示，在 0.0001mD 岩石中，15.24m 的裂缝间距足以产生天然气。然而，在 0.000001mD 的岩石中，需要 3~5m 的裂缝间距。大多数 Marcellus 完井在每个压裂阶段使用 4~6 个射孔簇，这将导致簇间距为 10~18m。

水力裂缝在附近传播的问题是，它们可能相互干扰。在最好的情况下，紧密扩展的裂缝可能倾向于会彼此远离，而对伸展压力的影响最小。然而，在严重的情况下，裂缝可能会受到限制，并被迫紧密间隔地扩展，这可能导致极高的延伸压力和出砂。延伸裂缝所需的压力可根据裂缝尺寸、岩石特征和裂缝间距计算得出。图 1.2.16 显示了不同水力宽度和间距的裂缝所需的额外净压力。由图 1.2.16 可以看出，对于 1.27mm 或更大的水力宽度，12m 或更小的裂缝间距将遇到显著的额外延伸压力。然而，当水力宽度为 0.51mm 或更小时裂缝间距可能会更小，并且对延伸压力的影响更容易控制。必须注意的是，狭窄的水力宽度裂缝需要使用较小直径的支撑剂，0.51mm 的水力裂缝宽度需要使用 40~70 目或更小的支撑剂。

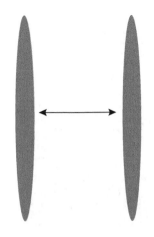

横向裂缝生产压力干扰时间

调查半径/多发横向裂缝法：

Meyer, et al, SPE 131732

$$r_i = \sqrt{\dfrac{Kt}{948\phi\mu c_t}} \qquad \Delta y = 2r_i$$

干扰计算的油藏参数	
孔隙度	0.06
油气黏度/(mPa·s)	0.0176
储层压力/psi	10000
含水饱和度	0.3
总压缩性/psi^{-1}	7.90×10^{-5}

干扰时间/d					
气	裂缝间距/ft				
渗透率/mD	10	30	50	70	90
0.1	0	0	0	0	0
0.01	0	0	0	0	1
0.001	0	1	2	4	7
0.0001	1	7	21	40	67
0.00001	8	74	206	404	668
0.000001	82	741	2060	4038	6675

图 1.2.15　压裂生产压力干扰

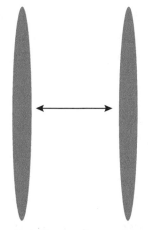

附加净压力水力（2倍应力衰减计算）						
宽度/ft						
间距/ft	0.01	0.02	0.05	0.1	0.2	0.3	0.4
10	71	141	353	706	1411	2117	2823
20	67	135	337	675	1349	2024	2699
30	61	123	307	614	1229	1846	2457
40	54	108	269	538	1076	1613	2151
50	46	92	230	460	919	1379	1839
60	39	78	194	389	777	1166	1555
70	33	66	164	328	656	984	1312

假设杨氏模量$=4 \times 10^6$psi，

泊松比$=0.25$，总裂缝高度$h_f=100$ft

项目	直径中值/mm	表观密度/(lb/ft³)	体积密度/(lb/ft³)	直径中值/in
40/70目白砂	0.29	2.65	100	0.01142
100目	0.17	2.64	97	0.00669

图 1.2.16　裂缝扩展干扰

1.2.2.4　地面生产设备

　　Marcellus 页岩运营商为每口井部署一个天然气生产装置或天然气处理单元（GPU），这些单元在 Utica 和 Rockies 山脉地区也有部署。图 1.2.17 是 Range Resources 井场的鸟瞰图，由图 1.2.17 可以看出，在上角井场最远处有 5 口气井，在左侧有 5 个 GPU 和 3 个天然气储罐。图 1.2.18 为 Seneca Resources 井场鸟瞰图，4 口井部署了 4 个 GPU。

图 1.2.17　Range Resources 井场的鸟瞰图

图 1.2.18　Seneca Resources 井场 GPU 布局

GPU 的主要功能是在管道输送或现场储存之前，将大部分井内流出的液体从气体中分离出来，每个模块化、独立、橇装的 GPU 单元包括乙二醇浴、自动阻风门、分离器，以及可选的一套集砂器。使用乙二醇 / 水混合物浴、燃烧管和工艺盘管等间接方式加热，将乙二醇 / 水混合物加热至 48.9℃ 左右。井内流出流体在到达节流阀之前通过盘管获得足够的热量，同时压力在这个阀处降低，相应地，流体在这个位置发生降温。然后，加热流体，并允许其在进入两相或三相分离器进行进一步处理之前膨胀。在分离器一侧，液体开始滴落，并在容器中保持一定的液面高度。最终，天然气将从该容器输送到销售管线，油和水将倾倒到下游进行销售或储存。GPU 的入口压力范围为 3000~10000psi（20.68~68.95MPa），而最大允许工作压力为 500~1440psi（3.447~9.93MPa）。

图 1.2.19 是 GPU 入口侧视图，制造商已经为 Marcellus Utica 区块提供了 1000 多台此类装置。图 1.2.21 是另一个 GPU 的排放侧视图，由图 1.2.20 可以看到各种红色或黑色的气动控制阀，以及棕褐色的科里奥利流量计，在容器的背面可以看到白色的圆柱形分离器。

图 1.2.19　GPU 设备入口侧视图

图 1.2.20　GPU 设备排放侧视图

GPU 入口侧的绿色球体（图 1.2.21）是一个集砂器，用于从液体中分离砂和其他重固体。这种集砂器 / 分离器也有圆柱形的旋风分离版本（图 1.2.22）。Seneca 在其 GPU 上使用了定制的球形集砂器（可能来自 FORUM 公司），分为两种变体——6000psi（41.37MPa）用于低压 Marcellus 油井，8000psi（55.16MPa）用于高压 Utica 油井。从历史上看，Seneca Resources 为井场上的每口气井安装了专用气体处理装置（GPU），最近批量处理的 GPU 开始应用，这种 GPU 的最大处理量可以最多同时处理 8 口井的流量，这是最显著的变化。

与每个井都配备一个单独的 GPU 相比，这种方法占用的空间更小，这有利于环境。这种批量处理的 GPU 提高了生产效率，降低了维护成本，同时需要更少的设备连接和组件（特别是气动控制器），这有助于减少废气排放。

图 1.2.21　球形砂分离器

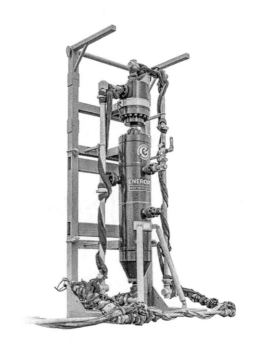

图 1.2.22　旋风式砂分离器

1.2.3　Eagle Ford 页岩气田

Eagle Ford 的开发起始于 2008 年，Petro hawk 能源公司在 LaSalle 县开发了第一口油井，日产气量约 28000m³，凝析油 250bbl。对于 Eagle Ford 的开发，由 LaSalle 县起始迅速扩展到东北 Texas，向南至墨西哥与美国的交界。最早期的开发区域主要产出干气和湿气。2009 年 EOG 能源公司应用自己开发的新技术，在 Eagle Ford 页岩层的上倾部分，也就是被认为成熟度相对较低的部分进行开发，取得了出乎意料的成功。单口井的日产油量为 2000bbl，GOR（气油比）则高达 1000~4000m³/t。如此高产量更加引起了能源公司极高的兴趣。自 2008 年以来，Eagle Ford 油气田已经扩展至 East Texas，总计开发区域的面积为 500mile 长、50mile 宽。EOG 的主席 Mark Papa 就评价 Eagle Ford 油气田"是在美国本土 48 州中近 40 年来最有价值的发现"。

1.2.3.1　地质概况

Eagle Ford 页岩气区位于美国 East Texax 盆地，紧邻墨西哥湾，目的层 Eagle Ford 页岩沉积于白垩纪晚期，是该区一套主要的烃源岩，同时也是储层，埋深在 1830~3650m 之间，厚度 30~90m。该套页岩的上部发育泥灰岩，下部与致密石灰岩呈不整合接触。

这套页岩发育于北高南低的单斜上，该单斜构造比较平缓，但由于埋藏深度的不同，有机质成熟度不同，从北向南依次发育油区、湿气区及干气区。从 X 射线衍射矿物含量分析资料看，该页岩气储层岩石矿物组成以方解石为主，约占岩石总质量的 61.6%；石英含量次之，约占总质量的 10.9%；黏土矿物含量较低，约占岩石总质量的 18.5%，主要是伊利石与伊/蒙混层，含少量的云母；部分层段发育黄铁矿，约占岩石总质量的 18%（图1.2.23）。该页岩气储层的低黏土矿物含量、高方解石含量特征决定了其岩石脆性很好，有利于水力压裂等增产措施的实施，且部分地区页岩气储层段发育天然裂缝。

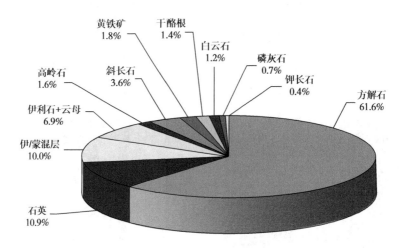

图 1.2.23 美国 Eagle Ford 页岩气储层岩石矿物含量

该页岩气储层岩石干酪根属于 Ⅱ 型，此类干酪根通常形成于中等深度的海洋还原环境，主要源自细菌分解后的浮游生物遗骸，含氢量高、含碳量低，在温度与成熟度逐渐增加的情况下可生成油或气。从 5 口取心井的岩石热解分析数据看，该页岩气储层总有机碳含量比较丰富，为 0.13%~7.68%，平均为 2.77%，其中页岩气储层下段总有机碳含量明显高于上段（图 1.2.24）。从储层物性分析资料看，该页岩气储层物性极差，孔隙度分布在 0.9%~14.5% 之间，平均为 5.5%（图 1.2.25）；储层基质渗透率极低，分布范围为 0.00014~0.00116mD，平均为 0.00030mD，页岩气储层下段物性好于上段（图 1.2.26）。

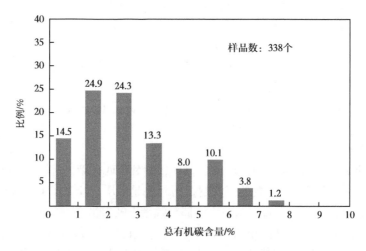

图 1.2.24 Eagle Ford 页岩气储层总有机碳含量分布

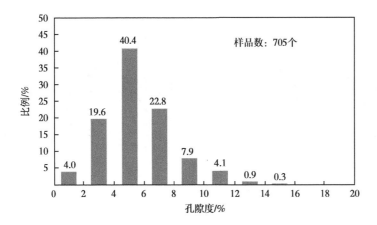

图 1.2.25　Eagle Ford 页岩气储层岩心分析孔隙度分布图

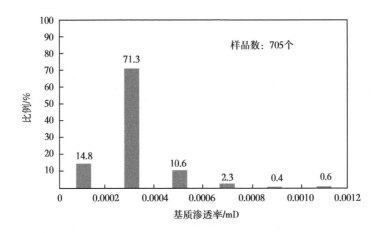

图 1.2.26　Eagle Ford 页岩气储层岩心分析基质渗透率分布图

　　页岩气储层的测井响应特征与常规油气储层、泥质围岩或灰质围岩等明显不同。常规油气层一般呈低自然伽马、低密度、高电阻率等特征，自然伽马曲线一般只受储层中泥质的影响；而在页岩气储层中自然伽马值是干酪根含量和泥质含量的函数，页岩气储层的高自然伽马值特征主要是由于页岩气储层中的有机质含量引起的。一般泥质围岩呈高自然伽马、高密度、低电阻率等特征，致密灰质围岩呈低自然伽马、高密度、高电阻率等特征，它们都与页岩气储层响应特征不同（图 1.2.27）。

　　Eagle Ford 页岩气储层主要发育钙质页岩，目的层与上下围岩测井响应特征有明显不同，表现为高自然伽马值和高电阻率值。目的层自然伽马值为 50~100API，自然伽马能谱测井显示其去铀伽马值较低，为 20~40API，反映页岩气储层发育于还原环境，有机质含量丰富；深感应电阻率值较高，大于 $30\Omega\cdot m$；声波时差值较高，约为 $78\mu s/ft$；密度值较低，约为 $2.50g/cm^3$；补偿中子孔隙度值较高，约为 0.16，反映了其物性相对较好及总有机碳含量较高；光电俘获截面指数呈低值，约为 40b/e。从典型井测井响应特征来看（图 1.2.28），该页岩气储层下段测井响应特征与上段也不同，下段自然伽马值更高、密度值更低、补偿中子孔隙度值及声波时差值均更高，反映了页岩气储层下段具有更高的总有机碳含量和更好的物性特征。

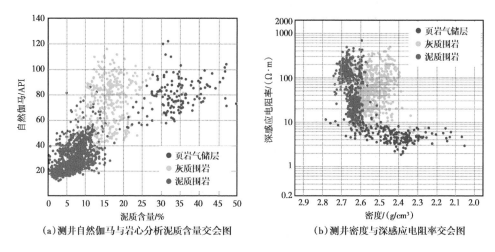

（a）测井自然伽马与岩心分析泥质含量交会图　　　（b）测井密度与深感应电阻率交会图

图 1.2.27　测井与岩心分析对比图

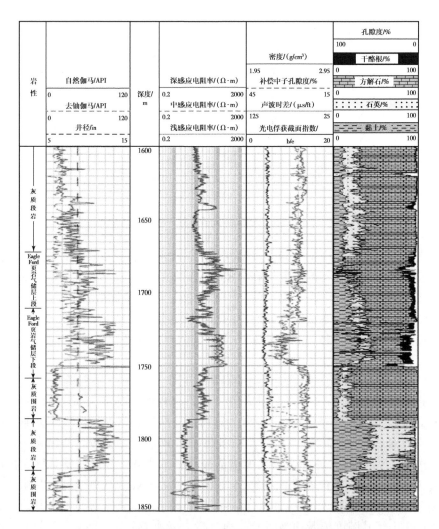

图 1.2.28　美国 Eagle Ford 页岩气储层典型测井响应特征

从 Eagle Ford 页岩气储层岩石矿物组成来看，主要由石英、方解石、黄铁矿、斜长石、钾长石、白云石、云母等骨架矿物，以及伊利石、伊/蒙混层、海绿石、高岭石等黏土矿物组成，岩石矿物组成复杂。为了降低测井评价难度，通过合并性质相近矿物并排除次要矿物，将该页岩岩石物理体积模型简化为石英、方解石、黏土矿物等；页岩气储层中富含有机质，且主要以干酪根的形式存在。

1.2.3.2　生产特征

Eagle Ford 下段 55 口取心井岩心分析化验数据获得的单井 S_h（含烃饱和度）、S_o（含油饱和度）、S_g（含气饱和度）平均值与对应井 2km 范围内所有水平井 EUR 平均值结果显示，页岩油气 EUR 与 S_h、S_o、S_g 关系密切。EUR 值随 S_h 值增大而增大，二者存在很好的指数关系［图 1.2.29（a）］。但油（包括黑油和凝析油）、天然气和烃类（包括黑油、凝析油和天然气）的 EUR 与 S_h 之间的关系存在着较大的差异。随着 S_h 值逐渐增大，油 EUR 值表现为缓慢增大的趋势，烃类 EUR 值则表现为强烈的增大趋势；天然气 EUR 变化趋势介于油和烃类的变化趋势之间。研究区内 Eagle Ford 下段页岩产出油和天然气对 EUR 均有贡献，且天然气对 EUR 的贡献超过油。页岩油气 EUR 值随 S_o 值增大呈现不同的变化规律［图 1.2.29（b）］。

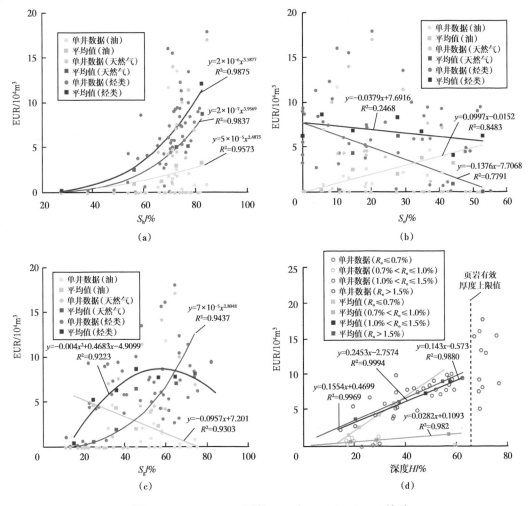

图 1.2.29　Eagle Ford 下段 EUR 与 S_h、S_o、S_g、H 关系

油、天然气的 EUR 值与 S_o 值呈现较好的线性关系，但变化趋势相反。油 EUR 值随 S_o 值增大而增大，天然气 EUR 值随 S_o 值增大而减小。因为随 R_o 值增大，页岩的 GOR 值会逐渐变大，产出烃类中油所占比例会逐渐减少，而天然气所占比例则逐渐增大，从而引发上述情况的出现。烃类 EUR 值随 S_o 值增大呈减小趋势，但减小趋势没有天然气的明显，因为高成熟度页岩中含油饱和度远低于含气饱和度。

页岩油气 EUR 值随 S_g 值增大呈不同的变化规律 [图 1.2.29（c）]。油 EUR 值随 S_g 值增大而减小，二者呈现较好的线性关系；天然气 EUR 值随 S_g 值增大而增大，呈现较好的幂指数关系；烃类 EUR 值随 S_g 值增大呈先增大后减小的趋势，二者具有较好的二次多项式关系 [图 1.2.29（d）]。油、天然气和烃类 EUR 与 S_g 的相互关系本质上受页岩 R_o 的控制，不同成熟度的页岩中，GOR 和油气组分完全不同，直接决定了 EUR 值的大小。

1.2.3.3　完井管柱与作业参数

由于 Eagle Ford 凝析油较多，积液问题出现较早，为此 Eagle Ford 油管下入较早，同时管柱下入时便考虑柱塞举升以及气举的需求。同时，Eagle Ford 生产井多采用带有封隔器的完井管柱，压裂钻塞后直接带压作业下入油管。管柱和作业参数如下：

（1）生产套管尺寸：套管尺寸 5½ in（121mm 内径）。

（2）油管尺寸：2⅞ in 或 2⅜ in。

（3）井口参数：70MPa（10000psi）。

（4）工艺：前期采用气举管柱，排量为 550~636m³，速度管柱尺寸为 1.5in 或 2in；后期转为柱塞气举、泡沫排水，部分井用抽油泵排水。

（5）油管下深：油管鞋一般下入水平段，封隔器在直井段。

图 1.2.30 为 Eagle Ford 典型井身结构与管柱图，作业程序一般为压后采用连续油管进行钻塞（若压力允许，则钻塞后直接下入油管生产）。井口设备为：采气树（70MPa）+ 井口压力控制管汇（井口压力 55MPa）。处理设备为：除砂器 + 气油水分离器 + 液罐 + 燃烧塔。

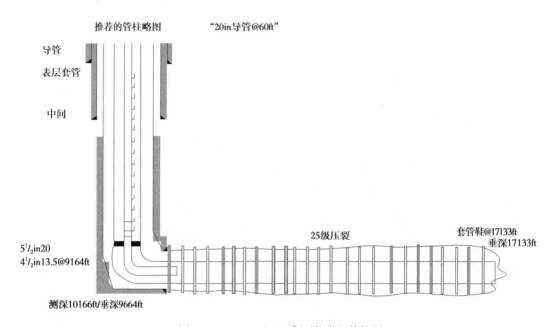

图 1.2.30　Eagle Ford 典型井身与管柱图

参 考 文 献

CNPC USA，Well Engineering Team，2021.Production Management Practices and Application of Artificial Lift Systems for Gas Well Deliquification-Haynesville Shale Case Study.

CNPC USA，Well Engineering Team，2021. Production Management Practices and Application of Artificial Lift Systems for Gas Well Deliquification - Marcellus Shale Case Study.

Ahmed A A，Dwivedi P，Ardila M，2015. Integrated Methodology for Production and Facilities Analysis to Optimize Barnett Shale Gas Production-A Case Study. Paper presented at the Abu Dhabi International Petroleum Exhibition and Conference, Abu Dhabi, UAE. doi: https://doi.org/10.2118/177567-MS.

Al-Safran E M，Brill J P，2017. Applied Multiphase Flow in Pipes and Flow Assurance-Oil and Gas Production，ISBN：978-1-61399-492-4.

Alsaeedi A，Latypov E，Elabrashy M，et al.，2021. Long Term Production Strategy-Application of a Dynamically Integrated Reservoir and Production Model to Identify Compression Requirements and to Address Production Deferral in a Giant Gas Field. SPE-204533-MS.

AlShmakhy，Ahmed，Shokry，2021. Multiphase Flow Boosting Without Using a Mechanical Multiphase Pump-Use of Innovative Surface Mounted Technology for Boosting Production from Inactive Multiphase Wells. SPE-207640-MS.

Ambyint，2021. Solutions. Available at：https：//www.ambyint.com/oursolutions.

Ambyint，2021. InfinityPL™ Available at：https：//www.ambyint.com/oursolutions/plunger-lift.

第 2 章　压裂后返排策略及案例分析

在石油和天然气开采过程中，压裂是普遍采用的重要增产手段，压裂返排是低渗透油气藏水力压裂增产施工中的重要环节，是页岩气开发中重要的增产方式。压裂后合适的返排制度能够保证压裂施工效果，通过优化压裂后的返排制度，控制压裂液、支撑剂的返排流速，提高裂缝导流能力，达到增产目的。

2.1　返排策略

压裂液的返排是在裂缝闭合过程中进行的，获得具有良好导流能力的裂缝关键是要有合理的返排控制流程。而且，压裂施工之后油气田的产能和保持产能的能力在很大程度上取决于压裂之后裂缝的导流能力。

2.1.1　压裂液返排策略

理想的返排策略使用注入储层的水力压裂能量，以实现最大限度的裂缝和井眼清理，同时使支撑剂返排和裂缝有效性损失降至最低。Potapenko 等于 2017 年描述的安全操作参数包络线（SOE）解决了这些回流问题。SOE 定义为在生产井的整个生命周期内使产能最大化的油井运行参数范围。这些参数是为每口井定制的，需要考虑储层特性、压裂作业参数和完井设计。图 2.1.1 显示了广义 SOE 图，该图由五个区域组成，根据油井类型和裂缝

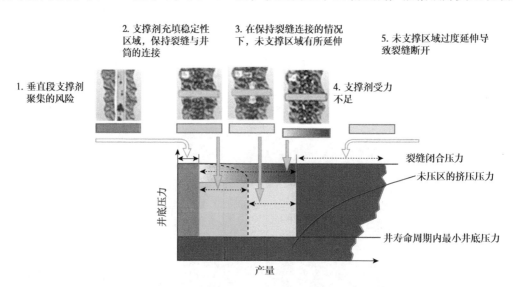

图 2.1.1　用于管理油井启动操作的安全操作参数包络线

损伤进行区分。在最佳情况下，应在第 2 区（绿色区）和第 3 区（黄色区）参数范围内运行油井，在这个区域内，支撑剂填充物稳定或形成的未支撑区域的尺寸很小，并且在井的寿命周期内不会坍塌。由于井筒堵塞（第 1 区）或支撑剂充填过度不稳定（第 4 区和第 5 区），在这个区域内操作油井可能会导致生产性能下降。

Marcellus 区块通常采用低黏度流体（如含水减阻剂）以高处理率进行储层改造，以形成裂缝网络或近距离裂缝，紧密分布的裂缝必须具有较窄的水力宽度，以便自由传播。因此，大多数操作人员选择小直径支撑剂，如 100 目和 40/70 目砂作为支撑剂。此外，Marcellus 区块完井具有较长的水平段和压裂分段数量，以及压裂后需要清理的裂缝，因此，返排策略考虑完井设计是合理的。

通常情况下，油井操作人员倾向于尽早开始油井返排，以尽量缩短投产时间，但在一些地区，如 Marcellus 页岩，在油井返排之前，长时间关井似乎有利于生产。这种现象背后的机制尚未完全理解，可能包括吸收水从孔隙空间置换烃类物质，以及在开井前对支撑剂产生足够的有效应力。然而，值得一提的是，这种方法并不适用于所有地层，并且可能会由于压裂液对岩石的过度破坏而导致井产能下降。

油井返排期间的产量增加由节流策略决定，该策略通常在每个区域的几口井上进行经验优化，并且通常成为标准操作程序，有助提高运营效率。然而，这也意味着，对于每口井，应用的节流策略可能会偏离最佳策略。描述节流策略优化的研究案例可以在 Deen 等的论文中找到。

典型的测量和报告参数包括井口压力、气体流量和液体流量，包括水和石油或天然气凝析油。通常，气体流量使用可自动化的孔板流量计进行测量，液体通过每小时捆扎相应的回流罐进行测量。也可以进行高频测量；然而，在井返排作业期间高频测量的价值尚未完全解释清楚，其实践仅限于特殊项目。

可通过在返排管汇处取样、估算砂坑中固体的累计体积或在操作期间不定时捆扎返排罐来估算固体材料的生产率。该方法允许在一定程度上重建固体生产剖面；然而，这远非理想，因为固体生产剖面的水平面远非平坦，并且在填充储罐时具有高度可变的深度剖面。由于技术挑战和缺乏对此类数据的即时使用，使用自动系统测量固体产量受到限制。

图 2.1.2 为 Monongalia County，West Virginia Boggess 1[#] 井的实际返排数据，这口井的水平段完井长度为 12413ft（3783.5m），这口井未应用节流程序，第 26 天开始出现回流。该井包括 63 个压裂段，使用了 18714720lb（8488.85t）100 目的砂和 9663760lb 40/70 目的砂。由图 2.1.2 可以看出，最初的地面压力为 3375psi（23.27MPa），第 2 天压力增加到 4535psi（31.27MPa），第 3 天开始产气，在接下来的 14 天中，气量继续增加；在第 17 天，该井在 2739psi（18.88MPa）的压力下生产了 16753×10⁶ft³/d（47.44×10⁴m³/d），在第 23 天，该井在 2651psi（18.28MPa）的压力下生产了 15542×10⁶ft³/d（44.1×10⁴m³/d）。管道在第 24 天运行，第 26 天开始产水，产液量为 702bbl/d（111.61m³/d）。

执行生产计划过程中，应尽量减少井的循环（生产，然后关闭，然后再生产等）。井的生产循环实际上循环了支撑剂上的应力，这会降低压裂效率和（或）导致储层伤害。建议将井关闭足够长的时间，以使井底井筒压力消散到裂缝闭合压力以下。一旦发生这种情况，以缓慢、受控的方式启动返排，以最大限度地减少支撑剂进入井筒的可能性，并促进支撑剂上的裂缝闭合。通常，这是通过最初以 500~1000psi（3.45~6.89MPa）的压降生产来实现的。实现稳定生产后，在返排期间的剩余时间里，应限制最大节流阀尺寸以将压降保持在 2000psi（13.79MPa）以下。

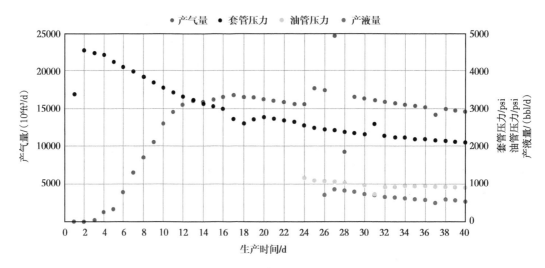

图 2.1.2　West Virginia Boggess 1# 井 12413ft 水平段返排数据

2.1.2　支撑剂返排处理策略

除了回收处理液以开始烃类物质生产外，返排和初始生产策略的主要目标是尽量减少从水力裂缝流入井筒的支撑剂量。使用井液生产支撑剂会增加成本并对油井生产产生负面影响，其原因有很多。支撑剂从裂缝向水平井筒的移动形成沉降，阻塞流动并限制油井产量。此外，水力裂缝中支撑剂的损失会降低与井筒的连通性，并导致有效裂缝面积的损失。含支撑剂的采出井液具有研磨性，会损坏设备，对于节流阀和生产加工设备等具有压降的设备，尤其如此。

对美国各个油藏中进行的 30 多个压裂塞钻出作业分析发现，欠平衡压裂塞钻探条件与支撑剂产量之间具有强相关性。对于一些井，流动的支撑剂的体积超过了井横向截面的体积，这证明大部分支撑剂来自裂缝。这会导致裂缝损坏，并可能对井的产能产生负面影响。

（1）降低支撑剂堵塞垂直井段的风险。

首先要解决的风险是砂堵垂直井段。通过保持垂直井段的流体速度来解决该问题，该速度足以消除支撑剂沉降的风险。支撑剂颗粒在垂直井段中的沉降速度可根据斯托克定律确定，其中阻碍沉降的校正系数是固体浓度的函数。研究发现，垂直段内举升固体所需的速度通常大于沿井侧部分移动固体所需的速度（用于监测水平管道中的沉降情况）。

（2）降低裂缝与井筒连接断开的风险。

当支撑剂上的阻力 F_{drag} 超过将支撑剂颗粒固定在一起的黏聚力 F_{ch} 时，支撑剂发生返排。

$$F_{drag} > F_{ch} \tag{2.1.1}$$

支撑剂上的阻力由几个参数定义，包括支撑剂颗粒的几何参数、流体速度和支撑剂充填渗透率。对于单相流的情况，主要发生在钻后作业或仅从裂缝中产水的早期返排期间，阻力与流体速度成正比。因此，当阻力和内聚力相等时，存在一个平衡流体速度 v_{eq}，参数 v_{eq} 是支撑剂充填层性质的函数，包括支撑剂充填层与裂缝壁面的摩擦，以及生产流体的黏度。当流体以平衡流体速度流动时，支撑剂充填层保持稳定，但是速度一旦增加，就会导致支撑剂产出。对于横向井眼的裂缝，支撑剂充填体的稳定边界应确保该边界处的流体速度等于平衡速度。假设支撑剂均匀地从裂缝中移除，从而形成半径为 R_b 的圆形边界，裂缝面的产量 Q_f、支撑宽度 W_p 和支撑剂充填边界处的流体速度 v_p 之间的关系表达式为：

$$Q_f = 2\pi R_b W_p v_p \tag{2.1.2}$$

当支撑剂充填层中的流体速度大于平衡速度时，支撑剂被移除，并产生一个无支撑剂的空腔，直到空腔边界处的速度降低到 v_{eq}。因此，对于从裂缝产生的每个流速 Q_f，可以将未支撑空腔的半径 R_b 与其他参数相关联，相关关系由式（2.1.2）给出。值得一提的是，由于高流速而形成的未支撑裂缝区域，即使随后流速降低，这个区域仍然会存在。

假设径向孔洞位于井筒中心，其闭合压力 p_{pp} 可按照 Gordeliy 和 Detournay 提出的方法计算，p_{pp} 取决于岩石的弹性性质、孔洞的大小以及远离孔洞的支撑宽度 W_p。如果孔洞的尺寸远小于裂缝高度，则可使用 Sneddon 和 Lowengrub 提出的方法近似计算。图 2.1.3 是具有理想化几何形状裂缝应用这种方法的示意图。

在低于井底流动压力（BHFP）下操作油井将导致裂缝与油井连接断开。由于闭合裂缝的电导率比开放裂缝的电导率小几个数量级，被挤压裂缝的产量将受到严重影响。

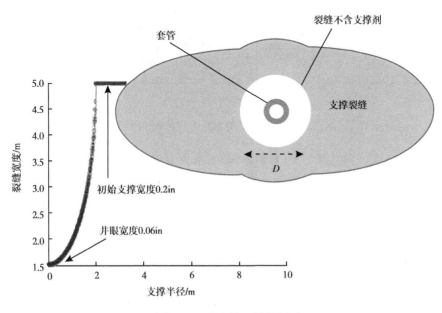

图 2.1.3　未支撑区域的图示

结合支撑剂充填稳定性和近井非支撑裂缝区域的闭合情况，可以绘制一条曲线，将裂缝生产的最大速率与相应的最小井底流动压力（BHFP）联系起来，这个最小流动压力是裂缝未完全闭合时的压力。需要注意的是，表示平衡速度 v_{eq} 是基于支撑剂填充层已经稳定建立的基础上的，也就是必须在支撑剂充填层上施加足够的闭合应力，以使其保持稳定。根据实验结果，支撑剂的最小闭合应力水平应在 500~1000psi（3.5~7MPa）范围内。如果未施加足够的闭合应力，则支撑剂充填可能在流体速度低于 v_{eq} 时失效。

所有这些考虑因素都可以在图 2.1.4 上显示，横坐标上为裂缝的总液体产量，纵坐标上为井底压力（BHFP），描绘了所考虑生产裂缝的 SOE。如前所述，SOE 规定了一组操作参数，以确保在油井操作期间保持井筒和支撑裂缝之间的连接。

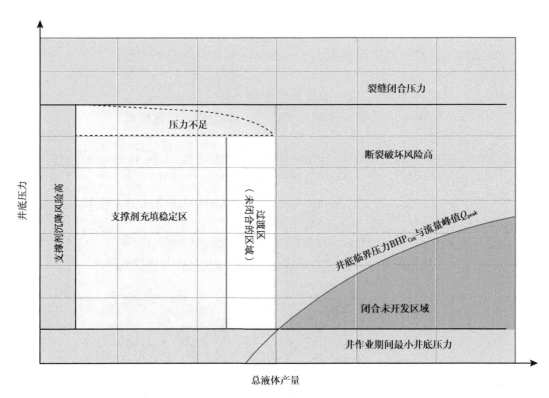

图 2.1.4　安全操作包络线井底压力与总液体产量关系图

已经观察到，在多射孔簇、多段环境中，并非所有射孔簇在处理过程中液量相同，也并非所有射孔簇产量相同。由于裂缝首先可能因为支撑剂上更高的阻力而失效，所以为了保护有多组射孔簇井内的最佳裂缝，将以最大生产速率为裂缝建立 SOE 图。最大生产速率 $Q_{\text{ClusterMax}}$ 为：

$$Q_{\text{ClusterMax}} = \gamma Q_{\text{total}} / N \tag{2.1.3}$$

式中　Q_{total}——油井总产量，$10^4 \text{m}^3/\text{d}$；

　　　N——已形成裂缝的数量；

　　　γ——速率分布系数。

可以从一系列生产测井日志中为每个区域和每个完井类型估算这些参数。例如：速率分布因子为 1，对应于所有同等产量的射孔簇，而速率分布因子为 2 对应于最佳射孔簇产量为平均产量两倍的情况。可以根据观察到的射孔簇之间生产的异质性以及最佳射孔簇所需的保护水平来调整该因素。此外，还可以通过使用支撑剂返排的高频监测，在增产后期对其进行额外校准。多相流情况下的 SOE 图的定义与上述方法类似，包括多相流对支撑剂阻力的影响。下列参数为开发 SOE 图所必需的信息：

储层物性：

①孔隙压力；

②井底流动温度；

③ PVT 流体特性，包括 API 重度、气体相对密度、泡点压力、溶解气油比、油气黏度、油气体积系数、采出水相对密度。

地质力学性质：

①泊松比；

②杨氏模量；

③最小水平应力。

完井详细信息：

①井筒配置；

②每个阶段的分段和射孔簇数量；

③尾随支撑剂尺寸和机械性能；

④尾随注入流体；

⑤裂缝宽度。

这种影响可以通过在 Potapenko 等的论文中描述的钻塞作业期间裂缝中支撑剂分布的建模来说明。使用水力压裂模拟器获得了作业结束时支撑剂的分布 [图 2.1.5（a）]。该模型用于计算裂缝内支撑剂的动态，这取决于塞式钻井作业期间裂缝内流体流动的动态。Osiptsov 等在不同的研究中也展示了类似的方法。在这种情况下，通过近井筒区域的流体流动，由井筒中的井底压力与裂缝中近井筒区域中的压力之间的压力差来定义。

在使用欠平衡策略 [图 2.1.5（b）]、过平衡钻井策略 [图 2.1.5（c）] 和保守平衡钻井策略 [图 2.1.5（d）] 进行操作的情况下，计算了钻塞作业期间裂缝中支撑剂分布的变化。对于欠平衡策略，假设井底压力比储层压力低 10%，导致裂缝产生 20bbl 液体并带出大量支撑剂 [图 2.1.5（b）]。由于近井区裂缝导流能力的降低，它应该对裂缝产能产生负面影响。对于过平衡策略，井底压力比油藏压力高 10%，在作业期间有 5bbl 流体损失，导致支撑剂部分驱离近井筒带，如图 2.1.5（c）所示。在这种情况下，由于支撑剂重新分布导致的裂缝导流能力降低幅度低于欠平衡情景，但是，在某些生产条件下，它也可能导致裂缝产能的降低。在平衡情况下，井底压力相对于储层压力在大约 3% 范围内波动，钻塞作业期间的总流体损失小于 1.5bbl。在这种情况下，裂缝中的支撑剂分布没有改变，这意味着没有发生裂缝破坏。基于这些结果，为了保持裂缝导流能力和裂缝与井筒的连接质量，建议采用平衡或轻微过平衡钻塞策略。

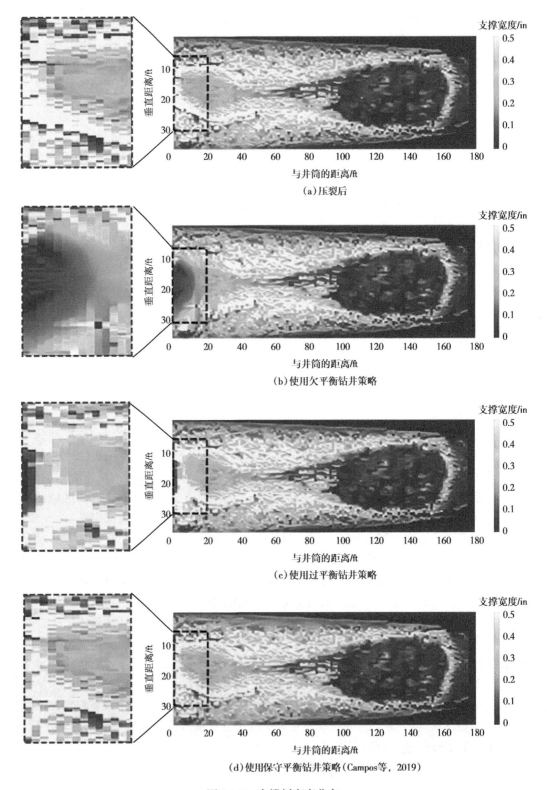

(a)压裂后

(b)使用欠平衡钻井策略

(c)使用过平衡钻井策略

(d)使用保守平衡钻井策略(Campos等，2019)

图 2.1.5 支撑剂宽度分布

2.2　案例分析

2.2.1　不同页岩气区块返排策略案例分析

2.2.1.1　Haynesville 页岩气田

对 Haynesville 页岩气田的研究发现，不但完井与压裂设计影响气井产量和采收率，不正确的开井程序与压力降管理程序同样影响气井产量和采收率，一般情况下，推荐的压力降变化是 0.07MPa/d，但是历史上 Haynesville 页岩气田井的压力降曾经使用过较高的变化值（0.1~0.13MPa/d）。图 2.2.1 所示是一口 2015 年的井，初始井口压力 50MPa，初始产气量 $34 \times 10^4 m^3/d$，产水量 $30m^3/d$；300d 之后井口压力 18MPa，产气量 $17 \times 10^4 m^3/d$，相当于这期间的压力降是 0.12MPa/d；900d 之后井口压力 9MPa，产气量 $4 \times 10^4 m^3/d$。

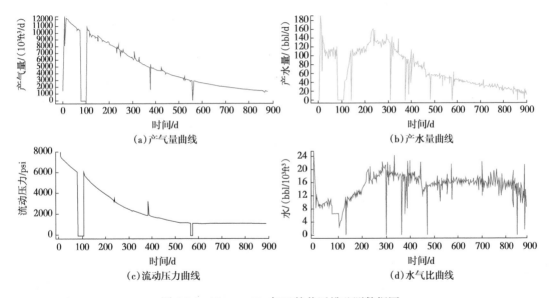

图 2.2.1　Haynesville 气田某井返排监测数据图

Haynesville 气田一般常用滑溜水 + 高用液强度进行改造，为了让裂缝有效延长，需要较小的裂缝宽度，所以采用 100 目 + 40/70 目的支撑剂，一般不安排焖井时间，压后尽快返排投产。图 2.2.2 是一个经过优化的返排井口压力、流量与喷嘴尺寸之间的关系，常规测量参数包括：井口压力、产气量、产液量（包括产水 / 油 / 凝析油量），固相（支撑剂）返排量也可以测量（监控），返排过程中尽量避免产生较大的压力波动，并控制井底压力降小于 3.5MPa。这口井的水平段长度为 1400m，使用 8/64in 喷嘴，井口压力 57MPa，产气速度 $10 \times 10^4 m^3/d$，40h 后井口压力 53.7MPa，产气速度 $20.6 \times 10^4 m^3/d$；100h 后改用 14/64in 喷嘴，井口压力 53.1MPa；110h 后改用 15/64in 喷嘴，产气速度 $23 \times 10^4 m^3/d$；在后续的 30h 内，将喷嘴尺寸逐渐增加到 18/64in，这时的产气速度是 $34 \times 10^4 m^3/d$，后续的返排都采用 18/64in 喷嘴，产气速度控制在 $34 \times 10^4 m^3/d$，井口压力降低到 51MPa，产水量由初期的 $1.5m^3/h$ 降低到 $1.1m^3/h$。

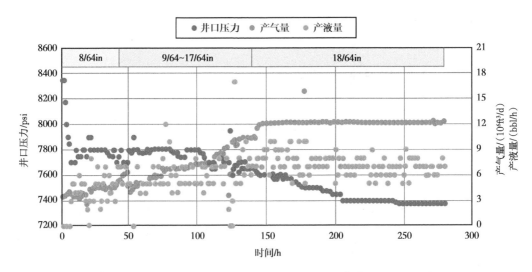

图 2.2.2　某井返排井口压力、产气量、产液量与喷嘴尺寸之间的关系

2.2.1.2　Marcellus 页岩气田

在 Marcellus 页岩气田，目前的生产实践证明，在返排求产后，保持井底压力降在 0.04MPa/d 的水平，基本不会导致产能的过度下降。图 2.2.3 所示是一口 2013 年的井，初始井口压力 35MPa，初始产气量 50×10⁴m³/d；25 天之后井口压力 15.8MPa，在 165 天之后井口压力降至 12.4MPa 以下，其生产期间压力降维持在 0.04MPa/d 的水平。

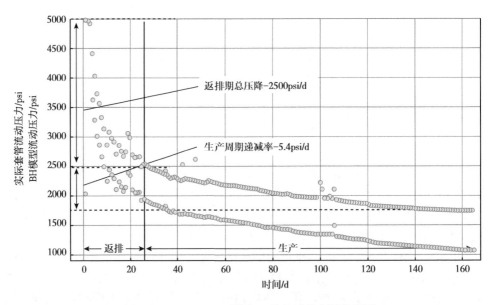

图 2.2.3　Marcellus 页岩气田某井返排监测数据图

2.2.1.3　Eagle Ford 页岩气田

对 Eagle Ford 页岩气田的研究发现，一般情况下推荐的压力降变化是小于 0.1MPa/d，但是，历史上 Eagle Ford 井的压力降曾经使用过较高的压力降变化值（0.1~0.14MPa/d），图 2.2.4

所示是一口 2010 年的井返排监测数据图，地层压力梯度 1.8MPa/100m，孔隙度 12%，渗透率 65nD。水平段长度 1600m，26 压裂段。生产 1000 天之后累计产油 $1.5×10^4m^3$，累计产气 $1400×10^4m^3$。由产量历史拟合发现，前期产量正常，但在 400 天的时候，相当于支撑剂承受 48MPa 的压力，造成了 39% 的有效裂缝的减少。相应的井口流动压力由 51MPa 减少到 8.2MPa，相当于这期间地层对支撑剂的压力降增加了 43MPa。

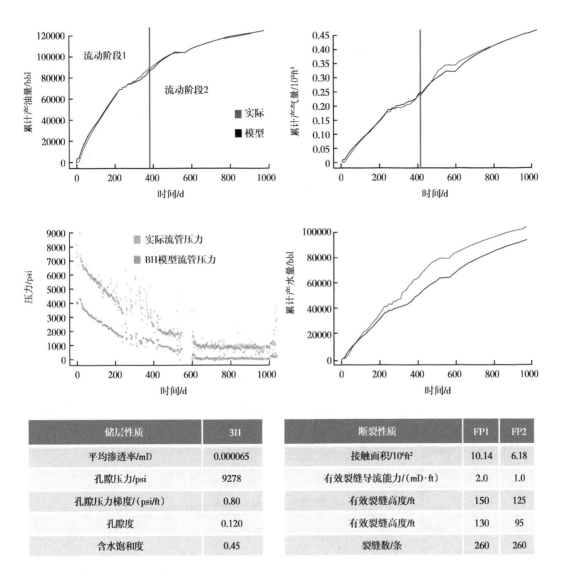

储层性质	3H
平均渗透率/mD	0.000065
孔隙压力/psi	9278
孔隙压力梯度/(psi/ft)	0.80
孔隙度	0.120
含水饱和度	0.45

断裂性质	FP1	FP2
接触面积/10^6ft^2	10.14	6.18
有效裂缝导流能力/(mD·ft)	2.0	1.0
有效裂缝高度/ft	150	125
有效裂缝高度/ft	130	95
裂缝数/条	260	260

图 2.2.4   Eagle Ford 页岩气田某井返排监测数据图

2.2.2   控压生产策略案例分析

2.2.2.1   控压生产效果对比

表 2.2.1 为控压生产与放压生产的对比，一口位于 McMullen County 的水平段长度为 2300m 的井，压裂段长度 25m，簇间距 10in，加砂强度 $1.5m^3/m$。

表 2.2.1　某井完井及压裂数据

完井参数		压裂参数（平均）	
水平段长度 /ft	7500	半缝长度 /ft	532
压裂段数量	46	有支撑剂半缝长度 /ft	465
簇数 / 段	6	裂缝高度 /ft	185
总加砂量 /10⁶bbl	17.82	Bi-wing 裂缝	276
总液量 /bbl	316133	100 目，40/70 目砂占比 /%	64/36

　　图 2.2.5 是两种不同的压力降管理模式。图 2.2.5（a）表示的是压力降，一口井井底流动压力在开井 12 天的时候达到 9MPa，然后保持稳定。而另一口井是一个优化压力降的例子，开井后保持压力降 0.4MPa/d，在 390 天的时候达到井底流动压力 9MPa，图 2.2.5（b）是两种压力降情况下地层对支撑剂的压力。对于高压力降的例子，开井 2 周后地层对支撑剂的压力就达到 55MPa；而优化压力降的例子在开井投产 390 天之后，地层对支撑剂的压力只有 44MPa，还没有超过极限的 50MPa。

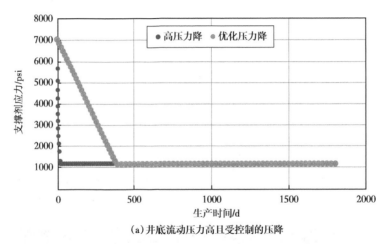

（a）井底流动压力高且受控制的压降

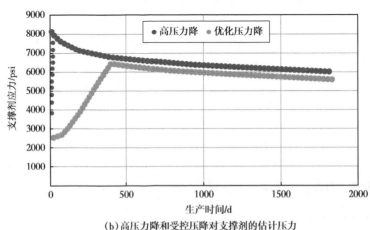

（b）高压力降和受控压降对支撑剂的估计压力

图 2.2.5　返排压力监测对比图

　　图 2.2.6 是两种不同的压力降管理模式，同样使用 100 目、40/70 目砂，当支撑剂上的压力从 1000psi（6.89MPa）增加到 8000psi（55.16MPa）时，裂缝的流通性降低一个数量级。

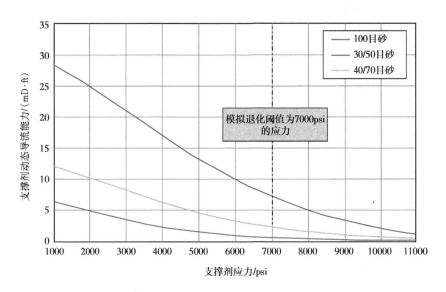

图 2.2.6　支撑剂承受压力对比图

　　图 2.2.7 是关于高压力降与优化压力降的比较，油藏压力 57MPa，孔隙度 12%，渗透率 150nD，含水饱和度 42%，裂缝长度 65m，高度 30m，导流能力 10mD·m，采用高压力降的井的有效裂缝减少了 20%，不过在开井 200 天的时候，两口井的累计产油量是相同的，在开井 5 年后，采用优化压力降的井多产油 5000t，多产气 178×10⁴m³。当油价为 50 美元/bbl、天然气价格为 2.5 美元/10³ft³ 时，产出水处理成本为 2 美元/bbl，贴现率为 10%。评估后的完井成本为 366×10⁴ 美元，表明当采用高压力降时，由于初期产量高，可以较早收回投资；但采用优化压力降时，持续产量与累计产量较高，而 5 年之后，可以多创造超过 150×10⁴ 美元的效益。

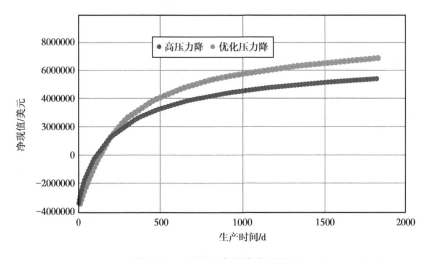

图 2.2.7　不同生产制度收益对比

2.2.2.2 控压生产井案例

Powder River Basin 的案例说明了完井后正确的返排程序的重要性。一家运营商面临着严重的支撑剂返排问题，导致新井的生产能力下降。之前改变节流策略并没有完全解决问题，支撑剂返排量仍处于较高水平，部分井高达 80000 lb（36.29t）。由于与砂有关的侵蚀，回采如此大量的支撑剂需要进行补救性清理和早期设备更换，这些都对井的运营成本产生了严重影响。

对 JV1 井进行的 SOE 分析表明，返排作业是在支撑剂应力不足的区域进行的，这是支撑剂从裂缝向井筒流动的主要原因（Campos et al., 2019）。估计的井底流动压力（BHFP）、每小时的回流压力和流量数据，以及 PVT 流体特性、操作参数均针对 SOE 绘制。由于裂缝增产的影响而增压，如图 2.2.8 所示，即使采用包括渐进式节流过程的"保守"返排方法，当井底流动压力（PHFP）保持在裂缝闭合压力之上时，仍无法实现流量控制。以下信息是开发这口井 SOE 的信息。

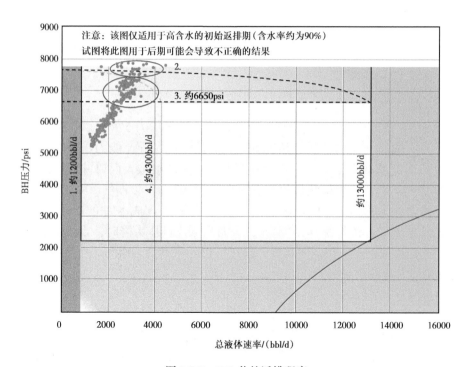

图 2.2.8　JV1 井的返排程序

（1）孔隙压力为 5514psi（38.01MPa），压力梯度为 0.435psi/ft（0.099kPa/100m）。正常压力，与该地区其他井一致。

（2）井底温度为 248°F（120℃）。

（3）API 重度为 38.8°API，气体相对密度：0.7664［在 2115psi（14.58MPa）条件下空气的相对密度为 1］。

（4）泡点压力（p_b）为 3290psi（22.68MPa）；气油比（R_s）为 1020ft³/bbl（181.65m³/m³）；原油体积系数（B_o）为 1.6648。

（5）泊松比为 0.17；杨氏模量为 4.4×10⁶psi（30.34GPa）；最小水平压力（S_{hmin}）为

38

6971psi（48.06MPa）。

（6）绝对垂直深度（TVD）为 12670ft（3861.81m）；总垂直深度（TVD）略微向上（12620~12670ft）。

（7）测量深度（MD）：至浮箍位置为 22744ft（6932.35m）。

（8）计划是从第一天开始通过油管返排。

（9）管材规格：外径为 $2\frac{7}{8}$ in，内径为 2.441in，L80 钢级，线重 6.4lb/ft（9.52kg/m）。

（10）压裂段数为 36 段。

（11）每个段的射孔簇数为 4 簇。

（12）裂缝宽度为 0.04~0.05ft（12.2~15.2mm）。

（13）尾部支撑剂：18/40 目中强陶瓷支撑剂；尾液 22lbm 交联。

这种返排程序导致了一种不希望出现的情况，即当 p_{wf} 高于闭合压力时（图 2.2.8 中的 2、3 区域），维持高流速，支撑剂可能返排。清洗返排罐时，估计将产出约 75000 lb 支撑剂。将这种情况转化为货币价值，价值 25000 美元的支撑剂返排并需要处理，加上由于裂缝断开而导致的每个阶段损失，估计为 300000~400000 美元的利润。

为了解决这个问题，SOE 衍生的节流策略与完井优化一起在后续项目井中实施。在构建了基础模型后，进行了敏感性分析，以更好地了解这些参数中的每一个对系统施加朝向和穿过支撑剂层的阻力和内聚力产生的影响。这代表了对平衡流体速度的影响，以及在井寿命周期内可实现的相关流动速率。确定并实施了以下选项，以最大限度地提高 SOE 限制并帮助减少支撑剂回流：

（1）重新审视和修改回流计划和做法。根据总液速、储层流体性质及其在井底条件下与支撑剂充填的相互作用来控制节流进程。

（2）使用 16/30 目砂，以最大化支撑剂充填 / 井筒界面处的总开放面积（AOF），并在保持或增加流速的同时降低流体速度。

（3）使用较小内径的流经管进行返排操作，以确保在返排早期适当地井筒清洁和支撑剂输送，因为此时支撑剂返排风险较高且需要清洁井筒。

利用这种敏感性分析，为每口井创建了 SOE 模型，并考虑了潜在的初始回流场景，目的是在每口井的基础上制定回流策略，以最大限度地提高早期油气采收率，同时保持支撑剂层的完整性。这些场景包括但不限于以下情况：

（1）突然的水油比（WOR）变化。假设在返排的早期阶段，具有一定固体携带能力的增产液和储层流体之间的混合主要由增产液控制。在某些情况下，碳氢化合物可能突然成为携带固体 / 支撑剂的流体混合物中的主要相，提前为此类情况做好准备是一种良好做法，因为流体混合物的携带能力在特定情况下会呈指数级增加。

（2）速率分布比率的变化。可以使用额外的数据，如压裂后的工作细节和（或）示踪剂，来估计或理想化完工期间的有效 AOF。因为 AOF 与支撑剂上的阻力成正比，及时对此做出反应可能会降低支撑剂返排的风险和（或）帮助管理节流进展，从而始终保持最佳压力和速率条件，以最大限度地提高初始采收率，并将支撑剂返排的风险降至最低。

（3）流体管道。在本项目中，根据情况和事件，油井通过 $4\frac{1}{2}$ in 压裂管柱或 $2\frac{7}{8}$ in 油管返排，并用作速度管柱。由于设备交付问题或竣工本身问题，在最后一刻做出的决定，将返排作业推到不可预期的情况下进行。管道尺寸的变化会影响提升留在井筒中的固体所需的最小速率，如果处理不当，可能会导致堵塞垂直井段或低效的井筒清洗，从而导致未来的生产问题。

在油井返排时，测量每小时／每天的地面试井数据，如产量（油、水和气体）、油管头压力（THP）和套管头压力（CHP）。将这些信息结合起来，用拟稳态模拟井模型估算 p_{wf}。将 BFHP 估算值与安装在油井上的实时电缆到地面（CTS）数据进行比较，以便在必要时监测和调整油井模型（图 2.2.9 至图 2.2.11）。

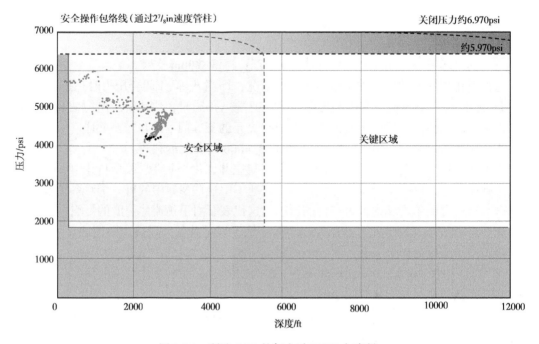

图 2.2.9　所选 SOE 的每小时 BHFP 与产量

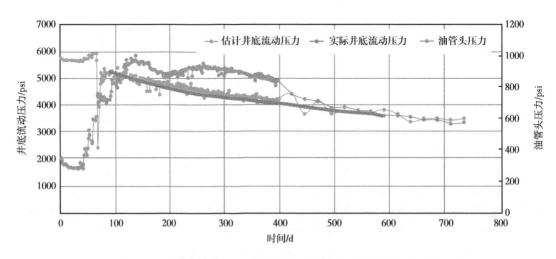

图 2.2.10　油管头压力与估计井底流动压力和实际井底流动压力

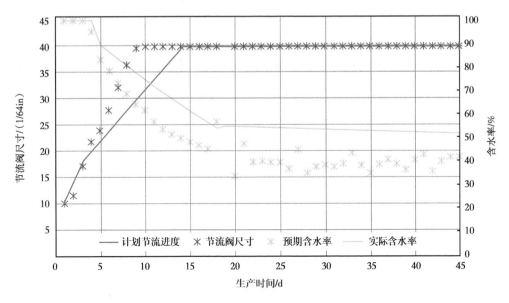

图 2.2.11　计划与实际节流进度以及预期与实际含水率

　　对 JV2 井至 JV6 井实施此程序消除了支撑剂返排，并导致显著的产量提高，如图 2.2.12 所示。需要注意的是，JV7 井的烃类物质产量较低是由于含水量较高，因为该井是在储层边界处钻探的。由于减少了清理、处置和设备故障，显著降低了成本，从而进一步提高了油田的经济性。

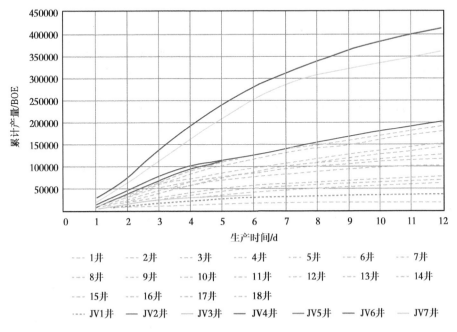

图 2.2.12　SOE 管理的返排井（JV2 井至 JV7 井）与 SOE 前油井
（已停产的 1 井至 18 井）的产量比较

美国通过大量的现场试验及模拟预测发现，不但完井与压裂设计影响气井产量和采收率，不正确的开井程序与压力降管理程序同样影响气井产量和采收率，以北美页岩气开发主要区块 Haynesville、Marcellus 以及 Eagle Ford 页岩气区块的实际开发案例为例，总结出了相应的返排制度，主要通过控制压裂液返排速度来增加页岩气井产量，并提高最终采收率。

参 考 文 献

Ambyint, 2021. Case Study：Ambyint InfinityRL™ Significantly Reduces Failure Rates Across Rod Lift Wells for Eagle Ford Operator, Available at https：//www.ambyint.com/ambyint-infinityrl-significantly-reduces-failure-rates-across-rod-lift-wells-for-eagle-ford-operator.

Axip, 2021. Axip Command™ Performance Optimization. Available at：http：//www.axip.com/AXIP_COMMAND_Data_Sheet.pdf.

Azadeh F, 2020. Microbial Induced Corrosion in Oil Pipelines. http：//hdl.handle.net/1903/26732

BakerHughes, 2021. Sabio Production Link artificial lift monitoring solutions. Available at：https：//www.bakerhughes.com/sites/bakerhughes/files/2020-05/Sabio-ProductionLink-als-monitoring-slsh.pdf.

Beggs H D, Brill J P, 1973. A Study of Two-Phase Flow in Inclined Pipes, JPT, p.607-617.

Bernadi B, Douglas, Mahmood M, et al., 2021. Optimizing Gas Production from Giant Multi-Reservoir Onshore Abu Dhabi Gas Field by Introducing Wellhead Compressors and Reconfiguring the Surface Network Using an Integrated Asset Model IAM. SPE-207626-MS.

Biddick, David, Lukas Nader, 2020. Subsurface Compression Lifts Liquids, Increases Gas Production in Unconventional Well Trial. J Pet Technol. 72: 34-37.

Camilleri L, Brunet L, Segui E, 2011. Poseidon Gas Handling Technology: A Case Study of Three ESP Wells in the Congo. SPE-141668-MS.

Campos M, Potapenko D, Moncada K, et al., 2019. Advanced Flowback in the Powder River Basin：Securing Stimulation Investments. Presented at the Unconventional Resources Technology Conference（URTeC）, Denver, Colorado, USA, 22-24 July.

Sneddon I, Ejike U, 1969. The stress intensity factors for a griffith crack whose surfaces are loaded asymmetrically. International journal of solids and structures.5（5）:513-523.

Lowengrub M, 1974. The effect of internal pressure on a penny-shaped crack at the interface of two bonded dissimilar elastic half-spaces. International Journal of Engineering Science. 12（5）: 387-396.

Velikanov I, Isaev V, Bannikov D, et al., 2018. New Fracture Hydrodynamics and In-Situ Kinetics Model Supports Comprehensive Hydraulic Fracture Simulation. SPE-190760-MS.

Osiptsov A, Vainshtein A, Boronin S, et al., 2019. Towards Field Testing of the Flowback Technology for Multistage-Fractured Horizontal Wells: Modeling-Based Design and Practical Implications. SPE-196979-MS.

第3章 排水采气工艺技术

页岩气是一种重要的非常规能源，气藏聚集机理复杂，受其特殊地质结构和复杂井深结构影响，易产生井筒积液，与常规天然气相比开采难度大，成本高，工艺技术要求高。在开采一段时间后，随气井开采时间的延长，地层能量降低，井筒积液增加，井筒内液柱对井底回压增大，导致井筒停产，需要通过技术手段将井筒内积液排出。排水采气技术是消除井筒积液问题的主要工艺技术，通过降低气井井口流压、降低流体流过油管时的摩阻损失、降低流体密度的方法，将积液排出，有效解决井筒积液问题。本章主要包括两部分内容，第一部分详细介绍了较成熟的排水采气工艺技术，涵盖了工艺原理、适用条件、技术现状、设备与管理措施及应用情况等方面的内容；第二部分介绍了近年来发展起来的新技术，在介绍工艺原理的基础上，着重分析了排水采气应用效果。

3.1 成熟排水采气工艺技术

本节介绍了泡沫排水、柱塞气举、速度管柱、气举复产四种成熟排水采气工艺技术的工作原理、适用条件、技术现状、排水采气装置及管理措施、应用情况等方面的内容；其次介绍了电潜泵、螺杆泵、井口压缩、循环关井排水采气技术；最后介绍了国外成熟气藏排采技术优选管理措施。

3.1.1 泡沫排水采气技术

泡沫在油气田生产中有着广泛的应用，可作为钻井和洗井施工过程中的井筒循环介质，也可作为压裂施工中的压裂液。这些应用与其在气井排水采气中的应用略有不同，前者是在地面控制下起泡剂与水、气混合产生泡沫。而在排水采气过程中，起泡剂与气水（通常含有部分轻质原油等烃类物质）在井下完成混合，并产生泡沫。泡沫排水方法的最大优点是由于液体分布在泡沫膜中，具有更大的表面积，减少了气体滑脱效应，并能够形成低密度的气液混合体。在低产气井中，泡沫能够很有效地将液体举升到地面，否则积液愈加严重，会造成较高的多相流压力损失。

3.1.1.1 工艺概况

对于存在积液风险的气井，可通过向井内注入表面活性剂来实现低于临界积液速率条件下的气举排液。泡沫举升的目的为：通过降低水—气间的界面张力与水的密度来将井筒内的积液举升至地面。泡沫举升工艺的应用效果主要受表面活性剂与地层流体间相互作用的影响。因此，针对该举升过程，难以制定相应的筛选准则。但是，研究人员依据现场的应用实际，总结出了部分指导方针。

为指导工艺的优选，制定了一套最佳实例。由于多数表面活性剂仅对水起作用，而在凝析油中难以起泡，所以水与凝析油的比值（WCR）是影响泡沫生成与性能的最关键的因素。Wittfeld 指出，为确保泡沫的生成，WCR 并不存在明确的极限值。但是，起码需确保 WCR 大于 3∶1，即含水率大于 75%。研究表明，在 WCR 为 1∶1 的条件下（含水率约为 50%），难以实现起泡。

Solesa 与 Sevic 依据起泡剂的室内分析与现场应用试验结果，总结出了评价泡沫举升系统的多项准则。这些准则与柱塞举升系统的准则相似，主要与对气量与压力的要求及影响泡沫举升性能的其他因素相关。针对压力方面的要求，其指出：对于下入封隔器的井，关井条件下的油压（CITHP）需大于 1.2 倍的采气管线压力（FLP）；而对于未下入封隔器的井，关井条件下的套压（CICHP）需大于或等于 2.2~2.5 倍的采气管线压力。

针对所需的气体体积，Lea 等指出：泡沫举升工艺最适用于气液比（GLR）为 1000~80000ft³/bbl 的井。Solesa 与 Sevic 对该问题进行了更详细的研究，且依据观测结果其指出：GLR 为 430~770 [ft³/（bbl·1000ft）] 的井为使用泡排工艺的候选井。

在分析过程中还需考虑水中的盐浓度。Solesa 与 Sevic 指出，当水中的盐浓度较高时（＞5% 或 50000mg/L），将发生盐析现象，从而限制了泡沫的使用。但是，鉴于部分油气田地层水的矿化度高达 200000mg/L，而表面活性剂仍被成功应用，这说明盐浓度并非影响泡沫举升工艺的关键因素。

较大的液体流量将导致表面活性剂需求量的增大，从而导致泡沫举升工艺经济性的降低。而且，流动条件不能促进泡沫的形成。在泡沫连续注入的情况下，还需考虑井深的影响。在这种情况下，用于泵注表面活性剂的地面设备的注入压力将极高。最后，适用的温度范围主要受表面活性剂种类的影响，最高的温度不能影响表面活性剂的性能与泡沫的形成。现今的表面活性剂技术已可满足 400℉ 环境的应用需要。

3.1.1.2　适用条件

低产气井中泡沫排水通常受到两个因素的制约：成本和起泡剂降低井底压力的效果。这两个条件都是通过与其他的排水方法相比较来确定的。

尽管没有生产气液比的上限，但生产气液比在 1000~8000ft³/bbl 的低产气井选择泡沫排水较好；对于高气液比的井，用柱塞气举效果可能会更好（即柱塞气举比泡沫气举产生的井底压力更低）。对于更低气液比或低恢复压力的井，井下泵排水可能更适合。泵工作时需要把气分离。泡沫表面活性剂产生的井筒压力梯度最终取决于产量、井况和井中表面活性剂的效果。多相流程序预测气井动态，把两相系统中的泡沫看作液体（尽管它既含气又含液）。表 3.1.1 列举了一些泡沫排液的优点和缺点。

泡沫排水采气工艺一般适用于产量不高的中小型气井，产水量一般在 100m³/d、气水比在 160~1500m³/m³ 之间，工艺井的油套管连通性较好，油管下入深度不宜太浅。而且，气流速度、气井投药时间、起泡剂注入浓度和注入量、起泡剂注入方式和流程等都直接关系到排水采气能否见效。该工艺对于井深小于 3500m 的气井均适用，且维修管理方便、投资成本低，现场实用性强，使用广泛。

ALRDC 指南中对于泡沫排水的适应性分析总结如下：

（1）考虑到泡排工艺的低成本性，通常将其作为最先尝试使用的工艺。

（2）其对不含凝析油的井作用效果更佳。但可使用高成本的化学添加剂，来使凝析油起泡。

表 3.1.1　泡沫排液的优点和缺点

优点	缺点
泡沫排水对于低产井来说是简单、经济的方法,药剂成本与产液量成正比; 不需要井下设备(但毛细管注入系统对于段塞流方式生产的低产井是有帮助的); 井筒中气体流速在 100~1000ft/min 的低产气井适用泡沫方法,在不适用泡沫的井中,临界流速接近 1000ft/min	起泡剂会带来泡沫液处理或液体乳化问题; 应用泡沫排水取决于井中液体性质和数量; 产出液主要为凝析油(即含凝析油 50% 以上)的井,不适用泡沫方法

（3）在浅井中使用起泡剂;在深井中使用分批注入或毛细管注入的方式（具体工艺方式的选择由井内封隔器下放情况决定）。

（4）通常情况下,如果有凝析油产出,则不可使用泡排工艺。

（5）如果含有氯化物,则表明为地层水;如果不含氯化物,则表明为井筒内的凝析水。

（6）通常,相比于不含表面活性剂的流体,泡沫流体的临界流速降低了 1/2~2/3。

（7）泡沫通过以下方式注入井内:毛细管下入油管内;油管内投入起泡剂;起出封隔器后,分批或连续注入泡沫。

部分实例表明,将起泡棒更换为有盖管柱后,可使油气产量显著提升。

3.1.1.3　技术现状

在国外,美国、苏联和加拿大等国家都采用过泡沫排液方法去除气井积液,以提高天然气产量,该应用始于 20 世纪 50 年代,70 年代有了很大的发展。苏联曾在克拉斯诺达尔等气田进行泡沫排液生产,取得了较好的效果,在克拉斯诺达尔,几年内处理超过 3500 井次,天然气增产 4 亿多立方米。美国也在 Oklahoma 和 Kansas 气田的 200 口产水气井中利用起泡剂排水,成功率超过 90%。20 世纪 80 年代初期,美国 SELECT 油田化学公司开发出起泡剂和减阻剂（Slick Sticks）,以及 SC 型油相起泡剂等系列产品,具有减阻功能、针对盐水和淡水体系。泡排剂研究方面,国外的 Baker Hughes 公司和 Champion 公司产品的使用温度已达到 204℃,在 Kansas 和 Oklahoma 州气田的应用取得比较好的效果,但其价格昂贵以致难以引进推广。Campbell 通过大量的室内实验从理论上提出了复合使用泡排剂和缓蚀剂提高气井产量的方法。对泡排剂的排液机理做了较为深入的分析,但未分析温度的影响。Jelinek 等论述了注入表面活性剂以提高气井产能的方法。表面活性剂不能对气层造成伤害,其表面张力值只是选择的重要标准之一。并提出采用毛细管加注表面活性剂的方法,在现场取得比较好的应用效果。目前,其他国家在泡沫排水采气方向的研究已经形成了相对比较完整的体系,包括泡排剂产品的系列化、泡沫井筒流通、携液能研究和效果评价研究等。但对泡排剂的耐温性能及稳定性机理,缺乏理论基础和深入研究。

对泡沫排水采气工艺,研究的核心为起泡剂及其加注方式。起泡剂的效应有 4 种:（1）分散效应。降低液相表面张力,液滴在相同动能条件下更易分散。（2）泡沫效应。使水和气形成水包气的乳状液,这样将液柱变为泡沫柱,可以减少井底回压、减少水的滑脱,使气和水同步流出井口,而且因为气泡壁形成的水膜较厚,泡沫携液量较大。（3）增加鼓泡高度。加入起泡剂后增加了泡沫的稳定性,使泡沫柱增高数倍。（4）促进流态的转变。表面张力下降,促使水相分散。起泡剂的性能参数包括表面张力、起泡力、动态性能（起泡高度和携液能力）和热稳定性等。使用的仪器主要有罗氏米乐泡沫仪和动态性能评价仪。Yang 等认为泡沫柱测试比搅拌法更适合评价泡排剂的动力表面活性。

工艺气井井筒内泡沫流的流动特性是分析泡排工艺携液机理和工艺优化研究的基础，对其的分析多是通过理论计算和在模拟井筒上进行实验来完成的。Solesa 等认为研究泡排工艺的关键在于如何模拟泡排剂注入后井筒内压力梯度的变化。他计算发现若泡排井筒内多相流体处在段塞流区，泡排效率较低。若多相流体在泡沫区，因不存在两相边界，携液效果最好。Van Nimwegen 等在有机玻璃井筒上进行了泡沫排水采气模拟实验。观察发现，表面活性剂可以增加高气流速时的井筒压力梯度，减小低气流速时的井筒压力梯度。而且在高浓度表面活性剂时，搅动流不再出现，环状流直接转变为段塞流。

泡排工艺的参数优化，主要是确定起泡剂的类型、用量、浓度、加注方式和制度。常将起泡剂性能评价、泡沫流动特性、临界携液模型和气井流入流出动态节点分析结合起来进行。Jelinek 等认为泡排井的携液分析应将临界流量模型和节点分析结合起来进行。Solesa 等推荐的泡沫排水采气节点分析流程如图 3.1.1 所示。Reiee 等提到泡排并非在所有井上都有效，应注重井的诊断、泡排剂的选择和恰当的生产管理。Li 等测定了表面张力和泡沫密度随表面活性剂浓度的变化，并将其与临界携液流速模型和井筒流入动态结合，以最大产气量和最少泡排剂用量为目标建立了泡排工艺优化模型。Farooq 等分析了泡排井工艺现场问题，提出应注意缓蚀和防垢剂与泡排剂的配伍性、优化井口装置、减小回压、优化不同地层压力下的注入速度和与其他工艺相结合等 4 点认识。

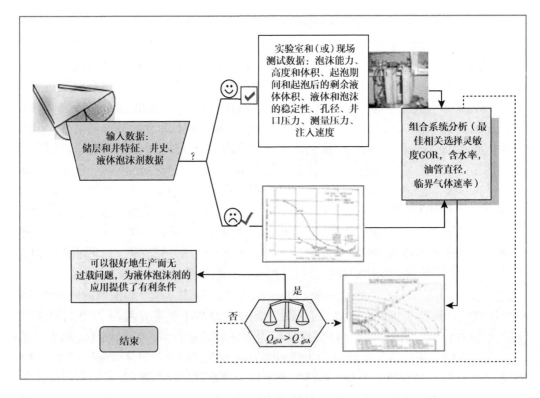

图 3.1.1　分析流程

3.1.1.4　设备装置及管理措施

采用表面活性剂排液有间歇处理和连续注入两种方法。

（1）间歇处理。

根据待排液量来估计表面活性剂的用量。井通常处于关闭的情况下，待排液量可由油套压差来确定。将一定量的表面活性剂与 20gal 或更多的产出液或水混合，达到 1% 的活性剂浓度。然后从油管泵入或注入。也可用固体泡沫棒替代液体起泡剂。然后开井生产。间歇处理最适宜于不经常排液的井，因为采用这种方法需要一定的时间。

（2）连续注入。

采用适当的设备（图 3.1.2）将起泡剂连续注入井中，与生产液和气体混合后产生泡沫。起泡剂可从油套环空注入，也可通过油管注入；生产液则通过另一通道产出。

现场泡沫排液作业所需的设备如图 3.1.2 所示，大部分井场安装在远离套管的气动泵操作。可以将泵安装在药剂桶下，遮盖或隔离整个泵系统。由于起泡剂可能会吸附在油管壁上，应将起泡剂稀释到更大的体积，确保起泡剂到达井液面，或者在注入起泡剂后用顶替液将其冲洗下去。起泡剂与水按 1∶10 比例配制成浓度约为 0.1% 的稀释液，每桶产出液需要 1.9L 的这样的稀释液。

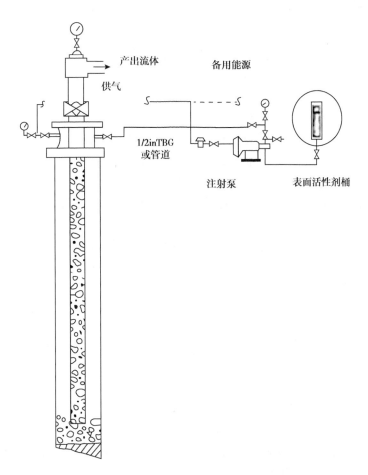

图 3.1.2　对于液态的表面活性剂注入的设备配置图

冬季作业时，可用 50% 的乙二醇作为稀释剂，并用固定在油管外的毛细管注入起泡剂，效果较好，但成本较高，如 Sperry-sun 公司的化学剂注入系统装置。该装置的优点是使用较小量的起泡剂就能确保到达要求的井下注入点。这样就避开了在环空中动液面波动所产生的问题。图 3.1.3 是类似的毛细管注入系统。在该系统中，起泡剂是通过穿在油管内的毛细管串注入。

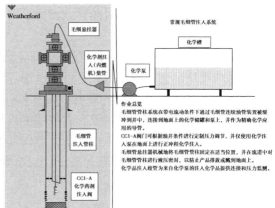

图 3.1.3　从油管注入表面活性剂小直径管的使用

该井在 8450ft 处设有一封隔器，在 5½in 套管内射孔距离为 1093ft，该井每天生产 35bbl 水。1996 年 5 月运行，注入是在封隔器以下 1075ft 即 9525ft 处开始的。产量增加了 40%。注入点移至 8730ft 时，日产量在原来的基础上增加了 100% 以上。

该油管应该下至完井部位上 1/3 处。有效厚度较大时，油管下入深度是有争议的。然而，下至生产层位顶部以下会增加压差。虽然一般通过油管生产，但也可通过油套环空生产。这种情况下，要考虑可能存在的套管腐蚀问题。

选择油管还是选择环空作为生产通道主要取决于该通道在工作压力和温度下的气体速度是否在 3~12ft/s 之间。在断面面积较大（流速低）处，液体易滞留，尤其是在起泡剂效果较差或者烃类含量过多造成泡沫干度较低的情况下，最好用油管生产。

用于泡沫排液的多相流压力损失计算程序可以估算生产压力梯度和选择最优流动通道。

在连续注入之前可用高浓度起泡剂进行间歇处理，排出井内已有积液，以便后续注入较低浓度的起泡剂有更好的效果。通过环空注入浓缩的起泡剂（数量根据井中积液和起泡剂的有效浓度来确定）并周期性关井（间歇性生产然后关井），这样能使起泡剂与积液充分混合、在初始液体排出后开始连续注入起泡剂。

（3）地面消泡。

如果用泡沫进行气井排液，泡沫在进入分离器或外输管系前必须破裂，在地面消泡有几种办法。

如果不是过量使用表面活性剂，那么泡沫在静置一段时间后将自然破裂。液体从泡沫膜中脱出，最后膜破裂气体逸出。这是正常的气体散逸过程。

在消泡过程中，可以采用掺入产出水或清水降低表面活性剂浓度的方法来辅助消泡。

对于非离子型表面活性剂，可以将其加热到浊点以上，降低表面活性剂的溶解度，即降低表面活性剂浓度达到消泡的效果。也可采用具有相反特性的消泡剂进行消泡，由于在分离器中消泡相当困难，所以高稳定的泡沫并不好。因此，起泡剂往往选择能够产生最大量的泡沫，并且泡沫最易处理的表面活性剂作为主剂。消泡后的液体从分离器中排出。

（4）盐水的影响。

在起泡有问题的井，往往与产出水的矿化度和含烃量有关。实验表明，不含油的盐水起泡能力与清水几乎相同。但当盐水碱度高的情况下，油水混合物中有效泡沫干度降低得更快。研究表明盐水减小了起泡趋势，与阳离子型表面活性剂对比，这种效应在阴离子型表面活性剂情况下更剧烈。这主要有以下两个原因：

①盐的存在降低了表面活性剂的溶解度。

②临界胶束浓度降低了（临界胶束浓度即当形成胶束时的最低表面活性剂的浓度）。

受盐的影响，吸引活性剂分子的非关联水分子（对盐离子没离子引力的水分子）数量减少。当表面活性剂的浓度增加，多个表面活性剂分子在水中形成分子束；每个分子的亲油基指向分子束的中心。因此，在盐水中，有非常多的分子束分散在整个液体当中。一些游离的烃分子被拉进了胶束团，造成水相中含有大量的油。

Hough 等研究说明甲烷—水系统的表面张力稍小于空气—水系统。当系统的力增加，由于更多气体进入液体中，表面张力会变小。当含盐量增加时，水的表面张力也略有增加。

对于一些表面活性剂—烃的液体，盐的溶解改变了乳化的趋势。在相对较低的压力下井筒产出液的表面张力应与空气—液体系统差别不大，关键的控制因素就是在表面活性剂的处理上。

（5）化学剂处理问题。

①乳化问题。破乳剂在破乳方面有很多成功的经验。在现场应用破乳剂前应在实验室进行实验评价。进入分离器之前，破乳剂注入到分离器上游前段管线使其与产出液充分混合。

在有些情况下，井中可能有其他表面活性剂存在，如包裹在缓蚀剂中的表面活性物质。这些表面活性剂可以带来一些乳化或泡沫稳定问题。为了提高效果，不得不更换起泡剂或者其他化学处理剂，或者调整起泡剂用量。如果问题严重，为确定严重乳化的原因，有必要中断防腐处理。

②泡沫携液。泡沫进入到生产管线或分离器中，会干扰破坏液面的控制。消泡剂能有效抑制泡沫。在流体到达分离器之前，消泡剂在分离器进口端上游管线注入，使消泡剂与产出液在进入分离器前混合。选择消泡剂类型和注入速率取决于许多现场因素，应由厂家代表在现场进行试验。

泡沫破裂后，液相从生产分离器中分离出来，分离器中液体尽可能接近于静止状态。因此，分离器应相当大，使得气流速度保持在2ft/s左右，液体滞留时间保持5min或更长。

从分离器分离出来的液相仍可能存在严重的油水乳化现象。如果发生这个问题，应增加液体集液罐中的分离时间。如果分离器是三相分离器，且乳化问题严重，应先将水排至集液罐中，避免外排乳化水。

如果用当前的分离设备仍不能完全解决不消泡或乳化问题，应该采用化学方法处理产出液，破坏表面活性剂的活性。

（6）泡沫排水采气选择策略。

为了应对井筒积液问题，考虑了多种气井排液措施，图3.1.4为排液工艺选择示意图，该图为Weatheford公司的选择程序，图中假设井口流压较低，含水较高，气液比低于10000ft³/bbl。

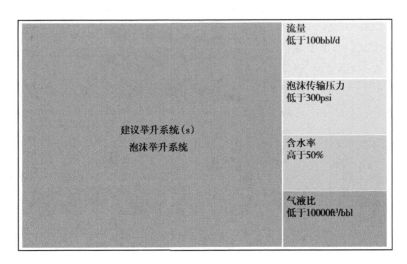

流量
低于100bbl/d

泡沫传输压力
低于300psi

含水率
高于50%

气液比
低于10000ft³/bbl

建议举升系统（s）
泡沫举升系统

图3.1.4　排液工艺选择示意图

根据提供的数据资料，工艺选择示意图推荐选用泡沫排液，图3.1.5为泡排举升工艺选择流程图。在泡沫排液工艺中，表面活性剂用于改变产出流体的物理特征，包括界面张力和表观液体密度，从而降低将水举升至井口的临界气体流速。表面活性剂能与水发生反应，因此泡排工艺仅限于那些流体以水为主而非烃类流体的井中。在低压井中，当需要持续生产并将流体输送至高压管线中，以及油管限流或变径导致柱塞气举工艺不能正常应用时，采用泡沫排水效果会非常好。

（7）毛细管注入装置。

图3.1.6为毛细管装置示意图，从图3.1.6中看出，将1/4in的不锈钢毛细管带压下入井筒内的油管中，毛细管最底部安装了一个井下单流阀，整个装置是通过一套定制的带压专利设备安装完成的，此设备可使毛细管在油管内居中下入，且不需要关井作业。整套设备置于一个拖车上面，拖车上包括毛细管滚筒、吊车和带压设备总成。

泡沫液从化学储罐中被注入或吸入到井内，注入液体经过过滤装置确保液体无固相含量。作业中可以很容易保持泡沫液注入，以保证泡排效率。毛细管安装简单（关井安装或带压安装）并可以随时从一口井转移至另外一口井，毛细管安装步骤简单总结如下。

①到达现场，找到所用设备，给卷筒施加动力。井筒内下入刮刀以确认井筒内壁清洁，取出井内工具，利用手摇泵给井下化学注入阀设定破裂压力，该值由式（3.1.1）确定：

$$p_{(\text{valve})} = p_{(\text{pump})} + p_{(\text{Hydrostatics})} - \text{BHFP} \qquad (3.1.1)$$

式中　$p_{(\text{valve})}$——化学注入阀破裂压力，MPa；

$p_{(pump)}$——化学注入泵压力，MPa；

$p_{(Hydrostatics)}$——流体静压力，MPa；

BHFP——井底流压，MPa。

②关闭清蜡阀门，放空主阀门以上的压力至零，去掉采油树帽，从注入头顶部开始下入毛细管至井筒内部，连接所有的液压管线，利用吊车举起注入头和密封装置，并将防喷器与注入头连接。

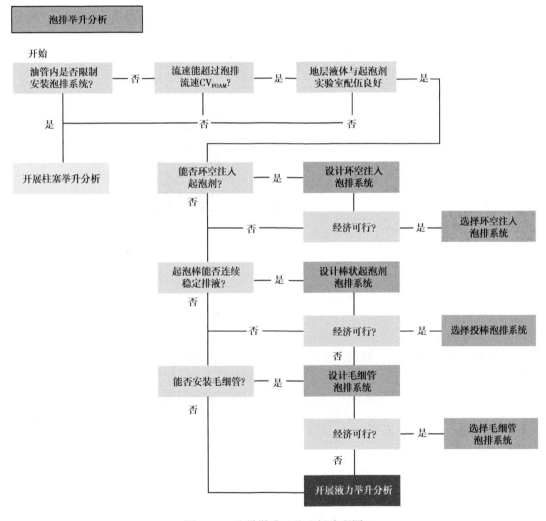

图 3.1.5　泡排举升工艺选择流程图

③将毛细管穿过防喷器和悬挂器密封装置，并在管的末端连接井下化学注入阀，然后将悬挂器密封装置与防喷器连接，将毛细管注入系统总成与井口连接，注水泵锚定于双层密封装置上。安装压力表并关闭所有泄压阀。

④毛细管注入系统试压，包括双层密封装置、注入头、压力表和防喷器，以防发生泄漏。试验完成之后，逐渐下入毛细管柱至设定位置并关闭地面油管，然后将毛细管与地面化学注入泵连接。

⑤拆卸注入头总成并在流程管线上安装消泡剂注入泵。按照预先设计的速度注入泡沫，如果地面返出液中含有泡沫，则降低泡沫液注入速度，并以最低速度注入消泡剂。

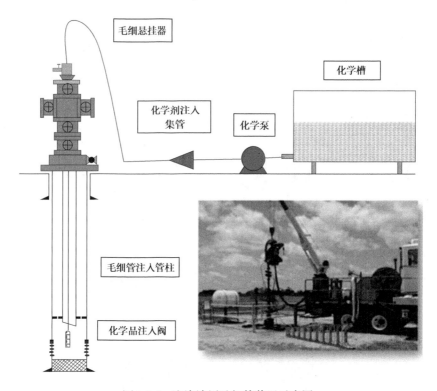

图 3.1.6　注泡沫用毛细管装置示意图

3.1.1.5　应用情况

在国外，苏联、美国、加拿大是采用泡沫排水采气技术提高天然气产量较早的国家。20 世纪 50 年代美国就采用发泡剂排出井下积液，20 世纪 70 年代后有了很大的技术进步。戈登（Gordon）研究所在 Kansas 与 Oklahoma 进行了现场研究试验。在 Edward County，Kansas、Platte County 与 Mukefolson County 现场气井加入起泡剂排水采气，产量日增加 $68×10^3m^3$，$19.3×10^3m^3$ 与 $12.5×10^3m^3$。在 Ohio 奥萨各县日加注 5.68L 起泡剂，日增产 $33.7×10^3m^3$。苏联也是采用该技术较早的国家，1980 年在科斯玛奇凝析气田 28 号井进行了试验。该气井已经被井内液体压死，使用各种排水采气方法都没有效果。当起泡剂注入水淹井中，通过邻井凝析气流吹井导流，使井底积液顺利排出，日产量达 $30000m^3$。

案例井是位于美国 Wyoming 西南部的两口积液井，这些井筒积液导致产量下降。将发泡溶剂持续注入两口气井后侧，使它们初期以 5~8gal/d 速度排水，然后排水速度定为 2~3gal/d。在这些井中应用毛细管注入工艺使产量增加了 $200×10^3ft^3$，如图 3.1.7 所示。每天增加 $200×10^3ft^3$ 气量，按照每千立方英尺气量价格 5 美元，净收益为 983 美元 /d，收回初始工艺投资只需 3 天。

以上数字表明在这些井上应用毛细管泡沫液注入工艺所取得的效果。由于临界速度降低，使得气井产量不稳定状态逐渐趋于平滑，气井开始以稳定的产量生产。

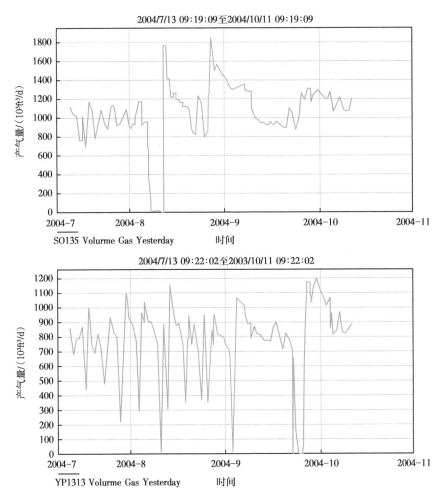

图 3.1.7　美国怀俄明州西南部气井的毛细管泡沫液注入结果

3.1.2　柱塞气举排水采气技术

3.1.2.1　工艺原理

柱塞气举是一种利用储层能量来携液的间歇式人工举升方法。柱塞是一个与油管相匹配的可在油管里自由游动的活塞，它依靠井的压力上升，并在自身重力作用下落到井底。图 3.1.8 是典型的柱塞气举装置示意图。

随着交替开井和关井，柱塞气举完成一个生产周期运转。在关井期间，随着柱塞向底部移动，环空中气体压力开始恢复，与此同时油管底部开始积液，柱塞穿过液体到达减振器弹簧，这时处于压力恢复期间。环空气体压力的大小取决于关井时间、油藏压力和渗透率等因素。当环空压力增大到一定值时，井口电动阀打开，允许井流体产出。同时，环空里的气体进入油管，并借助于产出气体的能量举升柱塞和液体到达地面。

储层可以一直持续生产到产量降低到某个临界产量值附近和井底开始积液时为止。关井后，柱塞依次通过气体和积液下落到减振器弹簧上。

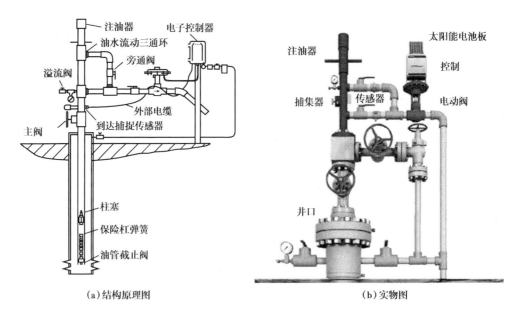

(a)结构原理图

(b)实物图

图 3.1.8 典型的常规柱塞气举装置示意图

接下来是压力恢复阶段。然后是利用环空中气体恢复压力开井再次生产,液体和柱塞被举升到地面。当柱塞到达井口后,井继续生产直到产量开始下降。然后关井,柱塞回落到井底,在生产时此过程一直循环往复进行。

图 3.1.9 是深度—产量的关系近似图。可以看出,随井深增加,柱塞气举产量降低,在给定的区间范围内柱塞气举可行。实际上,柱塞气举在 2000ft 深的井中已经成功应用。

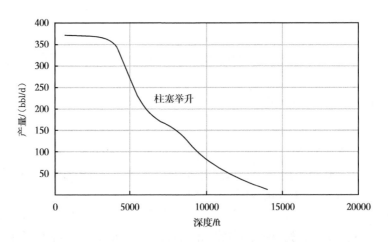

图 3.1.9 柱塞气举方式下深度—产量关系图

3.1.2.2 适用条件

最先考虑的方面为该工艺可实现的最大排液速率。该参数受多方面因素的影响,具体包括油管尺寸、井深、生产条件、井底能量、每日的循环次数、套管内压力恢复的情况以及柱塞上升与下降的速率。通常,可使用 Foss 与 Gaul 所研发的公式,并依据段塞或载荷的大小以及最高的日循环次数来计算最大产液速率，并得到柱塞的工作范围。气井通常在低于最大日循环次数的条件下运行，以实现套压的上升恢复。ALRDC（Artificial Lift Research and Development Council）指南包含一个流速表，其为参考最大流量而确定的最适用流量。该指南以下述条件为基础：井深为 5000ft，自喷井井口压力为 100psi，活塞下降过程中套压升高 1000psi，套管较油管外径大一个尺寸，以及临界流速条件下的产气量。$1\frac{1}{2}$in、2in、$2\frac{3}{8}$in、$2\frac{7}{8}$in 与 $3\frac{1}{2}$in 油管所对应的最大流量分别为 35bbl/d、50bbl/d、110bbl/d、165bbl/d 与 200bbl/d。在 Weatherford（2013）的属性表中，将柱塞气举的最大流量设定为 200bbl/d。

气体体积是影响柱塞气举应用效果的最重要因素之一。气体膨胀为液体举升提供所需的能量。应用经验法则来计算所需的最小气体体积。对于井深达 1000ft 且未下入封隔器的气井，为实现柱塞气举的成功应用，最小气体体积需为 $400ft^3$/bbl。Ferguson 等对上述结论进行了解释，指出：对于压缩体积为 $400ft^3$ 气体，其所储集的能量等于 1bbl 液体的静压头。依据地面条件（地面管线压力、系统回压等）可知，实际所需的最小气体体积更大。可依据实际的井与现场条件来自定义该值。对于下入封隔器完井的气井，环空的限制导致了能量的损失，所以每 1000ft 井深所对应的气体体积的需求量增加至 $800\sim1200ft^3$/bbl。通常，Weatherford（2007）推荐使用 $1000ft^3$/bbl（每 1000ft 井深）作为所需的最小气体体积。另外，Lea 等指出：对于下有封隔器的气井，柱塞气举运行所需的最小气体体积为 $1000\sim2000ft^3$/bbl（每 1000ft 井深）。

分析过程中还必须考虑驱动柱塞所需的压力，其通常使用载荷因数进行评价。计算公式定义为，关井条件下净举升压力（套压与采气管线压力的差值）与液体载荷（套压与油压的差值）的相关性。如果在合理的时间段内净举升压力可升高至液体载荷的两倍以上，则井内具有充足的能量来驱动柱塞，并将液体举升至地面。换句话说，在开井（活塞与液体举升）之前，载荷因数需小于 0.5。载荷因数的计算公式为：

$$LF = (CICHP - CITHP) / (CICHP - FLP) < 0.5 \tag{3.1.2}$$

式中　LF——载荷因素；

　　　CICHP——关井条件下的套压；

　　　CITHP——关井条件下的油压；

　　　FLP——采气管线压力。

将柱塞气举工艺应用于水平气井或非常规井所面临的最大挑战之一为：如何穿过 X 型短节，并到达油管终端（EOT）。Kravits 等对 Marcellus 页岩气田的某口井进行现场试验，以分析研究柱塞气举系统在装配有 X 与 XN 型短节的气井中的适用性。该研究还针对井斜角大于 70° 的气井，分析了柱塞气举系统的适用性。现场试验得出多个结论。所有的柱塞都可通过 X 型短节，下至井斜角达 70° 的井深处，并在造斜点下部快速移动。

与井身结构相关的另一方面为井的狗腿度。根据经验，为避免柱塞受卡，柱塞下放深度处的最大狗腿度需小于 6°/100ft。而当狗腿度大于 3°/100ft 而小于 6°/100ft 时，也需予以重视。ALRDC 指南指出，狗腿度的增大将导致所适用的柱塞长度的减小。

ALRDC 指南还指出，油管柱塞的尺寸范围为 $1\frac{3}{4}\sim4\frac{1}{2}$in（外径），从而不会对油管外径产生限制。但是，随着柱塞外径的增大，需重点关注与柱塞质量及柱塞停止的地面控制相关的问题（由于柱塞在上移过程中产生加速度与动量）。因此，将油管的最大外径设定为 3½ in。另外，Soponsakulkaew 指出，柱塞气举系统适用于各类油管尺寸，但基于举升效率方面的考虑，将其最大外径设定为 3½ in。

在柱塞气举工艺的筛选过程中，还需考虑其他与井的完整性问题相关的参数。首先，从油管悬挂器至生产管柱底部，所使用的油管需具有相同的尺寸。依据 ALRDC 指南可知：如果使用多级油管柱，则需使用两个柱塞段，并在各级油管段装配使用不同尺寸的柱塞。但是，这将增加生产运行的复杂性，并降低举升效率。因此，建议将上述多级油管柱更换为恒定尺寸的油管柱。其次，为实现较理想的柱塞举升性能，须确保油管内无泄漏（油管与环空不连通），且套管不存在机械损伤（确保套管内压力的合理恢复）。最后，为确保柱塞平稳下行至坐放短节处，需确保油管内无障碍物的存在。

对于柱塞气举工艺，不存在井深与温度的限制。而井深的限制条件大于非常规井的常见深度。但是，深度的增大将导致柱塞起下次数的降低，从而引发循环次数与液体流量的下降。相比于海上气井，陆上气井需举升出更大体积的积液。

ALRDC 指南中对于柱塞气举的适应性分析总结如下：

（1）当井内气液比达 300~400[ft³/（bbl·1000ft）]，且套管内压力不断升高时，仅仅使用柱塞气举工艺而无需施加外部能量，即可实现油气井的排液生产。

（2）有行业指南要求：井内压力必须达管线压力的 1.5 倍。

（3）依据井深，并使用工作压力/GLR 图表来对柱塞气举工艺进行设计。

（4）柱塞可实现深井的排液生产。

（5）虽然在封隔器存在的条件下，仍可实现自由循环以及分体式柱塞的正常运转，但在柱塞安装前需移除井下封隔器。

（6）柱塞气举系统的产液量较低，但在某些情况下可达 300bbl/d。

（7）通常，无需施加外部能量即可实现系统的运转。

（8）系统易受固相的影响。

（9）刷式柱塞可在含少量砂/固相的环境下运转。

（10）存在两种柱塞气举工艺：传统型与旁通型。下文将介绍两种类型柱塞气举工艺的选择标准。

（11）传统型与旁通型柱塞的选择标准为：

①传统型柱塞：400[ft³/（bbl·1000ft）]，1000[ft³/（bbl·1000ft）]且未下入封隔器，套管压力升高至管线压力的 1.5 倍。如果液体流量低于 1/2bbl/d 时，开井后柱塞即上升。Foss 与 Gaul 预测了套管压力与段塞尺寸。

②旁通型柱塞：当气体流速大于 80% 的临界流速时，即可使用该类柱塞。

在关井 20min 以后，即可将旁通型柱塞更换为传统型柱塞。

3.1.2.3 技术现状

就目前现有的排水采气工艺当中，柱塞气举的研究和应用开始于 20 世纪 50 年代。是美国的 Beeson、Knox、Stoddard 和苏联学者 Muraviev 等对柱塞气举的生产规律进行了研究。早期对于柱塞气举的理论研究比较简单，研究仅仅在简单的设计之上，方法的局限性极大，并且在实际应用中没有得到应用。

进入 21 世纪，随着柱塞气举排水采气工艺理论和实验研究的不断深入，其在国外各大油田现场得到了广泛的应用，Gasbarri 和 Wiggins 在 2001 年考虑地面管线压力作用下对提高举升效率和动态模型进行研究，Chava 等在 2008 年对智能举升设备进行了全面的研究，提出了新的柱塞举升模型。该模型结合气藏流入动态的瞬态模型，并考虑气藏、油套环空以及油管之间动态的相互影响，能够更加准确可靠地预测柱塞的举升过程，优化柱塞举升周期。

国外还有很多学者对柱塞气举工艺在非常规天然气井中的应用进行了研究。2000 年，Maggard 等针对前人柱塞气举模型中采用稳定气井产能公式描述气藏的生产动态而不能反映出柱塞举升周期内气井井底流压的变化的问题，通过基于 GASSIM 模拟器的气藏模拟模块来模拟气藏流入动态的瞬态模型，建立了致密气井的柱塞举升模型。2009 年，Tang 针对 Piceance 盆地致密气井的积液问题，开展了柱塞气举动态特征研究。为了实现致密气井产气量最大化的目的，通过合理控制积液找寻柱塞气举的最佳工况。基于致密气藏具有基质渗透率低、水力压裂裂缝和泄流半径短的特征，在该模型中引入了瞬态的 PR 方程和产量递减规律，并应用该瞬态多相流入动态分析柱塞举升的效率。2011 年，Kravits 等学者又对柱塞气举在 Marcellus 页岩气井中的应用进行了研究，柱塞气举工艺在国外的应用范围越来越广。

3.1.2.4　设备装置及管理措施

（1）工艺设备。

柱塞气举系统相对简单，需要的组件较少。设备包括以下组件：

①井底减振器弹簧，通过钢缆下入井底，目的是使柱塞可以平缓地到达井底。

②可以在整个油管内自由运行的柱塞。

③可以捕获柱塞的井口设备，并且允许液体从柱塞周围流过。

④可控电动阀，可以打开和关闭生产管线。

⑤安装在油管上的传感器，可以感应到柱塞的到达。

⑥有逻辑功能的电子控制器，可以调节周期内的产量和关井时间，以达到最大产量。

（2）柱塞周期。

柱塞举升是一个相对简单的周期循环过程，如图 3.1.10 所示。图 3.1.11 说明了套压、油压以及井底流压在柱塞举升的一个工作周期内的详细变化。

①油井关闭，套管中的压力开始升高。到压力升至足以克服井口压力并以一定速度（约 750ft/min）提升柱塞和液体到地面时，地面油管阀门打开［图 3.1.10（a）］。

②阀门打开，柱塞和液体段塞上升。环空中的气体进入到油管中膨胀提供举升压力。在这个提升过程中，井内产生一定的压力来补充提升柱塞和液体段塞所需的能量［图 3.1.10（b）］。

③液体到达地面，流入输送管线。柱塞在压力和流体的作用下停在地表，气体保持流动［图 3.1.10（c）］。

④流速开始降低，液体在井底聚积。套管压力升高，表示油管内压降损失变大。如果生产时间过长，较大的液体段塞将会聚积在井底，这时需要很高的套管压力来举升它［图 3.1.10（d）］。

⑤阀门关闭，柱塞回落。液体主要集中在井底。柱塞到井底后，下一个周期便开始了［图 3.1.10（e）］。

周期持续循环过程可通过在控制器中写入不同的算法来调整控制。

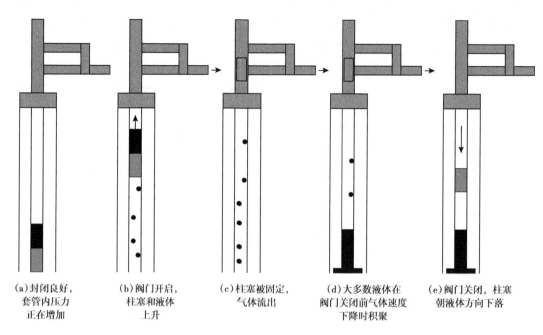

(a)封闭良好，
套管内压力
正在增加

(b)阀门开启，
柱塞和液体
上升

(c)柱塞被固定，
气体流出

(d)大多数液体在
阀门关闭前气体速度
下降时积聚

(e)阀门关闭，柱塞
朝液体方向下落

图 3.1.10　柱塞举升工作周期简易图

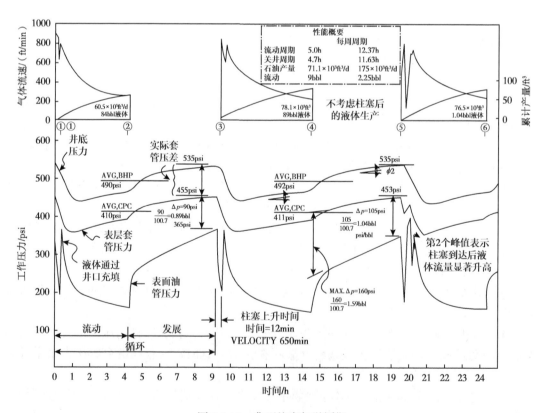

图 3.1.11　典型柱塞气举周期

（3）管理措施。

①柱塞气举开始工作前须考虑的因素。在柱塞气举开始工作之前必须考虑几个参数，其中最重要的是套管压力。如前面所提到的那样，套管环空是能量储集空间，它装有压缩的气体，最后负责将柱塞和液体举升到地面。套管中的气体基本决定了循环的频率和柱塞气举的成功与否。

另一个要考虑的关键因素是液体的载荷，或在套管和油管中累积的液体量。液体累计速率在决定柱塞周期时起着非常重要的作用。如果液体的体积太大，柱塞是不可能用可得到的气体压力将液体举升到地面的。

再一个主要考虑的因素是回压。包括所有可能来源的回压，如地面管线压力、小直井油嘴以及无法克服最初气体扰动的压缩机。回压是当油管阀门打开时从下游角度看的压力。

在开井之前，恰当地做好准备工作是相当重要的。首先井应该是尽可能地洁净或没有自由液体。这也许意味着要首先抽汲直到地层流体流出，或者关井几天让井的压力恢复起来，把液体压到地层中去。

载荷因数可用于判断井是否准备好开井生产，一个经验判断是在开井让柱塞和液体上升之前载荷因数不要超过 50%。

因为载荷因数是小于最大限制 50%，因此可预测出当井打开时，柱塞和液体柱塞会上升。在此条件下可以启动柱塞气举。

耐心地等待井的条件以满足初始载荷因数的要求是很重要的。如果井开得太快套管压力没有恢复到足够的压力，或者液体柱塞太大，柱塞将不能使液柱到达地面，井将承受更大的液体载荷。在开井生产之前，井应该进行足够长的压力恢复（事实上比实际需要值大）。如果时间允许，初始的关井应该达到压力稳定，即确定这一点对于第一个周期来说是必不可少的。

常见的错误是让井在抽汲之后的第一段液体生产出之后，生产的时间太长。一旦井开始产气，套管压力开始下降，这时就应该关井，在启动期使压力恢复起来。产出气体的压力是将柱塞向上推向地面必不可少的组成部分之一，特别是在启动初期更应该把气体压力储集起来。

在多数情况下，为了达到更低的压力，需要在最初的循环时把油管中液体之上的气放出。这样可以在液体段塞和柱塞之间产生更多的差压，从而将液体段塞推向地面。如果这样还不可行，应将尽最大努力去掉管线里面的阻碍。如果需要油嘴，应该用尽可能大的油嘴。在分离器的排液阀前装一个大的微调阀也是一个实际常用的方法。一个液体柱塞以 1000ft/min 的速度运动相当于在 2⅜in 油管以 5760bbl/d 的速度生产。要经常用大孔板测量气体流速的峰值。一些控制器使用了启动技术，但为了更好地理解，对其中的一些细节进行了描述。

②启动。一旦套管和油管压力达到要求，柱塞会到达地面。启动要求的套管和油管压力值是从以前介绍的方法中得到的。

应尽快地启动电动机阀门以使油管压力快速下降。这样在柱塞和液柱之间就会快速地建立起最大压差，从而将它们移动到地面。

记录下柱塞到达地面的时间。要达到高效生产，目前的想法是柱塞的平均上升速度是 750~1000ft/min。经验表明：若柱塞的速度超过 1000ft/min，则趋向于过度地磨损设备，浪费能量；而较低的柱塞速度会造成气体滑脱通过柱塞和液柱，降低了系统效率。柱塞运移的速度受套管恢复压力和随柱塞运动的液体段塞大小的控制，如果密封得好，柱塞可以运动得慢一些。

当电动机阀开着时，一股高压气体将从环空进入到油管内举升柱塞和液柱。当气体从地面产出时，液体也会产出，接下来是柱塞。有时一些液体会跟在柱塞后面。在大多数情况下，当开动柱塞循环时，在柱塞到达地面后应让井生产不超过 2min。如果让井生产时间过长，套管压力将降低到推荐的限制值之下，那么在下个循环进行之前，在环空中就会积累太多的液体。如果液体体积过大，井将不能完成下一个循环。

柱塞最初在地面，关闭电动机，让柱塞下降。气体开始在套管和油管压缩增压，接下来开始新的循环。柱塞必须到达减振器弹簧。如果用几个人工循环来启动柱塞工作，一旦套管压力又回到初始值，循环将自动工作。许多更新的控制器将启动程序而不需人工干预。

③循环周期的调整。积液现象不仅仅发生在油管里而且也会在井筒周围的地层中产生。液体在井筒周围地层中聚集可降低油藏的渗透率。为了部分地补偿这一点，在最初的前几天推荐用保守的循环运转柱塞。保守循环意味着只有少量的液体聚集在井筒并且循环是在高套管压力下进行的。

当用柱塞气举设备生产时，一个可靠的方法是用两个传感器，一个套管压力传感器，同时连接一个柱塞到达关井的传感器，只要柱塞到达地面时就及时关井。用这种方法可以为每个循环提供一致的关井套管压力。这样做可以减少每个周期的时间。如果用管线上的套管压力作控制，当管线压力急剧地从一个周期变化到下一个周期时，它将不能启动系统。

总之，启动程序可以概括如下：

a. 检测（并且记录）套管和油管压力。应用经验公式。

b. 开井使井口气体快速排出，记录下柱塞到达地面的时间（柱塞运动时间）。

c. 一旦柱塞到达地面开始产气，关井让柱塞回到井底。

d. 关井直到套管压力恢复到前一周期的压力，最好让套管压力超过管线压力。

e. 开井，让柱塞回到地面，再次记录下柱塞运行时间，关井。

f. 如果这个循环是人工操作，那么安装时间和压力传感器，记录下运行时间和压力。

g. 如果没有套管压力传感器或磁性开关，则必须单独用时间控制器来控制周期。要有足够的时间使套管的压力恢复，足够的流动时间把柱塞带到地面。在这种情况下，双笔压力记录计记录的数据是很有价值的数据。通过监测图表，可以很快地比较套管恢复时间，以调整周期。

h. 无论你用哪种方法，一旦周期达到一致和稳定，就让井自动运行一两天，直到油藏中井筒周围的流体被清除干净。

尽管许多新的控制器将会对以上各步进行自动控制，在开始安装一个新的柱塞装置前或对于那些新控制器不能使用的情况下应该好好考虑以上各个步骤。

④稳定时期。因为当井筒本身积液时，井附近的地层也开始积液，这通常需要花费一定的时间来清除积液。根据油藏压力和渗透率的不同，清液大概需要一天，或许需要几周的时间。在井稳定之后进行清液优化会容易些。

在清液阶段应该采取保守循环。这意味着关井时间更长，流动时间更短。当井生产出液体并稳定后，套管恢复的压力升高，液体产量下降。连续使柱塞上升速度保持在 750ft/min 是非常重要的。当井稳定时，柱塞运行时间将首先降低，然后稳定，说明井足够洁净可以进行优化了。即使恢复的压力正在改变，或变得更大，产量的优化说明循环周期可被调到更短，以便用更小的套管压力来运行。

⑤优化。一旦井达到稳定，就要进行柱塞周期优化。第一步是确定套管工作压力，这一步是通过在每个周期之后，采用逐渐增加的方式降低地面套管压力 15~30psi，然后让柱塞在下一次降低压力之前循环 4~5 次，在每次增加套管压力之前，记录下柱塞运行时间确保柱塞平均速度在 750ft/min 附近。

如果柱塞的速度下降到 750ft/min 之下，然后稍微增加套管工作压力，记录下柱塞几个周期的运行时间，直到柱塞速度稳定在最小值附近。另外，如果柱塞的速度在 1000ft/min 之上，在柱塞到达地面后使井流动的时间加长，这样在每个周期让更多的流体流进井筒。最后高低套管压力的差距在柱塞运行了几次后将稳定在期望的工作参数之内，说明井在新的套管工作压力下再次稳定。

上述讨论假设许多调整都是人工的，并且清楚如何控制井生产。然而，现在许多工作都是用计算机监控的，这些人工的步骤就是为了更好地加深理解。

气井流动时间的优化是通过持续地小幅度地增长气体的流动时间，同时记录下柱塞运行时间，这些小的增长应通过几天的时间完成，每次改变后，让气井达到稳定。当流动时间增长，柱塞运行时间将减少，柱塞的运行速度接近 750ft/min 时，可以认为流动时间已经优化了。然而流动时间达到了后，要注意循环期间的地层的平均压力，由于在循环期间只有少量的积液，因此地层平均压力变小了。

3.1.2.5 应用情况

BP 公司在 North SanJuan 盆地采用了一种集成数字自动化系统，用于优化柱塞举升和油管中流动控制。该系统主要分成两部分：远程终端（RTU）和监控与数据采集主机（SCADA-host）。根据预先设定的变化范围调整柱塞到达时间、后续流动时间和关井时间实现气井产量最大化。在流动控制方面，根据井的状况自动控制套管阀的开关，保证气体流量在临界流量以上，减少摩阻和回压。BP 公司在 North SanJuan 盆地 40 多口井采用这套系统，气体产量增加了 $11.3 \times 10^4 \mathrm{m}^3/\mathrm{d}$，流动控制装置应用后平均每口井的产量增加了 $3681 \mathrm{m}^3/\mathrm{d}$。

在哥伦比亚向东 90km 的 Great Sierra 气田，Jean Marie 地层大约有 1750 口水平气井，其初期产量 $56 \times 10^3 \mathrm{m}^3/\mathrm{d}$，12 个月后降至 $14 \times 10^3 \mathrm{m}^3/\mathrm{d}$，36 个月后至 $10 \times 10^3 \mathrm{m}^3/\mathrm{d}$，其临界流量 $12 \times 10^3 \mathrm{m}^3/\mathrm{d}$，最初估计该层应该没有出水问题也证明是错的。随着水平井数量的增多，2008 年以后主要用于直井的柱塞气举生产也开始用于水平井。水平井柱塞气举的挑战之一是把水平井井筒的液体运移到减振器弹簧以上的油管，为了实现这一点需要把减振器弹簧安装得尽可能深，这又使得减振器弹簧和柱塞运行起来比较困难。因此对止回阀进行改进，减振器弹簧安装在 80° 的球座内，改进后的止回阀可以在倾斜角达到 67° 的井中使用；同时在水平井中将关井时间减少到柱塞到达减振器弹簧的时间，也能够使液体泄漏对气井的影响达到最小。这样就克服了柱塞气举在水平井上排水采气的难题。

Texas 的一家运营商有四口井出现井筒积液问题。这些积液井每隔几天需要停产排液，才能恢复生产。在考虑了各种人工举升措施之后，最终决定安装柱塞举升装置，因为它是最经济的。图 3.1.12 显示了应用柱塞举升的前后的产量对比。

柱塞安装前			柱塞安装后			差值		
井名字	总液体/bbl	石油/10^3ft³	总液体/bbl	石油/10^3ft³	总液体/bbl	石油/10^3ft³		
1	34	920	263	108	229	−812		
2	30	691	188	581	158	−110		
3	85	989	124	1866	39	877		
4	24	1237	142	80	118	−1157		

图 3.1.12 完善应用效果分析

3.1.3 速度管柱排水采气技术

3.1.3.1 工艺原理

连续油管速度管柱基于气井临界携液流速理论，优选较小直径连续油管下入气井井筒中，利用专用设备悬挂于井口，形成新的生产管柱进行生产。通过减小流体流动时的横截面积，增加流体在生产管柱中的流动速度，进而提高气井的携液能力和产气量，恢复自喷生产的连续排水产气作用。该技术主要是针对产液量较多、地层压力较小的气井所采取的一种长期有效的增产措施，具有施工周期短、增产见效快、生产周期长以及避免压井对地层造成伤害等优点。

3.1.3.2 适用条件

速度管柱适用于产液量小、储层压力高的气井。开展节点分析来对速度管柱工艺的可行性进行评价。通过对速度管进行优选来推迟气井见水的时间，并降低对产气量的影响。这就要求使用适宜的方法来准确预测速度管与油管—速度管环空中的压降情况。基于现场应用实例，可得到初步筛选所需的一些准则：当地层能量足以实现自然生产且最大产液量为 300bbl/d 时，可使用速度管柱工艺。

Lea 等依据井底静压，编制了排水采气技术的列表。在该表中，速度管或小尺寸油管适用于储层压力高（> 1500psi）或中等（500~1500psi）的气井。边界的取值主要依据各井的实际情况确定。

水平气井的气举设计主要考虑：向井内注入充足的气体来使气体的总流速大于临界流速。有关气举工艺在水平井应用的文献相对较少。现场虽已开展了部分应用，但尚不明确气举工艺是否适用于水平井。

Lea 等指出了气举工艺应用于水平井的限制条件。首先，由于直井水头较小，所以相比于常规井，气举技术降低水平井静水压的效果并不明显。Lea 等指出的另一因素为水平井内两相流的特征，井筒内趋向于形成层流，使气体优先流动至井口，而液体的举升效率并不高。但是，受到水平井段结构的影响，液流的流动特征将发生变化，而水平段内注入的气体将产生其他功效，例如：其可降低上倾或复合井深结构中常见的段塞流的情况，从而保持流动的稳定。

该 ALS 适用于水平井的初期生产，并可在气井生产中期持续使用。依据 SPE 协会水平井排水采气技术网络研讨会的成果，气举工艺的应用需满足压降方面的限制条件：井底静压梯度（SBHP）不小于 0.3psi/ft，井底流压梯度（FBHP）不小于 0.08psi/ft。当 FBHP 低于上述限定值时，液柱所施加的回压将作用于气流，从而影响系统效率。而且，当在水平井段跟部进行举升时，需保持 FBHP ＜注入压力＜ SBHP，以避免注入气体进入储层。需沿井筒开展节点分析与压降计算来评价该工艺的适用性。

当常规油井的产液量达到 200bbl/d 时，Clegg 等建议将气举工艺由连续气举调整为间歇气举。针对间歇气举工艺的适用性，Lea 等指出：$2\frac{3}{8}$ in、$2\frac{7}{8}$ in 与 $3\frac{1}{2}$ in 油管所对应的最大液体流量分别为 150bbl/d、250bbl/d 与 300bbl/d。在一般情况下，连续气举工艺适用的最小液体流量为 150bbl/d。

深度的限制条件由最大的井口注入压力与气举阀在完井管柱中装配的位置来决定。由于在 450°F 的条件下气举阀的密封组件将发生故障，所以将气举工艺的最高适用温度设定为 450°F。

ALRDC 指南中对于速度管柱的适应性分析总结如下：

（1）速度管柱可下放至井深 10000ft 处。

（2）由于较小内径的油管难以实现液体的举升，所以管柱的最小内径为 1in。

（3）使用节点分析与临界速度（如下文所示）来优选装置设备的尺寸。

（4）多个成功案例已被报道，且其通常适用于产液量超数百桶 / 日的井。

（5）在液体流量较低的情况下，柱塞气举可能更为适用。

（6）即便在未来（装配活塞来开发衰竭油气井），管柱的尺寸仍需进一步降低。

（7）速度管柱对排液起作用。

（8）该工艺在现场的应用情况较好，尤其在管柱尺寸降至 $1\frac{1}{2}$ in 的情况下。

（9）相比于其他工艺（例如：柱塞气举），速度管柱被使用较短的时间后，即需进行更换。

3.1.3.3　技术现状

速度管内的气液两相流动特性是分析速度管柱工艺携液机理和工艺优化研究的基础。相关管流理论模型研究就是在常规井筒内气液两相流模型的基础上通过减小管径进行的，与优选管柱排水采气工艺相同。室内管流模拟实验是在气井携液模拟实验装置上，使用小直径模拟井筒进行的，没有考虑速度管—油管环空间的流动。

速度管柱排水采气工艺优化主要是确定合适的管径、下放位置和采气方式。P. Oudeman 认为，速度管柱的尺寸是工艺成败的关键，可通过节点分析来选择，需准确计算速度管柱内和速度管柱—油管环空内的气液两相流压降。根据现场试验，分析了速度管柱排水采气工艺原理。Juan Quintana 等通过气井流入流出动态节点分析，结合临界携液模型来确定速度管柱尺寸。相关工艺优化研究未考虑速度管柱排水采气的方式，如速度管柱或速度管柱—油管环空生产方式等。

3.1.3.4　设备装置及管理措施

（1）设备情况。

连续油管速度管柱井口装置结构主要由井口悬挂器、操作作业窗、井口防喷器、连续油管底部堵塞器以及其他配套工具组成（图 3.1.13）。采用连续油管速度管柱进行排水采气作业，要选择适合气井实际状况的连续油管，施工成功的关键在于能否将连续油管安全有效地悬挂在井口装置上，并与原有油管的环形空间实现密封。

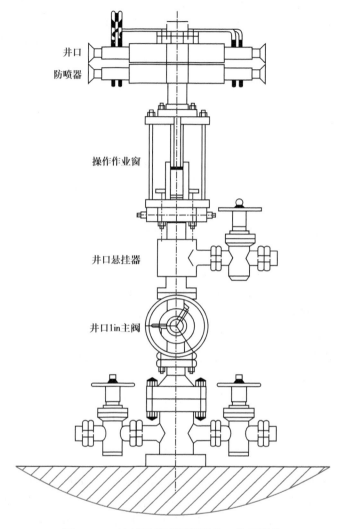

井口
防喷器

操作作业窗

井口悬挂器

井口1in主阀

图 3.1.13　连续油管速度管柱井口装置结构

①带操作作业窗的井口悬挂器。

连续油管速度管柱关键技术主要是井口悬挂器和操作作业窗。连续油管速度管柱完井既可采取悬挂在现有总闸上，又可采用新式井口悬挂器。有些悬挂器利用悬挂头外侧的卡瓦锁紧螺栓推动卡瓦来实现；而带操作作业窗的井口悬挂器则通过紧固密封顶丝，密封速度管柱环形空间，将外置卡瓦放入悬挂器内卡瓦座上实现速度管柱悬挂（图 3.1.14）。

②连续油管底部堵塞器。

连续油管速度管柱需要用堵塞器对油管底部进行封堵，以确保井控安全工作。在下至设计深度后通过井口憋压将其正常打开以利于气井生产，因此选用带爆破阀的堵塞器。该堵塞器采用 rolling-on 方式与油管进行连接，内部爆破阀的正向爆破压力为 3.5MPa，反向压力为 30MPa。

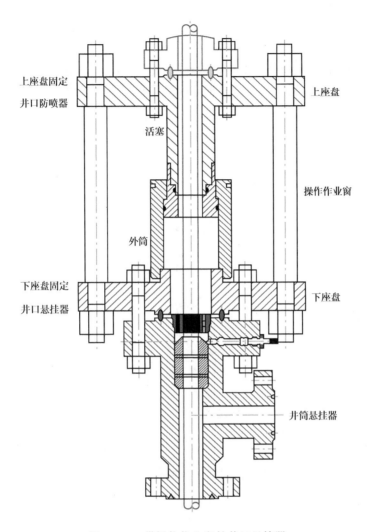

上座盘固定
井口防喷器

上座盘

活塞

操作作业窗

外筒

下座盘固定
井口悬挂器

下座盘

井筒悬挂器

图 3.1.14　带操作作业窗的井口悬挂器

（2）施工管理。

①关闭井口 1# 主阀，拆除井口主阀上部采气树。

②在井口 1# 主阀上依次安装井口悬挂器、操作作业窗及井口防喷器等装置［图 3.1.15（a）］。

③用连续油管堵塞器封堵油管底部，防止入井过程中井内流体进入连续油管，井口试压合格后方可下入连续油管。

④在井口防喷器上吊装连续油管注入头，关闭操作作业窗。打开井口 1# 主阀，利用连续油管作业机将连续油管下至井内设计深度，下入过程中注意控制下入速度并校核悬重。

⑤当连续油管下至井内预定位置后，通过紧固井口悬挂器密封顶丝，密封速度管柱环形空间，然后放空悬挂器上部装置压力。打开操作作业窗，把 1 对卡瓦平行放入井口悬挂器内连续油管两侧，利用注入头缓慢下放连续油管使其坐放在井口悬挂器内卡瓦座上，直至悬重为 0，从而达到悬挂连续油管的目的。

⑥当连续油管已可靠地悬挂在井口悬挂器上并密封速度管柱环形空间后，提起操作作业窗上的活塞筒，在适当位置切断连续油管，拆除井口悬挂器上部所有装置［图3.1.15（b）］。

⑦将拆去的井口 1# 主阀上部装置安装在井口悬挂器上［图3.1.15（c）］。利用氮气车向连续油管内注入氮气，通过加压方式把连续油管底部堵塞器打掉，进行速度管柱排水采气工艺实验。

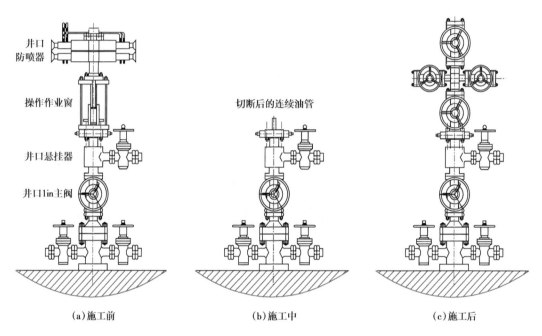

（a）施工前　　　　　　　　（b）施工中　　　　　　　　（c）施工后

图3.1.15　连续油管速度管柱完井井口

3.1.3.5　应用情况

（1）应用背景。

案例研究的油田是深盆气（DB）资产，盆地中心高产气藏区块（BCG）分布在两个主要地区，分别位于加拿大 Alberta 和 British Columbia。储层为白垩系多带叠合体，位于Cardium 组和 Nikanassin 组之间，总垂直深度 2600~3500m。该油藏包括致密干气系统、富液态和轻质致密油系统，从地质上讲，储层可以是河道砂层或延伸片状砂层。从这些砂岩地层产生的流体是干气或富凝析油，含有少于 4% 的二氧化碳并且不含硫化氢。

（2）案例井情况。

在此对两口案例井进行了应用分析。A 井是一个典型的积液情况导致井的不稳定。连续油管速度管柱稳定地生产，尽管观察到由于连续油管速度管柱较小的内径产生的节流效应导致的速率降低。

B 井存在油管完整性的问题（腐蚀，油管穿孔），安装了连续油管速度管柱，而不是更换油管（2⅜in）。它解决了完整性问题，并给井提供了更长的租期，井内积液游离。连续油管速度管柱安装后，生产速度有了提高。连续油管速度管柱在现场的安装与使用是连续的、经济的（图 3.1.16 至图 3.1.18）。

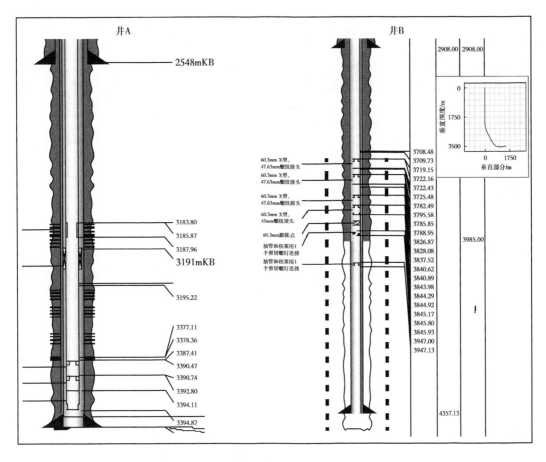

图 3.1.16　连续油管速度管柱井身示意图

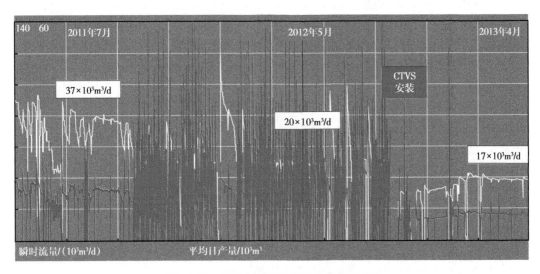

图 3.1.17　A 井连续油管速度管柱生产简况

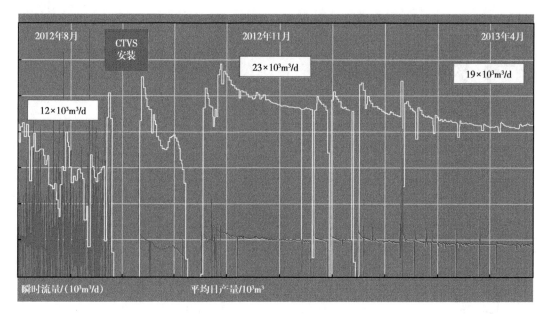

图 3.1.18　B 井连续油管速度管柱生产简况

① A 井情况。2011 年 2 月产量约为 $60×10^3m^3/d$，截至 2011 年 12 月，产量已降至 $30×10^3m^3/d$（低标准预计为 $20×10^3m^3/d$）。2012 年 2 月，这两口井都投入了循环，并在预计的潜在产量下开采。

排水采气关键数据：水气比 $0.0142m^3/10^3m^3$；第一个 X 型接头大约有 55° 倾角（大角度可能限制柱塞有效性）；连续油管速度管柱的临界速率为 $8×10^3m^3/d$（2019 年 11 月）。

② B 井情况。2007 年 8 月投产产量为 $200×10^3m^3/d$；2011 年 7 月，油井开始出现井筒积液现象，产量为 $32×10^3m^3/d$；2011 年 8 月，孔径钻探剖面曲线显示壁厚损失在 1000~1500mKB 之间，最大渗透率为 96%；由于油管孔引起过早的井筒积液。

排水采气关键数据：油管更换，净现值和投资净现值率，经济净现值为负；下封隔器 + 油管起钻 = 断裂的油管（打捞成本不包括在净现值内）；连续油管速度管柱的临界速率为 $7×10^3m^3/d$（2020 年 8 月）。

③作业过程。

第 1~4 天：租赁准备和下电缆（下入油管堵塞器刻度问题）；第 5~7 天：安装连续油管部件，安装连续油管速度管柱；第 8~9 天：拆卸连续油管部件，泵出油管堵塞器，转换为正常作业。

下入深度：A 井，3330mKB；B 井，3836mKB。

④作业认识。

a.A 井安装连续油管速度管柱后，发现生产稳定，等停时间短。

b.虽然连续油管速度管柱昂贵但有效地恢复了稳定的生产。

c.B 井在不损坏 $2\frac{3}{8}$ in 油管的情况下进行修复。

d.连续油管速度管柱是一种低成本、长寿命的恢复稳定生产的方法。

3.1.4　气举复产排水采气技术

3.1.4.1　工艺原理

气举是在油管的一定深度将外来的高压气体注入管内的一种人工举升方法。注入气对地层产气进行补充，降低了井底流压，使产出流体向井内流入的能力增加。因此在现场设计中，产水气井注入气与地层产气混合气量应超过井筒的临界携液气量。

尽管气举与优化的泵抽系统相比，并不能大幅度降低流压，然而它的许多优点使其成为比较受欢迎的人工举升方法。所有人工举升方法中，由于气举最类似自然生产气液流动，因而被作为多功能的人工举升之一。鉴于其多功能性，气举可作为在某一条件下排液采气的方法之一。

气举有两种基本形式：连续气举和间歇气举。在投产初期，由于连续气举的产量更高，有时超过 1000bbl/d，操作人员通常采用连续气举方式。在后期，随着油藏压力和（或）产能降低，同时间歇气举在低产井举升效率更高，操作人员于是将连续气举转换为间歇气举。

（1）连续气举。

连续气举是最接近油井自喷的人工举升方式。仅利用储层的能量，井液通过油管流到地面，当井筒压力低于泡点压力时，自由气体膨胀，增加了流体在油管内的流速，降低了井底流压。只要所产生的井底流压小于油藏压力，油井就会持续生产。顾名思义，连续气举是一种向井液连续注入气体的举升方式，注入点最好位于井筒深处。注入的气体补充了油藏流体的伴生气体，降低了流体的密度，从而降低了井底流压，促进了油藏的生产。在连续气举中，降低井底流压的方法：①降低井口流动压力；②最大限度地提高注气深度；③减少生产管道的摩擦损失；④向井液中注入适量气体。

（2）间歇气举。

随着油藏压力衰减，连续气举效率逐渐降低，操作人员转而使用间歇气举，该气举方式更类似于容积泵的操作。间歇气举通过在短时间内间歇性向井筒内注入大量气体来举升流体。在油管的液柱下注入气体，将一段液体举出地面。当液柱到达地面时，停止注入气体，流体再次从地层进入井筒，并在管柱底部积聚。然后再次注入气体，将液柱举升到地表，然后循环往复。间歇式气举系统有多种不同的方式，包括地表时间—周期控制器控制系统、井底先导阀控制系统、防回流柱塞系统以及腔室举升系统，该系统包含一个提高初始液柱体积的腔室。尽管结构区别明显，但不同间歇式气举结构的基本操作原理是相同的。

（3）气举井的卸荷。

不论在连续气举还是间歇气举井中，要启动气举，都必须将井液从注气管道驱替到生产管道中。无论气举井的结构如何，气举井卸荷的原理都是一样的。无论是油管产液还是环空产液，以及无论是连续气举还是间歇气举，卸荷的原理都基本一样。卸荷过程中，通过地面的体积控制装置注入高压气体，当注气压力足够大时，会将井液沿着井底附近的单向阀挤入油管。然而，在许多情况下，地表的注气压力不足以克服井筒深度的静液柱压力。在这种情况下，为启动气举，要在井筒不同深度安装一些气举阀。

用于此目的最常见的阀门形式是注气压力操作式（IPO）气举阀，它的作用就像一个小型压力调节器。气举阀能够实现分段举升液柱。要想正常运行，卸荷过程中，在打开第一个气举阀之前，注气压力必须足以使每个气举阀处于开启状态。当达到设定压差时第一个气举阀关闭，注入气继续打开下一个气举阀。当较深的气举阀在打开一瞬间，两个阀门可能同时打开并注入气体。随着气柱在油套环空深度增加，套管压力降低，反过来使上部阀门关闭，导致只能从更深处的气举阀注入气体。随着注入点不断加深，生产压力梯度进一步减小，使紧接着下一个气举阀打开。这个过程不断重复，直到到达井筒最深的阀门为止。

为避免在卸荷过程中损坏气举阀，通常采用美国石油学会推荐的方法，以更低的速度注入气体。一旦气举启动，环空液面到达气举阀，气举阀的通道大小将决定该深度下可以注入的气体的体积。

3.1.4.2 适用条件

鉴于间歇气举具有液体回落的特点，目前多采用安装活塞的方式来阻止液体回落，从而增加间歇气举的产量。举升气体注入活塞以下，活塞在举升气体和液体之间作为一个物理屏障来阻止液体的回落。活塞通过有效地从地层中排水，加强了气井的举升能力。为了使活塞较为容易地通过气举筒，需要时可使用具有扩张作用的活塞。经验表明，如果液柱段塞运行速度大于 1000ft/min，则不需要活塞，但是如果气井被暂时关闭且液柱以小于 1000ft/min 的速度到达地面，那么使用活塞将有助于减少液体回落。

ALRDC 指南中对于气举的适应性分析总结如下：

（1）气举系统可下放至井深 10000ft 处。

（2）系统排量可达 10000bbl/d 及以上。

（3）可产出井内固体。

（4）气举阀可通过油管起出。

（5）现场需提供高压气体。

（6）对于小井眼，气举阀可安装在小杆柱或连续油管上。

（7）气举阀可在 250℉ 的环境下运转，同时在采取一定防范措施的情况下，运行温度可达 400℉。

（8）在气井排液过程中，气举系统的排量小于数百桶 / 日。

（9）对于气井，在某些情况下气体通过单点注入，并在油管底部循环。

（10）在注入足够的气体且气流流速大于临界流速时，井内的积液不再增多。

（11）在多数气井的气举施工中，常需下入封隔器。

（12）气体的持续注入使井内气流流速大于临界流速。

（13）斯伦贝谢、Wetherford 及其他服务公司都可提供相关技术，以将气体注入封隔器下部，并进一步扩展举升段。

（14）有关气举系统如何降低井底压力（下入封隔器且在封隔器下部注气），相关研究数据较少。

（15）设计中可使用多种两相流关系式。

（16）测试正在进行中。

（17）通常，在低液体流量（100~200bbl/d）的条件下，气举系统可实现气井中的低压。

（18）气举系统还可用于高流量的情况，但是所能达到的井底流压相比其他工艺较高。

3.1.4.3　技术现状

气举工艺是一种人工举升工艺，它借助外部高压气体将井筒内的流体举升至地面。该工艺通常是利用压缩机将气体从套管内注入油管内，降低井筒内流体的密度，同时气泡还具有洗涤效应，这些都会降低井底流压，提高油井产量。

早在 1797 年人们就开始利用这种类似的气举工艺将水从矿井中采出，当时是利用单点注入法将空气从管柱底部的尾阀注入到井内流体中。

而最早用于采油井上是在 1864 年的 Pennsylvania 的一口油井，当时也是采用压缩空气通过一条管线将空气注入到井底。在 Texas，空气被广泛用于人工举升工艺中。

1920 年，天然气代替空气用于气举工艺中，降低了作业时爆炸的风险。从 1929 年到 1945 年，大约有 25000 个关于不同类型气举阀的专利问世，这些气举阀可用于不同阶段的井筒排液。注气过程中，有些工艺是通过移动油管或使用电缆加重杆来改变注气点位置，而另外一些则依靠弹簧阀改变注气点。

直到 1944 年，King 发明了承压波纹管阀并用于气举工艺中，该技术目前仍被广泛应用。

1951 年又推出了偏心工作筒，可以有选择地确定注入点位置，并可以通过钢丝作业回收气举阀。

通常气举管柱上会有几个偏心工作筒，它们沿着油管分别安装于不同的深度，上部工作筒一般会配有卸载阀，通过它将气体注入到油管内，把井筒内的完井液排出，然后气体可以进一步沿井筒向下注入到下一个卸载阀中，阀内波纹管会设定好某一具体的压力值，该值可以保证气举阀打开的同时上部的卸载阀关闭，这样调整好套管压力，并持续向下一级阀注气，直到达到最末一级阀为止。

自从 King 发明了承压波纹管阀之后，又陆续对该阀进行了一系列改进，例如文丘里阀，它可以提高注气稳定性，还有 V0 阀或气密性单流阀，它会提高井筒完整性。但是如今所使用的气举系统，相比 20 世纪 50 年代的工艺并没有较大的改进，这是由好几个方面的原因导致的，其中最主要的一个原因是带有波纹管阀的偏心工作筒具有很多优点：

（1）可动部件很少，结构稳固，可以保证长期使用。

（2）如果设备失效，可以通过钢丝作业打捞上来并更换新设备。

（3）承压波纹管作为压力调节器，可以自动调整气体进入到预定的注入点位置，作业方资金投入最少。

（4）工艺成本通常要比其他任何一种人工举升工艺低很多。

所有上述优势，再加上行业上的保守，以及新工艺取代现有工艺需求有限，综合导致了气举系统工艺在很长一段时间内都没有较大改进，尽管如此，偏心工作筒和承压波纹管仍然有很多局限性，使气举工艺的整体效率受到影响。

（1）充气的波纹管。阀门控制依赖于压力；阀门控制随温度而变化；当条件变化时，需要修井作业来调整流速。

（2）固定孔口尺寸。作业窗口窄；最大流速受限；当条件变化时，需要修井作业来调整流速。

（3）压力依赖性。随着井下压力和温度的波动，造成阀的不稳定性提高；由于振动导致阀损坏。

（4）气举设计。需要精确知识才能完成工艺设计安全因素和作业要求。

由于上述问题，使得气举效率不高，或者考虑到成本和安全问题，经济上也不可行，陆上和海上的气举作业都存在这种问题，特别是深海和水下完井中，气举作业的风险和成本都非常高。为此，还需要对此工艺进行改进，新工艺通过提高作业者的操控能力以及对油井动态的认知水平而提高气举作业的灵活性。

随着数字化气举系统的发展，气举工艺也进入了数字化时代，该系统采用电子控制的气举工作筒，并在修井作业时随油管一起下入，工作筒最多可装有六个注气阀，每个阀都在地面单独控制，注气速度可调范围大。

作业者通过任意开关各气举阀来改变注气速度，每个注气阀都有不同的尺寸，这样注气速度可调范围很大。

工作筒由地面控制系统控制，并通过井下电缆与控制系统连接，电缆直径为 1/4in。控制器通过一根电缆就可以与同一油管柱上多个工作筒进行控制信息传输，因此为了排液可以在管柱上安装多个工作筒，其中最下部的工作筒为气举工作筒。

每个工作筒都配有压力传感器，用于测量油管和套管中的压力数据，还配有温度传感器，用于测量油管内温度，传感器测量数据通过控制电缆传输至地面控制系统并储存起来。

地面控制系统都配有网络通信协议模块，以便与监控和数据采集系统连接，让作业者能远程监控气举系统，这样在陆地上的办公室内，作业者就可以对海上气举井中的气举阀实施关闭和打开控制，同时还能实时监测井下压力温度变化情况。

这种自动化设施大大提高了油田范围的气举管理效率，因为只要一名作业者就可以在办公室内对现场问题做出实时响应，例如压缩机故障，同时还能给高产井配置所需的气量以提高产量。此外，自动化作业还能避免为调控生产而往返于井场以及因此带来的健康安全环保问题，特别是海上或偏远地区的井。

同时，数字化的气举系统还便于与智能化油田相整合。传感测量数据的获得以及气举阀的自动化控制，使气举工艺的自动化控制成为了可能。通过将数字气举系统与一套软件程序连接，就可通过作业者的监控自动完成多种作业，包括排液、生产优化、注气量优化和故障排查。

数字化气举系统可以沿着油管在不同深度处安装多个气举工作筒，同时每个工作筒的注气速度可调范围很大，这样可以保证在井的生命周期内实现数字气举工艺的设计和应用，从而避免了因更换气举阀或调整阀尺寸而带来的修井作业，这些作业对于海上深水或水下应用来说其成本都非常大。另外，自动控制气举阀而无需考虑压力问题也提高了双层完井管柱的作业效率，的确是这样，对于标准压力的气举阀，在双层完井管柱中调整合适的注气量是非常困难的，因为注入气体总是沿着最低压力路径流动，但是有了数字气举控制系统之后，作业者可以实时调整阀孔尺寸，优化气举产量。

基于上述数字化气举工艺的各种优点，可以预测，该系统将会取代目前的压力调控气举阀而成为新一代气举工艺。但是，随油管下入的气举工作筒是该工艺成败的关键组件，正展现出系统的可靠性。的确，如果它不可靠，就得依靠修井作业来更换。需要注意的是，这种初步展现出来的可靠性对于工具的设计寿命来说是非常具有发展前景的，配合耐高温控制面板，气举工具设计寿命有望最高达到 10 年甚至更长，所有这些都是由于系统的可靠性提高了，并且井下工作筒并不总是需要信号控制，只有在需要关闭或打开气举阀或发送传感器测量数据时才需要向井下发送信号，这样可以避免系统电子器件以及电缆设备的过热和老化，提高其使用寿命。

数字化气举工艺的成功主要取决于行业内早期一些试验人员的应用，他们获得了不同油田类型和井况的应用情况记录，这让行业对于该技术的可靠性更加认可，同时证实了该技术带来的各种好处。目前，为了建立好这种气举工艺应用情况记录，正在制定陆上和海上的应用试验方案，针对这些试验，带有仿真气举阀的偏心工作筒被安装于管柱上，以减小因工具失效而带来的作业风险，作业者通过更换仿真气举阀可以很容易地启动偏心工作筒。

3.1.4.4 设备装置及管理措施

（1）气举系统的构成。

图 3.1.19 表示典型连续气举系统构成，其中包括：

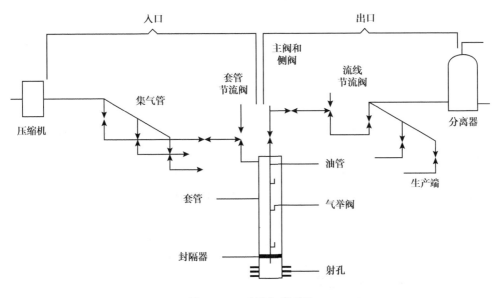

图 3.1.19 连续气举系统

①气源。

②地面注入系统：包括所有相关管汇、压缩机、控制阀等。

③具有井下气举设备（阀和阀套）的生产井。

④地面处理系统：包括所有相关管汇、分离器、控制阀等。

气源是邻井的产出气，这些产出气经过分离、压缩后重新注入。二次气源需要用来补充分离器中短缺的气体。气体被压缩至设定压力后，通过气举操作阀在预定深度注入油管。

对于常规气举来说，采用阀或孔板将高压气注入油管，而不是孔或更简单的油管末端，以保持气流在液柱中很好分散并光滑流动。

"气体循环"是让高压气从环空注入并进入油管底部的一种方法。因为在油管中相对管内液量来说气量较高，不会发生段塞流的现象，环空注气是可行的。低生产气液比（GLR）时，如油井气举，容易产生段塞，这种方式不适用。

（2）气举阀。

气举阀有 3 种主要类型：孔板阀，注入压力操作（IPO）阀，生产压力操作（PPO）阀。

注入压力操作阀和生产压力操作阀的简图如图 3.1.20 中类型 1 和类型 2 所示，常用作气井排水降压。

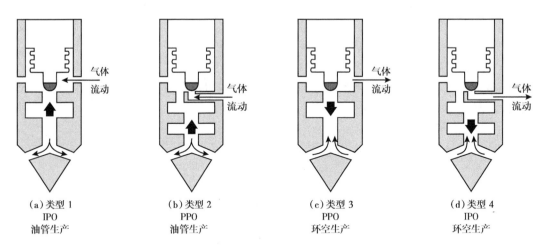

（a）类型 1	（b）类型 2	（c）类型 3	（d）类型 4
IPO	PPO	PPO	IPO
油管生产	油管生产	环空生产	环空生产

图 3.1.20　典型气举阀类型

①孔板阀。

严格来讲，孔板阀并不是阀，因为它不能打开和关闭。孔板阀为从套管到油管提供一个连接口的孔板或者小孔。因为它不具有阀的功能，孔板阀只是按设计要求提供合适的过流孔板，并适当地分散控制注入气以避免形成段塞。孔板阀一般只是在连续注入时应用。当从油管生产时，阀中有一个单向阀阻止油管到套管的回流。

②注入压力操作阀。

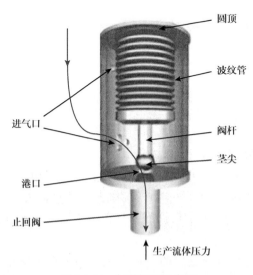

图 3.1.21　气举阀的示意图

IPO（也可称作套压操作式或注入压力操作式）阀是在气举中最常用的卸载阀。IPO 阀除了受到井底流压的一些影响外，主要还是受注入气体的压力控制。

图 3.1.21 表示 IPO 气举阀的结构简图，注入压力作用于波纹管的底部，而生产液体的压力通过阀的孔板作用于杆末端的球上，因为波纹管的面积比孔板的面积要大得多，所以阀的操作主要由注入压力控制。

注入压力阀的工作原理如同回压调节器，当回压（套管压力）达到一个预先设定的最小值后关闭。此值是根据油套环空卸载过程中，压井液液面能够被注入气推降到下一个阀时设定的，上部阀关闭后，注入气体从下部阀继续推动环空液面下降，直到最后达到操作阀。

③生产压力操作阀。

PPO 阀（也可称作油管压力阀）主要以生产液流压力变化来工作。卸载主要是通过举升气体降低生产液流的静水压力完成的。PPO 阀主要适用于以下情况：

a. 通过环空生产；

b. 双管完井，一口井中对于不同压力地层安装两套气举系统；

c. 间歇气举。

由于 PPO 阀可以在相同注入压力下排出更深地层的液体，所以一些操作者有时把 PPO 阀应用于普通的油管生产系统。但某些情况下会带来一些不稳定因素。

PPO 阀对于间歇气举是比较理想的，因为它只有在油管中的液柱足够高时，阀门才打开产出液流，否则是关闭的。

在卸载过程中，阀一旦关闭，就保持关闭状态。所有的注入和压力阀都用充压的波纹管（主要靠氮气增压）或弹簧来施加关闭压力，有时为了达到一定的压力，两者一起用。充氮波纹管最常见，其型号在生产车间的控制实验环境下按预定压力设定。

所有的气举阀都装有单向止流装置，以防止流体通过阀门回流。弹簧阀性能最可靠，因为在波纹管破裂的情况下，弹簧依然能将连杆保持在原位，维持阀关闭状态。弹簧阀和氮气充压波纹管一样，对温度变化不敏感。

（3）无气举阀的气举。

在油管底部用线缆安装节流阀和硬孔板，如图 3.1.22 所示，这种方法可将气体注入油管而不用上提油管安装阀筒和阀。这个过程类似在油管上射孔。

图 3.1.22　应用钢缆技术安装在油管内的检验阀和孔嘴

由于这类通过线缆设置的阀座没有关闭装置，因此不能像安装了普通气举阀的举升系统一样，将气体注入到理想的深度。如果安装了一个阀座，注气后该阀座以上的油管中压力梯度会降低。然后为了注入更深的深度，可能安装第二个阀座、第三个阀座。但由于上部的阀座不能关闭，会形成多点注入。这可以作为实验观察气举效果的经济方法。如果证明深部注气更能提高产量，就可以安装常规气举系统。

（4）运行管理措施。

气举主要通过减小产液密度和降低井底流压来增加气井产量。而井底压力的降低是通过气泡的"涤气"行为实现的。在此主要介绍注入气在什么情况下达到最佳深度、压力和速度进入生产管柱，在正常操作条件下，注入井筒液流前气体通过的阀称为操作阀。

节点分析方法可以设计和评价不同情况下的油管尺寸和气液比，计算出不同的油管尺寸和气液比对应的产量增加值。当人为地增加气液比可以获得较大的产量增加值时，该井将可以采用气举。对于气井而言，考虑采用气举的另一个重要条件是保持总的气体速度在临界速度以上，这样就要注入足够的气体。如果气体速度总是在临界速度以上，那么就永远不会发生井筒积液现象了。

操作阀安装的深度会在很大程度上影响气举系统的效率。随操作阀深度的增加，越来越多的液柱静压（包括气）被卸载掉，从而减少井底压力并增加产量。一般而言，在气举井投产以前，井筒中全部或部分充满压井液，为使气井正常生产，首先要卸载压力，即从环空注入高压气体取代环空以下至操作阀的压井液。

要将液面替排至操作阀的深度，需要较高的注入压力。大多数注气系统无法提供这么高的压力，因此需要在操作阀最大深度以上不同深度位置安装几个气举阀，这样注入气体可分阶段举升液体，这个过程称为"卸载"，且操作阀以上的多个阀统称为卸载阀。

安装在不同深度的卸载阀采用不同的开／关压力逐级将注入气引至设计的注入深度。卸载阀孔径尺寸设计具有一定的要求，并设定具体的开启压力使环空液面从一个阀处降至另一个阀处。气举系统的设计包括卸载阀的孔径尺寸、额定压力、深度，阀间距、具有最大采收率的操作阀最优深度、孔径尺寸、气注入速度以及注入压力等参数。

卸载阀之间的距离合适与否尤为关键。若卸载阀之间距离太远将使气井不能完全卸载，在这种情况下，注入气只能从高部位进入生产管柱中，大大降低了系统效率，影响了气井生产。一个好的气举设计需要了解气井目前和将来相当详细的井况资料。通常采用复杂的商业软件或气举阀制造商提供的设计公式来进行气举设计。

3.1.4.5 应用情况

以下是 BP 公司在圣胡安盆地中的气井应用案例。为了获得资产价值的最大化，对井的生产进行了多次转换调整。虽然可以通过泵使井底压力降至最低，获得最大生产量，但由于存在固体颗粒（煤粉）问题，使泵抽生产极其困难。最后，决定在井内安装连续气举系统。

井上所安装的气举系统是一套特殊的气举设计方案——反向环空气举。该系统便于通过气举对井进行有效地排液。与气举系统一起还安装有井下仪表，可以提供井底信息。预计的井底压力要与读取的表压保持一致，这一点非常重要，这有助于对现在使用的关系模型进行验证。在保持气举井产气、产水量和地面压力的情况下，地面压力和井下压力之间的压差约为 50psi。这与游梁泵预期的压差（约 15psi）具有一定可比性。

3.1.5 其他排水采气技术

3.1.5.1 电潜泵排水采气技术

（1）工艺原理。

电潜泵一般适合举升以液体为主的产出流体，如果产出流体中气体含量较高，而电潜泵又不经过适当的设计改进，将会引起气体干扰或气锁。自由气会降低泵的扬程，甚至影响流体的产出。在产液量较高的气藏，电潜泵的安装设计应该可以有效排出井筒积液，同时允许气体自由地流到地面。主要有 3 种方法。

①对准备进入电潜泵的气体进行分离，从而使泵吸入的主要是液体。气体分离是通过完井或特殊的井下分离设备来完成的。通过采用这种方法，液体通过油管采到地面，而气体通过油套环空生产。

②在泵的吸入口处装设特殊的气体预处理腔来对气体进行处理。这种腔可以从泵吸入口处增压并对气体进行压缩，压缩后的气体可以流过常规的泵腔并实现增压。这样通过预处理的空腔可使电潜泵采出含有一定量自由气的液体。

③把液体重新回注到封隔器以下的地层当中。这种方法中液体不会产到地面。如果泵装在射孔段的下面，水会在重力的作用下进入泵，而气体会流进油套环空，这个系统在经济上是可行的，并且在数口排水采气井中已经获得成功的应用。

（2）适用条件。

当气井或凝析油井的产液量较大时，可装配使用泵排系统来将井内积液抽汲至地面。但是，在多数情况下，油气井的产液量都极少，因此排液所需的能量都极小。在使用上述 ALS 的过程中，气体干扰与间歇流是引发各类问题的主要原因。

Lea 等指出："当 GLR 超过临界值时，多数泵排系统将失效。尤其当 GLR 达 500ft³/bbl （90m³/m³）时，气体干扰将极为严重"。但是，这并非是评价泵排技术的主要参数。总的 GLR 仅表示标准状态下气体流量与液体流量的相对大小，而未考虑原地压力与温度的影响。因此，需使用气体体积分数（GVF）进行评价分析。该参数表征：泵的吸入口条件下，自由气的体积占流体总体积的百分比。依据地面生产数据（例如：总的生产气液比 GLR、含水率 WC）与流体属性（溶解气油比 Rs_o、溶解气水比 Rs_w 与地层条件下的体积系数 B_w、B_o、B_g）来计算 GVF。GVF 的定义式为：

$$GVF = \frac{q_{\text{free gas}}}{q_{\text{total}}} \qquad (3.1.3)$$

式中　$q_{\text{free gas}}$——流入泵的原地气体流量；

q_{total}——原地条件下的总流量。

$$q_{\text{free gas}} = \left[GLR \left(Q_{o,sc} + Q_{w,sc} \right) - Rs_o Q_{o,sc} - Rs_w Q_{w,sc} \right] B_g \qquad (3.1.4)$$

式中　$Q_{o,sc}$，$Q_{w,sc}$——标准状态下的油、水流量。

在未下入封隔器的井内，产出的气体分离进入油套环空与油管内。该过程被称为自然分离。自然分离的效率可定义为：

$$E_{\text{sep}} = \frac{q_{\text{annulus}}}{q_{\text{free gas}}} \qquad (3.1.5)$$

式中　q_{annulus}——环空中的气体流量。

随后，可使用式（3.1.6）来计算 GVF：

$$GVF = \frac{\left[GLR - Rs_o (1 - WC) - Rs_w WC \right] B_g \left(1 - E_{\text{sep}} \right)}{\left[GLR - Rs_o (1 - WC) - Rs_w WC \right] B_g \left(1 - E_{\text{sep}} \right) + 5.615 \left[B_o (1 - WC) + B_w WC \right]} \qquad (3.1.6)$$

Alhanati 构建了估算自然分离效率的最著名模型：

$$E_{\text{sep}} = \frac{v_\infty}{v_{\text{sl}} + v_\infty}$$ （3.1.7）

式中　v_{sl}——流体流入速度；

　　　v_∞——最大流速。

Ishii 与 Zuber 得出的起泡终速度的计算公式为：

$$v_\infty = 0.115 \left[\frac{\sigma (\rho_1 - \rho_g)}{\rho_1^2} \right]^{0.5}$$ （3.1.8）

式中　σ——界面张力；

　　　ρ_1——液体密度；

　　　ρ_g——气体密度。

Powers 分析得出，随着下泵深度的增大，ESP 所面临的各类问题。这些问题包括：泵壳体的破裂压力、较高的地面运行电压与能量消耗。随着井深的增大，井筒周围的温度也将增大，这将对电缆与电动机的寿命产生更为严重的不利影响。

在决定装配使用 ESP 系统后，液体流量将变得极为重要。当较低的产液量使泵的效率降低时，产气条件将对泵产生更为显著的影响。在液体流量较低的条件下，电潜泵运行所面临的主要挑战包括：气锁、泵的严重磨损以及电动机的不充分冷却。Clegg 等指出：在常规应用中，ESP 所适用的最小液体流量为 400bbl/d。ALRDC 指南指出：ESP 可能适用的液体流量范围为 150~30000bbl/d。

更具体地说，气井的产液量需高于 150bbl/d。对于非常规气井的条件下，常限制使用外径为 5½in 的套管。针对 Chevron 公司所属气井，Soponsakulkaew 在介绍其人工举升工艺优选标准中也证实了上述观点。

Romer 等指出，ESP 下放深度上部井段的最大狗腿度需小于 6°/100ft。最后，现场还需满足供电方面的要求。

ALRDC 指南中对于电潜泵的适应性分析总结如下：

①ESP 适用于浅井以及 10000ft 以上的深井。

②其排量相对较低，但当产量低于 400bbl/d 时，系统效率将显著降低。

③在某些情况下，ESP 的排量可高达 20000bbl/d。

④高温影响 ESP 的性能，其适用的最高温度为 275~400°F（在适当改装后）。

⑤该系统可被安装于斜井中，但是井下单元必须坐放于井内，以避免壳体的弯曲。

⑥现场需配备电源，且通过三相电缆将电能传送至井底电动机。

⑦小型的一次性单元可用于浅井的排液（例如：煤层气井，其可用于煤层中水的举升）。

⑧即便使用特殊的耐磨单元，较高的固相含量仍可能导致单元的故障。

⑨该系统目前被用于产液量较低（100~200bbl/d）的油气井。

⑩在应用于低产液量井时，泵需下放至射孔段以下，并装配使用防护罩、循环泵以及低载电动机。

⑪如果泵需下放至射孔段上部，则为消除气体的影响，可装配使用如下设备：旋转式分离器、涡旋式分离器、朝上的防护罩。

（3）设备装置。

基本的电潜泵系统如图 3.1.23 所示。这个系统中最下面是井下电动机，向上与保护器相连，再向上依次连接着泵吸入口，然后是离心泵。通过一条三相高压电缆把电能从地面输送到井下电动机，提供电能的方式是通过高压变压器或变速驱动来实现。

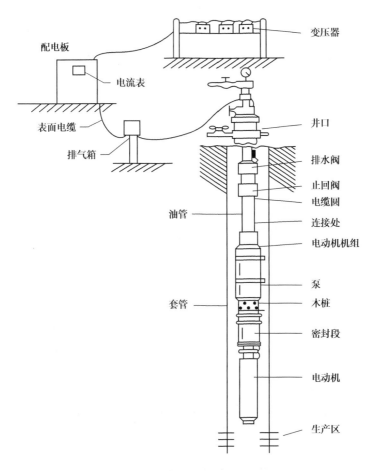

图 3.1.23　常规电潜泵系统（斯伦贝谢公司）

电动机是两极鼠笼式电动机，同步速度为 3600r/min，运行速度接近 3500r/min，频率是 60Hz。产出液通过电动机外壳时对其进行冷却是必不可少的一步。当大量气体流过电动机时，从电动机传递给产出液的热量就会大幅度降低，会对电动机造成严重的损害。

保护器中装有止推轴承，作用是阻止井筒的流体进入电动机。流体通过泵底部的吸入口进入。

在泵吸入口处通过安装旋转的气体分离器，可使分离出的气体进入环空而只让液体进泵。泵本身是由许多产生压头的叶轮和导轮构成。叶轮和导轮的数量由把液体采到井口所需的压头决定，采用何种泵型由排量来决定。

电动机控制器主要由断路保护器和开关控制器组成，它可以记录电流和一些其他参数，这些参数可用于诊断电泵运行工况，变压器将电线上的电压降到电动机所需要的值，同时考虑电缆上压降损耗。

（4）气体分离措施。

若泵中含有过多的气体就要求加装气体分离器，以便减少泵中自由气的量，在此阐述一些能够有效分离气体的方法。也许防止气体进泵的最好方法是将泵下到射孔段以下。这种完井设计可使液体靠重力流到泵的入口而较轻的气体分离到环空中去。然而这种完井方法中电潜泵的电动机位于产出液流线的外侧，电动机将不能很好地被冷却。为了减轻这个问题，在电动机上可安装一个导流罩以强迫产出液向下流动，先通过电动机然后进泵，如图3.1.24所示。

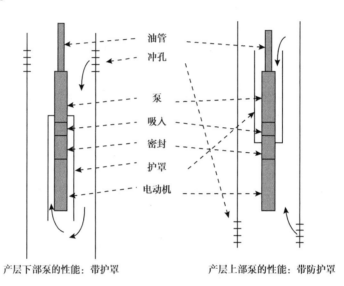

油管
冲孔
泵
吸入
密封
护罩
电动机

产层下部泵的性能：带护罩　　　　　　产层上部泵的性能：带防护罩

图3.1.24　带保护罩的电潜泵安装

如果要求泵必须安装在射孔段之上，可以在泵入口安装一个向上开口的导流罩。该装置可强迫产出液向上流动，击破较大的气泡，然后进泵。然而在高产量的井中在套管和导流罩环空中液体向下的流速大于1/2ft/s，这时即使安装了导流罩，产出液也会携带大量的自由气进入泵。

尽管导流罩的使用可以增加气体的分离，但在电潜泵上装导流罩要考虑几个潜在的问题：

安装上导流罩大大减小了泵设备和套管之间的间隙。对于间隙有要求的井，应在开泵之前用全尺寸的仪器进行测量。

导流罩内容易聚集砂、垢和沥青。这一点对于井口朝上的导流罩尤其严重，它的作用就像是重分子颗粒收集器。

如果罩子和电动机（或泵）的环空间隙很小，在罩内的压降损失会增大，导致入口压力降低，会造成溶解气析出。当电动机安装在射孔段下面时，也有其他的方法来分离气体，比如通过加装另一个装置，让流体进泵前再进入另外一个循环通道。

除安装导流罩之外，另一种常用的在流体进入泵前把气体分离出来的设备叫旋转分离器。这个设备安装在泵的入口并且与转动的泵轴相连接。分离器的离心分离作用使气体进入环空，从而让液体进泵，实验结果表明，旋转分离器的效率可达到90%。如果气体的量太大，速度太快的话，旋转分离器也可能被堵塞。当流体处于漩涡状态时，有很高的速度梯度，旋转分离器有可能受到砂粒的磨损。

3.1.5.2　螺杆泵排水采气技术

（1）工艺原理。

当螺杆泵运行时，靠近泵吸入口的腔体会随转子在定子中的转动容积增加，在压差作用下，流体进入腔室；随着转子转动，该腔体封闭，在泵的轴线方向上沿螺旋线运动，向排出口推移升压，对应转子旋转一周，腔体前进一个螺距；最后腔体在泵的排出口释放流体并消失，此时吸入口处又会形成新的腔体。随着密封腔呈周期性的形成—推移—消失，机械能转化为流体能量，螺杆泵实现有效的流体介质举升（图 3.2.25）。

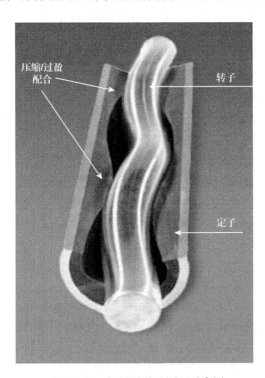

图 3.1.25　螺杆泵举升原理示意图

（2）适用条件。

相比于其他 ALS，螺杆泵（PCP）具有不易气锁的优势（在两相流的情况下）。同时，其具有极强的处理固相（水力压裂水平井的常见产物）的能力。通过装配 ESP 电动机，可将螺杆泵置放于水平井段内进行生产。但是，螺杆泵常受到深度的限制，且不能应用于含 CO_2、H_2S 或芳香烃类凝析液的环境中（考虑到其材料的腐蚀性）。同时，其对干气生产的环境极为敏感，且在这种环境下运行较长时间可能导致设备的损坏。下文将对各个因素进行详细分析。

Gamboa 介绍了两相流条件下 PCP 的性能表现。当 GVF 小于 50% 时，PCP 的性能未受明显影响。当 GVF 介于 50%~80% 之间时，其性能开始受到影响。当 GVF 大于 80% 时，影响达到临界状态，泵的增压能力将受到限制，并引发气锁。

在不含井底分离设备的条件下，GVF=50% 可被设定为 PCP 运行的极限条件。当面临严苛的环境条件时，可通过安装井底气体分离器，降低下泵深度，使水平井内的油管偏心放置与使用适宜的弹性体来解决所面临的各类问题。

在螺杆泵的使用过程中，需确保恒定的液流流经系统来实现系统的润滑，并避免弹性体的损坏。该限制条件有力支撑了最小液体流量的评价标准。

依据 ALRDC 指南可知，常用的工作转速为 150~400r/min。经验表明：当转速低于150r/min 时，在流体特性与摩擦单元的影响下，将引发黏滑现象；当转速高于 500r/min时，将导致抽油杆的过度旋转，从而导致转子与油管的损坏。给定泵的容积，可确定实现上述容积所需的最小流量（无需将泵的转速降至最低值）。泵的最小容积为 0.06（bbl/d）/（r/min）（井深小于 6000ft）与 0.45（bbl/d）/（r/min）（井深大于 6000ft）。因此，PCP 可控制的最小流量为 10bbl/d（井深小于 6000ft）与 60bbl/d（井深大于 6000ft）。

Weatherford 指出：常见的下泵深度小于 8600ft，且最大的液体流量为 4500bbl/d（取决于驱动系统的扭矩极限）。

PCP 在油井的应用经验表明，弹性体的耐温性有限。依据 Weatherford 的研究成果可知，PCP 的最大运行温度为 250°F。该温度极限值主要由弹性体的材质以及弹性体与泵壳体之间的粘合剂来决定。另外，国际标准 ISO 15136（2009）指出：分析原油中芳香族组分，对弹性体的优选极为重要。原油中的芳香族物质与腈类弹性体具有极强的亲和力，易引发弹性体的膨胀。原油中通常含有轻芳烃，其浓度的范围为 0~5%。3% 为轻芳烃浓度临界值。当其浓度大于 3% 时，其将显著影响弹性体的完整性。

对于井的几何尺寸，该工艺适用于井身结构较好的井，这可有效避免抽油杆与油管的偏磨以及抽油杆的疲劳损坏。依据石油工程手册可知，在钻井过程中应尽可能地减小狗腿度，以确保 PCP 下放深度上部井段的最大狗腿度小于 5°/100ft。其次，应尽可能地提高井眼轨迹的平滑度。ALRDC 指南指出：为实现 PCP 的应用，需确保最大狗腿度小于15°/100ft，这与有杆泵的限制条件相似。

同时，为实现 PCP 的应用，现场还需满足多方面要求。Weatherford 提出的属性表表明，PCP 对海上油气井具有有限的适用性。另外，为确保设备的运行，现场需确保气体或电能的供应。

ALRDC 指南中对于螺杆泵的适应性分析总结如下：

①PCP 适用于 4500ft 以浅的井，且在部分情况下，下放井深可达 6000ft。

②在浅井中，其排量可高达 4500bbl/d。

③在装配使用弹性定子的情况下，其适用的最高温度为 150°F。

④通过使用特殊的弹性材料，可将耐温性升高至 250°F。

⑤如果使用旋转杆柱，则要求井的狗腿度小于 15°/100ft；而如果使用 ESP 电动机，只要井下单元保持笔直，则井斜不会对系统产生影响。

⑥其可用于出砂井的生产，且具有较高的能量利用率（40%~70%）。

⑦新材料的使用可进一步扩展适用的温度范围。金属螺杆泵已被研发并现场试验。

⑧现场也可使用低排量的 PCP。但在低排量生产的条件下，难以保证液面始终高于泵的吸入口。

⑨还可使用 ESPCP 与 ESPCP-TTC。

（3）应用故障管理。

梳理了使用螺杆泵系统时一些常见的问题和解决这些问题的常用方法。

①问题：转速正常，却没有产量。

a. 可能是抽油杆断了，取出抽油杆并检查它的质量。

b. 转子可能坏了，尤其是在焊接点处。

c. 油管上有洞，油管憋压并检查环空压力。

d. 油管脱扣或断裂。

e. 转子不在定子里面。

f. 定子被错误地倒置或转子的位置穿过了定子。

g. 泵被磨损坏——由砂子或其他固体颗粒引起的转子过度磨损。

h. 因为与化学物质接触、压力过大或高温（很可能由泵中大量的气体所产生的热量引起），定子橡胶体可能被腐蚀。

②问题：低于要求的光杆转速时没有产量。

a. 转子可能被卡住，重新检查转子位置。

b. 定子橡胶衬套与转子快速磨损。

c. 由于型号小或被损坏，动力源提供不了所需动力。

③问题：没产量——光杆在运转。发动机速度较慢。

a. 发动机型号偏小。

b. 发动机损坏。

④问题：光杆速度正常，实际产量低于预期产量。

a. 油井采油指数被高估——检查动液面。

b. 孔眼处流量受限。

c. 泵入口被堵。

d. 实际气液比比期望值高——减小泵的容积效率。

e. 因抽油杆接头或扶正器太大，油管中流体流动受限。

f. 转子与定子配合不好。

g. 泵磨损。

h. 橡胶衬套严重膨胀——应测量扭矩。

i. 油管有孔。

⑤问题：低于预设光杆速度，井产量低。

a. 滑轮型号选择不合适。

b. 高抽油杆扭矩——转子 / 定子配合受影响。

c. 产砂屑量高。

d. 定子橡胶衬套受到化学物质或芳香烃的影响。

e. 保险丝或超载设计不合理。

f. 电压低。

⑥问题：低光杆速度下停止生产。

a. 转子在防反转销钉以上运转。

b. 间歇性生产出来的固体物质堵塞泵和油管。

c. 定子橡胶衬套膨胀。

d. 发动机过载。

⑦问题：光杆速度正常，停止生产。

a. 高气油比——增加沉没度，检测动液面——如果在射孔段以上需使用气体分离器。

b. 大量的粉砂、砂引起井底流入量的波动。

c. 井快被抽空时，装置应该变慢，防止气体从泵中冒出时产生热量损坏定子。

d. 高压损坏定子橡胶衬套。

3.1.5.3 井口压缩

（1）工艺原理。

一般来讲对于所有自喷井和大多数的人工举升井都可以通过压缩作用降低气井井口压力，从而增加气井的产量。根据每日井的具体情况，气井的产量可以提高几个百分点或原产量的数倍。

人工举升方式，比如有杆泵，通过减小油管伸长的同时降低井口压力，可以增加产量，另外在同一产量下可以降低套管压力使环空液面高度增加，进而提高产量。

对于自喷井，降低井口压力可以显著地提高产量，延长井的生产寿命，增加总产量。

降低气井的井口压力对排液有两点好处：

①井底压力下降，增加产量和流入井筒的气体流速；

②井口压力下降，携液所需的临界产量也下降。

流量略低于临界流量的井，经过压缩之后流量可以增加到临界流量之上，减缓了积液问题。因为临界流速和井口压力相关，压缩的规模可由临界流速的要求确定。比如，压缩规模可以控制在维持油管流量高于最小临界流量的百分之几。根据产量的下降趋势，对压缩的规模进行优化，使得气井的整个生产过程中累计产量最大。

（2）适用条件。

通过采用进口压缩工艺来降低井口流压，增大液流流速，从而实现井内积液的举升。该工艺的设计主要取决于地面压缩机的选择。通常，进入生产后期的高产井是较佳的施工对象。Harms 介绍了井口压缩工艺在 Lobo Wilcox 致密气藏（位于得克萨斯州南部）的应用情况。依据该工艺在上述特定油田的应用情况来确定初步筛选所需的具体准则。该工艺的性能效果主要受多方面因素（与井的产能、压力要求以及所优选的压缩机型号相关）的影响。这些因素具体包括：采气管线压力、流量、气体组分、能量效率以及投资。由于井口压缩机受限于现场条件，所以其难以指导筛选过程。与其相关的限制因素不具普遍性，且其可能随所应用现场条件的变化而变化。

Harms 指出，井口压缩工艺适用的最大气体流量为 $30 \times 10^4 \text{ft}^3/\text{d}$。井的高产将遮掩井口流压降低的影响效果。另外，考虑到压缩机有限的液体处理能力，同时参考 Lobo Wilcox 气田的产液量，预计使用该工艺的产水量将小于 30bbl/d。最大产液量将随油田实际情况的变化而变化。基于现场实践经验与压缩机的常见局限性，将最大液体流量设定为 100bbl/d。

此外，Harms 还指出，井口流压不大于 30psi 的井不适于使用该工艺。现场经验表明，使用该工艺的最小井口流压为 29psi（2bar）至 145psi（10bar）。此外，较高的井口流压是实现泡沫举升工艺成功应用的限制条件之一。Donald 等基于陆上气井（位于荷兰）的应用实例，确定了优选候选施工井的基本准则：关井条件下的油压小于 1100psi（80bar），井口流压小于 175psi（12bar）。

3.1.5.4 循环关井

（1）工艺原理。

当气井开始积液时，通常可以关井或间歇开采。间歇开采也叫关闭气嘴、间歇式开采或循环关井。关井可使气藏压力恢复，并使环空内充满高压气体。当套压足够高时，井又重新开始生产。套管环空中的高压气体膨胀进入油管，并将残余积液驱替到地面。在关井期间，井中压力将部分或全部液体压回地层，在开井时气体又会产出。

间歇开采除了没有柱塞外与柱塞举升非常相似。如果气井可以用上述方式开采，那么用柱塞举升更有效（前提是井筒内没有物理障碍妨碍柱塞工作），但还需要考虑柱塞举升的经济效益，增加的产量能否抵消额外的生产运行费用。另外，如果气井产生液体段塞的速度等于或大于 1000ft/min，用柱塞举升方法可能无效。如果流体速度低于段塞速度，柱塞可提高产量。

一些不用生产油管的井，也可进行间歇开采。当流体只沿套管向上流动时，如果气藏可提供足够的压力，排液是可能实现的，气藏产气初始速度要大于该井的临界速度。这种初始高速度可使其实现排液，并使其持续生产，直到气藏压力下降，产气速度低于临界速度，气井才又开始积液。

当气井进行间歇开采时，不能在临界速度以下生产太长时间，否则，井筒会产生太多积液，此时通过间歇开采方式就很难进行排液或根本不可能排出积液。如果发生了这种情况，就必须在继续用间歇方式开采前用其他方法排液。

间歇开采可用计时器来控制，关闭一段时间然后生产一段时间。间歇开采也可用更复杂的仪器来控制，这种仪器可监视生产时油管、套管的压力和产气速度，与柱塞举升控制仪很相似。随着气藏能量的衰竭，间歇开采会越来越难。最后，间歇开采无效，只能考虑应用其他的方法。

（2）适用条件。

通过引入循环关井控制机制来消除液体加载问题，从而保证井产气体的速率不低于积液速率。无论何时，只要产气速率降到积液速率，生产井都会自动关闭一小段时间（约 1h）。在关井期间，气体持续流入井筒和近井区域，使得压力增加。当再次开井时，就会出现瞬时的高产气速率。在每个关井期之后，与先前的生产期相比，关井之后的生产期（在此期间井以高于积液速率的速率进行生产）相对较短。关井/生产这一周期一直无限循环下去，直到该生产井不再是经济可采的。

准确的关井时间并不重要，但研究者发现，将最终的天然气采收率与生产井的使用寿命进行比较，较短的关井时间始终优于较长的关井时间。如果考虑到季节性天然气价格的变化，以上的结论可能是不正确的，最佳关井期可能随着时间的变化而变化，从而实现经济价值最大化。

Curtis 提出，在保证产气速率不低于最小液体举升速率（积液速率）的情况下进行生产，可以完全避免积液问题和相关的产气速率降低的情况。

①提出了一种消除积液对压裂气井的负面影响的方法。该方法简单并且能有效控制成本，仅需要井口装置在达到特定的积液速率时自动关井，并在短暂的关井期后重新开井即可。

②采取循环关井控制机制的生产井的结果显示，其在提高天然气的采收率方面是有效的，其采出的气体数量与在假定的"理想"井（该井在没有关井的情况下连续生产）中采

出的气体数量相同。还显示出了循环关井时段应该尽可能地短，通常在一个小时的量级。

③使用循环关井控制机制产生最终（经济的）天然气采收率所需的时间小于等于连续生产（没有关井）的理想井。

④研究表明循环关井最适合于低渗透储层的压裂直井和水平多裂缝超低渗透（页岩）井。

⑤循环关井同样适用于在气体速率降到积液速率之前进行差异衰竭开采的分层的无横向流动的产气井。

⑥周期性关井的关井期可以在一年内变化，以便在季节性价格变化的情况下将年度总收入最大化。在逻辑上，最长的关井期是在低价的夏季期间，但需要优化机制自动控制全年的关井期。

3.1.6　排采技术优选管理措施

人工举升筛选工具可确定不适用于特定生产条件的举升技术，并将其排除，具体工具包括：图、表、软件工具以及其他相似的工具。这些筛选工具可优选确定举升工艺，但其却不能确定最终的工艺设计与设备型号。针对特定的人工举升工艺，需使用行业通用的软件工具，才可最终确定举升系统的结构与型号。在针对各举升系统的章节中，对部分设计工具进行了介绍。

人工举升系统的优选过程可概括为以下 3 步：

（1）确定目标井的生产情况（产量随时间的变化情况）。

（2）筛选——排除不适用的举升工艺。

（3）筛选——优选最优的举升工艺。

3.1.6.1　确定目标井的生产情况

为优选最优的人工举升系统，首先需确定其所应用的运行条件。至少应包含如下运行条件：预计产量、井底工具的下放深度与方位、温度、流体特征与相态特征、可使用的能量来源（例如：电能与甲烷）。

对于新区块，虽然运行条件预测结果的精度极低，但其仍是举升系统优选的先决条件。如果不确定参数的取值范围较广，则需优选适用范围广且涵盖整个潜在的条件范围的举升系统。同样地，为应对实际的运营条件与预测结果相差较大的情况，现场可装配使用易于调节的举升系统。

例如，对于有杆泵举升系统，其依据最大预测产量进行选型，但现场可通过降低冲次或间歇运转来满足低产量生产的要求。同时，插入泵无需起出完井管柱，即可实现泵的轻松更换。与其相似，通过使用电缆与流体循环，可实现水力泵的下放、起出与更换。

最后，在优选过程中需考虑目标生产条件，确定油气井生命周期内（最起码在举升系统的使用过程中）生产条件的变化情况。

3.1.6.2　筛选——排除不适用的举升工艺

有多种工具可用于人工举升工艺的优选。本节将对几种常见的初选工具进行介绍，指出其操作方式与筛选结果。

（1）定性筛选：将目标产量与常用举升系统的性能特征进行对比。通过使用矩阵表的形式来完成上述对比过程。对于气井，可使用图 3.1.26 所示的筛选标准。

举升方式	柱塞举升	毛细管注入系统	电潜泵	往复杆泵	螺杆泵	水力循环	喷射采气系统	气举系统
最大工作深度/[ft (m)]	19000 (5791)	22000 (6705)	15000 (4572)	16000 (4878)	7600 (2286)	17000 (5182)	15000 (4572)	18000 (4572)
最大作业量/(bbl/d)	200	500	60000	6000	4500	8000	25000	50000
最高工作温度/[°F (°C)]	550 (288)	400 (204)	400 (204)	550 (288)	250 (121)	550 (288)	550 (288)	450 (232)
腐蚀处理	极佳	极佳	良好	卓越	相当好	良好	极佳	卓越
气体处理	极佳	极佳	相当好	大致良好	良好	相当好	良好	极佳
固体携带	相当好	良好	相当好	大致良好	极佳	相当好	良好	良好
流体重度/°API	>15	>8	>10	>8	>40	>8	>8	>15
作业服务	井口捕集器或绳缆	毛细管单元	修井或拔钻机	修井或拔钻机	修井或拔钻机	水力或钢丝绳	水力或钢丝绳	钢丝绳或修井机
动力源	井的自然能量	井的自然能量	电动	燃气或电动	燃气或电动	无线电	无线电	压缩机
近海应用	N/A	良好	极佳	受限	受限	良好	极佳	极佳
系统效率/%	N/A	N/A	35~60	45~60	50~75	45~55	10~30	10~30

图 3.1.26　定性筛选（Weatherford公司）

注意：这些结果仅代表生成的模拟结果，不应将其视为实际建议。

定性筛选表展示了各系统的工作范围。如果目标条件未落入工作范围内，则将排除该举升系统。

由于筛选表仅展示了各系统的工作范围，而未考虑其性能曲线，所以其不能用于系统的最终优选。该表格仅可排除几种不适用的举升系统，但却不能保证剩余的系统全部适用。例如：对于有杆泵举升系统，其在浅井中的产液量较大，可达 6000bbl/d；而对于垂深达 16000ft 的情况，其产液量将降低至 6000bbl/d。如果目标井的下泵深度为 10000ft（垂深）且产液量为 600bbl/d，则需开展进一步分析研究来确定有杆泵的适用性。

同时，筛选表仅展示了标准设备的运行条件，而对于特殊设备，其性能值可能超出该范围。例如：对于低含水的油井，标准螺杆泵系统（PCP）所适用的最高井底温度为 250°F，在部分特殊情况下可达 300°F 以上；而全金属的 PCP 可在更高的温度条件下运转。但是，对于未采取缓蚀措施的高含水气井，常用 PCP 的运行温度需小于 85°F。

（2）决策树与人工智能（AI）工具：通过构建这些工具来指出优选步骤，并缩小人工举升系统的优选范围。决策树可以采用表格或软件的形式。

（3）产量—深度图：有两种形式——其分别展示代表性技术与特定技术的相对性能。其展示了举升系统的生产能力随深度的变化情况。但是，考虑到数据来源的有限性，基于一般化数据而得到的代表性技术性能曲线将对举升系统的优选产生误导。在实际应用中，这些性能图并未得到及时的更新，所以其很快会过时。因此，在使用产量—深度图进行工艺筛选时，技术人员需格外小心。

筛选工具并未指出工作范围存在的具体原因。用户需自行查询相关信息来确定这些范围对特定系统的影响。

需要注意的是，随着技术的不断发展，举升系统的适用范围将不断扩展。因此，如果筛选工具未得到及时的升级更新，则其筛选结果将略显保守。

3.1.6.3　筛选——优选最优的举升工艺

在缩小举升工艺的优选范围后，通过开展成本/效益分析来最终优选最优的举升工艺。应考虑的成本包括：采购成本、安装成本、运输成本、运行成本以及与系统维护/修复/故障相关的成本（包括系统不适用所产生的产量损失的成本）。在所有的分析（定性或定量分析）中，健康、安全与环保方面的问题是必须考虑的重要因素，其可被量化为运行成本。

举升工艺优选的决策标准需依据运营商的特定目标来确定。具体目标包括：短期产量的最大化、最终可采储量的最大化、资本支出的最小化、运行成本的最小化、设备可靠性的最大化、延长老井寿命等。部分目标之间存在一定的对立性，所以分析需确定各个目标的相对重要性。

（1）产量—深度图：可用于确认特定举升工艺的适用范围。可通过供应商的网站来查阅上述性能曲线图。其还可用于供应商的优选（在工艺优选结束后）。在工艺优选过程中，最好使用主要供应商所提供的性能曲线图，其所提供的商品代表了绝大多数可用的商品。

图 3.1.27 和图 3.1.28 为两个产量—深度图的实例。

（2）适用范围。

柱塞气举的通用性能要求为：

产液：最高为 200bbl/d（行业标准）；平均产液量为 50~60bbl/d。

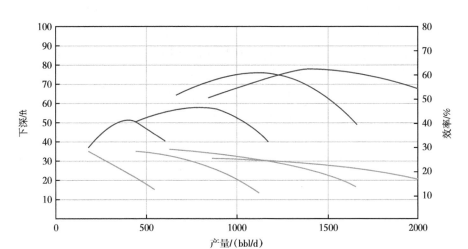

图 3.1.27　电潜泵性能曲线

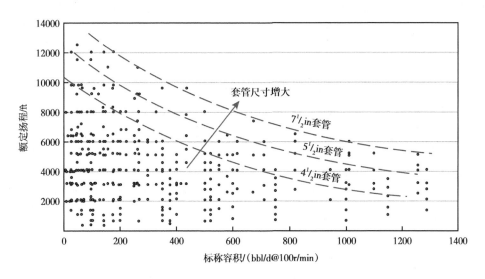

图 3.1.28　PCP 性能受模型与套管尺寸的影响

最大垂深：21000ft。

产气：500ft³/bbl（1000ft，未下入封隔器）；1000ft³/bbl（1000ft，下入封隔器）。

井斜：井斜角 60°，狗腿度 6°/100ft；狗腿度 12°/100ft（连续柱塞气举的情况）。

压力驱动：使用载荷因子，$p_{CSG}-p_{TUB}$）$+p_{LINE}/p_{CSG} < 0.5$。

如前文所述，任何通用规格都仅可作为参考。在某些情况下，举升系统的现场实际性能将完全区别于规格说明。

3.1.6.4　其他优选方法

TUHWALP 为一个在研项目，其以水平井人工举升（AL）工艺的合理优选为目的。第一代软件与上文所述的优选工具相似，已可供 TUHWALP 联盟成员使用，该软件被称作人工举升系统优选工具。其以可用技术、各人工举升工艺的现场实践经验与运行限制条件为基础。决策过程共涉及了 24 个属性。且依据对举升系统性能的影响情况，对各属性进行赋分，分值范围为 1~5。另外，考虑到各属性并非同等重要，给其赋以一定的加权因子，因子的取值范围为 1~10。随后，计算加权几何平均值来得到适用性系数，并对工艺进行排序。最后，开展经济评价来优选确定最终的举升工艺。TUHWALP 基于井的生产特征随时间的变化情况，构建了更加准确的分析模型。同时，基于该模型，其还开发了一款新型软件——塔尔萨大学水平井分析软件（TUHWS）。目前，该软件可用于确定水平井内积液发生的位置与时间，并优选确定油管终端的位置，以实现气举与 ESP 的应用。不久后，该软件将进一步添加其他人工举升的性能。

Solesa 等为解决 Burgos 气田所面临的井筒积液问题，提出了一种集成化的解决方案。该方法分两个程序对气井进行了分析。其中，第一个程序在连续流的条件下，采用节点分析法进行分析。第二个程序为在间歇流的条件下，对所分析井的生产历史、储层数据、完井数据以及当前的生产条件进行定性评价。该方法使用了多标准模型，其考虑了对生产工艺的优选存在重要影响的因素。这些因素包括：完井数据、产量与压力历史、油气井动态、现场试验结果、其他问题与成本。对各因素进行打分，评分范围为 0~4，并通过几何平均来得到综合评价因素。综合得分最高的工艺，即为所优选推荐的举升工艺。当某一参数的得分为 0 时，该工艺将被排除。这可能排除某些在特定条件（限制条件被消除后）仍具适用性的工艺。

Oyewole 等为解决 San Juan 盆地气井的产液问题，提出了一种人工举升工艺的优选策略。其针对不同的井身结构，构建决策矩阵，同时考虑如下生产条件：液体流速、无固相或高含固相以及气液比（GRL）。其所分析的井身结构类型包括：直井、水平井、侧钻水平井以及"S"形井。最终基于决策矩阵来优选气井生产期内最适用的 ALS。

模型优化法以数学模型（具有独特的逻辑与数学策略）为基础，以优选最适宜的举升方案。该方法未考虑专家的知识。Rehman 等为优选积液井的人工举升方案，开发了一种定量分析法，该方法融合了生产模拟、经济分析以及基于距离的优化模型。该研究主要针对两个综合实例（高气体流速与低气体流速）。

3.2 国内外气藏排水采气新技术

本节主要调研整理了泡沫辅助气举技术、新型自往复水力泵排水采气技术和涡流排水采气技术及其他排水采气新技术。

3.2.1 泡沫辅助气举技术

3.2.1.1 技术原理

泡沫辅助气举技术（FAGL）推荐在以下两种特定的情况下使用比较有效：

（1）当储层压力低，静态液位在偏心工作筒最低位置以下时；

（2）当井筒液柱大，注气压力受表面限制时，注入泡沫可以降低静压力，降低了注气的压力，从而也降低了气井压力。

无论上述哪种情况，泡沫举升能降低气井压力，但要使气井压力维持稳定，相比于每日使用的起泡剂，该技术还不够经济。将泡沫辅助气举技术应用于储层压力低的成熟气井，单一偏心工作筒下就可以完成。这些成熟气井频繁出现压力问题，并且泡沫举升和气举排液方法因为储层流动性差都无法解决这个压力问题。采用泡沫辅助气举方法后，气井的压力问题得到解决，在逐渐稳定的压力下产量增加。该方法不仅有效，经济性也较强，既减少了泡沫的用量，又降低了注气的压力，同时增大了产气速率，提高了气井的整体采收率。

对于偏心工作筒深度较深、储层压力枯竭、积液严重的气井，在相对低的操作费用的限制条件下，相比于单独使用气举排液技术或泡沫举升技术，泡沫辅助气举技术是一种经济有效的脱液方法。

泡沫辅助气举技术的基本工作原理与其组成方法类似，该技术是将气体和起泡剂串联注入，起泡剂注入井下产生泡沫，提升液柱高度，同时，注入的气体为液柱的上升提供能量，从而降低气井的积液量。这个过程可以最大限度地减少气体注入量，并确保最小的压降流动。在下面两种情况下，该技术的效果明显优于其他方法：（1）当井深和储层压力使得静态液柱无法到达常规注气的气举阀的最低处时；（2）当储层产量低，泡沫举升后液柱再次积累使得气井积液过多的情况。

3.2.1.2　泡沫辅助气举技术与其他技术措施应用情况

以 M-1 井为例，对该井在自然生产条件下以及气举技术、泡沫举升技术、泡沫辅助气举技术条件下的产量情况进行对比分析。M-1 井的概况如下：

M-1 井测量井深 7500ft，在早白垩世砂岩储层中完井，完井储层为 Sand-Y 和 Sand-Z。Sand-Y 储层平均孔隙度 10%，属于凝析气藏；Sand-Z 储层平均孔隙度 8%。两个储层使用 p/Z 方法总动态评估储量为 $68×10^9 ft^3$，封隔器安装在补心高度 6840ft 处，油管底部位于补心高度 6890ft 处，偏心轴位于补心高度 6800ft 处。射孔顶端位于距离气体注入点测量深度 200ft 以下。

3.2.1.2.1　自然生产条件下产量

初始射孔位于 Sand-Y 岩层，产量为 $18×10^9 ft^3$，含水量逐步增高。后来气体流量降低至 $1×10^6 ft^3/d$，水气比为 $300bbl/10^6 ft^3$，导致该气井严重积液。为了恢复产量，在 Sand-Z 岩层射孔，产量可达 $7×10^6 ft^3/d$，不过缩短了这两个岩层的可开发寿命。想进一步开发该气井，需采取储层改造措施。改造后井口流动压力降低，产气速率提高到 $12×10^6 ft^3$，水气比降低至 $30bbl/10^6 ft^3$。

2008 年该气井压力记录为 800psi，意味着 75% 的压力已经枯竭，到 2011 年，该气井停止流动，自然总产气量为 $39×10^9 ft^3$（图 3.2.1 和图 3.2.2）。

3.2.1.2.2　气举技术应用情况

气举措施开始于 2012 年 5 月，注气速率为 $0.4×10^6 ft^3/d$。气井恢复产气量到 $1.7×10^6 ft^3$，水气比增加至 $150bbl/10^6 ft^3$。

气举措施后的 6 个月，产气速率减少至 $1.2×10^6 ft^3/d$，水气比 $200bbl/10^6 ft^3$，表明井筒存在积液。由于储层压力降低，射孔层段与气举阀之间存在 200ft 距离，气举措施已经不再适用于该气井了。因此需要探索一种新的人工举升方式改善该气井，增加盈利能力。M-1 井截至 2012 年累计产量为 $40.6×10^9 ft^3$，气举措施贡献了其中的 $1.6×10^9 ft^3$。

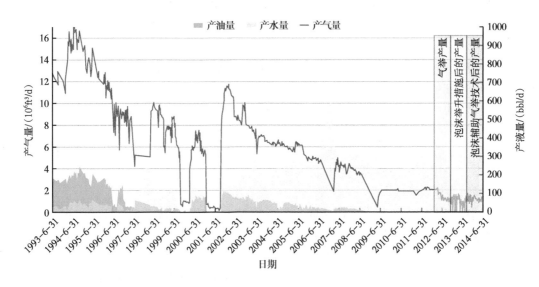

图 3.2.1　M-1 井历史产量汇总

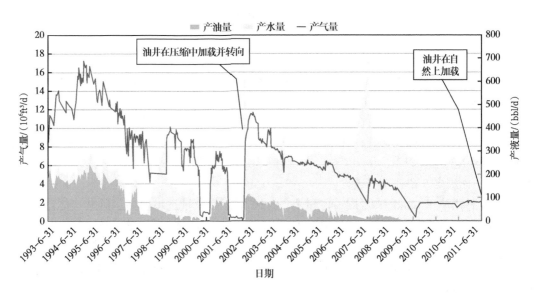

图 3.2.2　M-1 井自然产量情况

　　图 3.2.3 展示了气举措施后产量（产气量、产水量、产油量）随着时间的变化情况。

3.2.1.2.3　泡沫举升技术应用情况

　　泡沫举升技术（FAL）是在 M-1 井经过关键举升速率评估，测试泡沫与地层流体的兼容性后才开始实施的。举升系统中安装了 6950ft 长的毛细管用来在射孔层段附近注入起泡剂，安装时还没有行业标准或分析软件来模拟注入起泡剂后气井的流动情况。因此，无法直接计算采用泡沫举升系统对气井的产量增加情况，也无法做成本与效益的分析（图 3.2.4）。

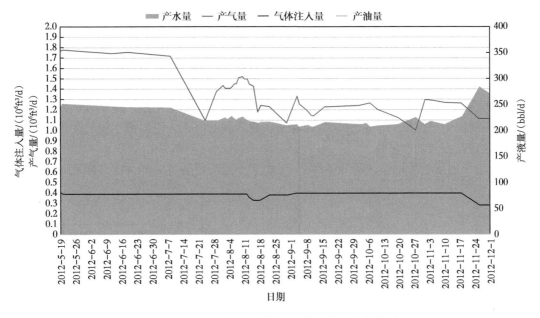

图 3.2.3　M-1 井在气举措施条件下产量变化情况

　　该气井是在 2012 年 12 月开始实施泡沫举升技术的，之后逐步实施起泡剂注入计划，密切监测和优化气井对起泡剂注入的反应情况。在起泡剂注入从 0.5gal/d 增加到 5gal/d 时，产气量提高到 $1.5 \times 10^6 \text{ft}^3/\text{d}$。为进一步探索注入量与产气速率的比例，起泡剂注入提高到 6gal/d，然而结果却是产气速率有轻微降低。这表明起泡剂注入量与产气速率只是在一定范围成正比关系，超过这个临界值后，起泡剂注入越多，产气速率反而降低。

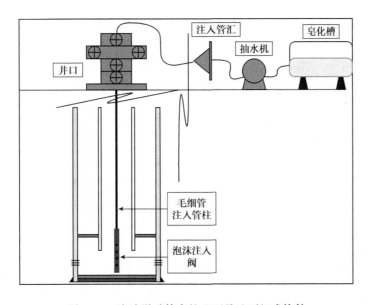

图 3.2.4　泡沫举升技术的地面及地下组成构件

泡沫举升措施实施过程中，气井由于液体回落频繁出现负荷过载。并且，通过使用压裂罐、增加起泡剂注入量等措施，都没有取得实质性的作用，因为地层能量不够，无法搅拌产生泡沫。因为之前采用过气举措施，所以可以用来降低气井 M-1 的负荷。在产气恢复后，气举措施就暂停了，继而采取了泡沫举升技术，直到该井再次出现过载负荷，后来过载频率上升到每个月一次，使得该井产量严重损失。

这种情况下就必须提出一种方式来降低过载的频率，稳定生产。由于气举方式已经采用过，因此决定将注气与注起泡剂结合起来，两者同时注入，以监测产量的变化情况，同时评估这种新方式的经济性。

图 3.2.5 展示了采用泡沫举升条件下产量（产气量、产水量、产油量）随着时间的变化情况。

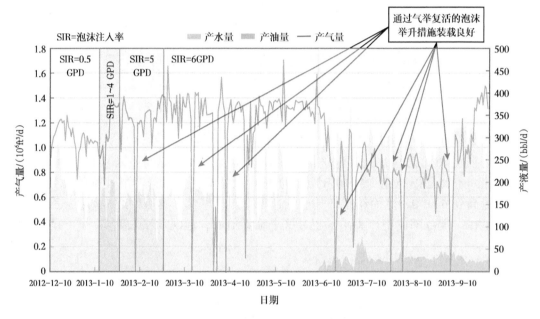

图 3.2.5　M-1 井在泡沫举升条件下产量变化情况

3.2.1.2.4　泡沫辅助气举技术应用情况

M-1 井是在 2013 年 10 月采用泡沫辅助气举技术的，生产至今，根据之前采用泡沫举升技术的情况，泡沫举升措施是用来解决井频繁过载的情况。采用泡沫辅助气举技术需要评估的是注入气体和起泡剂的速率。目前市场上有很多模拟气举的商业软件，但还没有模拟泡沫举升效果的软件。于是最初的注入速率保持跟单独使用泡沫或气举措施时一致，随着产气效果的改善，逐渐优化注气和注起泡剂的速率，最开始的做法是以较高的注入速率实施，之后根据监测到的产气情况，逐渐降低注入速率，最后检测得出，起泡剂注入速率为 2gal/d，气体注入速率为 $0.3×10^6 ft^3/d$ 时最为合适。

如图 3.2.6 所示，随着起泡剂和气体注入速率的降低，产气速率没有变化。在经过 3 周的波动生产后，产气速率稳定在 $1.3×10^6 ft^3/d$，产水速率为 300bbl/d，水气比为 230bbl/$10^6 ft^3$。结果表明，与单独使用泡沫举升措施相比，这种措施可增加产气速率 $0.3×10^6 ft^3/d$。

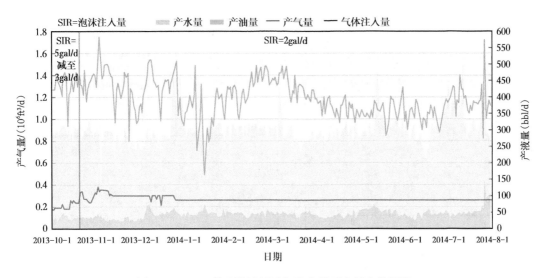

图 3.2.6　M-1 井在泡沫辅助气举条件下产量变化情况

3.2.1.3　对比分析

为进一步对比泡沫辅助气举技术与泡沫举升技术两种人工举升措施下产量的变化以及整体采收率情况，分析了两种措施下 M-1 井产量递减曲线，如图 3.2.7 和图 3.2.8 所示是两种举升方式下的产量递减曲线图。从图 3.2.7 和图 3.2.8 中可以看出，泡沫举升措施下每月的产量下降速率为 0.0674，而泡沫辅助气举措施下每月的产量下降速率只有 0.0185，说明泡沫举升对气井积液的处理不是十分有效，比不上采用泡沫辅助气举技术达到的效果。泡沫举升措施下储层的可采储量为 $0.15 \times 10^9 \mathrm{ft}^3$，泡沫辅助气举措施下储层的可采储量为 $1.9 \times 10^9 \mathrm{ft}^3$，这表明使用泡沫辅助气举技术，气藏的采收率提高了 3%。

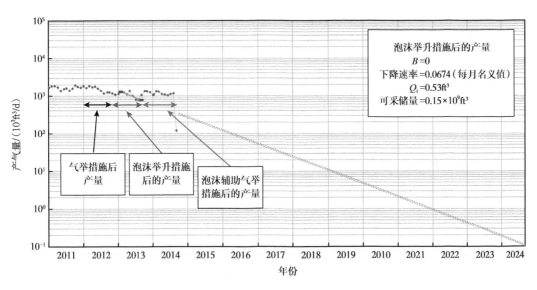

图 3.2.7　M-1 井在泡沫举升措施下的产量递减曲线

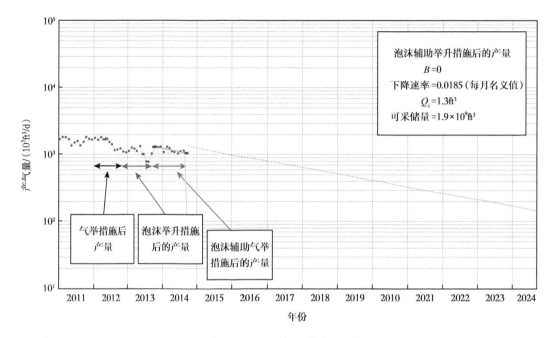

图 3.2.8 M-1 井在泡沫辅助气举技术后的产量递减曲线

采用泡沫辅助气举技术后，M-1 井达到了以下效果：

（1）气井产量稳定在 $0.3×10^6ft^3/d$，相比单独使用泡沫举升技术产量更高。

（2）产量增长率从 $20bbl/10^6ft^3$ 上升至 $40bbl/10^6ft^3$，增加了凝析液的产量，同时增大了气井的盈利能力。

（3）气井持续生产 9 个月未出现过载，因此泡沫辅助气举技术解决了泡沫举升未能解决的问题。

（4）起泡剂注入量变少，产气量增加，气井的操作费用减少，提高了整个气田的经济性。

（5）气藏的采收率提高了 3%。

3.2.1.4 经济性分析

表 3.2.1 各类措施经济性分析表展示了从 2010 年至 2014 年间 M-1 井相关的经济数据。M-1 井采用泡沫辅助气举技术初始阶段，起泡剂的注入速率从 6gal/d 减少至 2gal/d，意味着每天可以节省约 66% 的起泡剂，参照与服务商签订的合同，每加仑起泡剂 45 美元，因此每天节省的 66% 起泡剂意味着每月可节省费用 5400 美元。

2010—2011 年，该井是自然生产，2012 年采用气举技术，2013 年采用泡沫举升技术，之后在 2013—2014 年，采用泡沫辅助气举技术。为了比较三种技术的优势，对 M-1 井每年的盈利状况做了统计分析。油和气的价格分别取值 100 美元 /bbl，4 美元 /10^6Btu。通过分析可知，M-1 井在采用泡沫辅助气举措施时每年的盈利为 300 万美元，而采用泡沫举升技术每年的盈利为 150 万美元，意味着采用泡沫辅助气举技术的盈利增加了一倍。此外，对 M-1 井在 2013 年和 2014 年的举升费用也做了对比分析，结果显示采用泡沫辅助气举技术比采用泡沫举升技术降低了 12% 的费用。

表 3.2.1　各类措施经济性分析表

生产方式	年份	产油量/ bbl/d	产气量/ $10^6ft^3/d$	总产量/ BOE/a	总费用/ 百万美元/a	盈利/ 十亿美元/a	举升措施成本/ 美元/BOE
自然生产	2010	1	1.6	101054.7	478	1.9	4.7
	2011	0	1.4	88103.4	435	1.6	4.9
气举技术	2012	2	1.2	76247.2	258	1.6	3.4
泡沫举升技术	2013	19	0.9	63572.9	513	1.5	8.1
泡沫辅助气举 技术	2014	40	0.4	70344.8	497	3.0	7.1

泡沫辅助气举技术是一种同时将泡沫和蒸汽注入气井以增加油气产量的方法。这种技术与其他传统方法相比有很多优势。在气井遭遇自然流动之后的过载情况时，采用气举举升解决了初始的问题，但凝析液和产气速率却无法恢复到最佳值。为了进一步优化产液量，采用了泡沫举升措施。产液量得到改善，但产气速率却未有改变，而且举升成本因为起泡剂价格高而增加，并且，气井还频繁出现过载情况，时常需要气举技术帮助恢复生产。为了解决过载问题，把两种技术相结合，同时注入起泡剂和蒸汽，即泡沫辅助气举技术，该技术不仅解决了过载问题，还使得气藏的采收率提高了 3%，起泡剂的需求量降低了 66%，举升成本减少了 12%。因此，泡沫辅助气举技术是一种创新的方式，能够解决单独使用泡沫举升和气举方式时不能克服的问题，并且可以降低操作成本。

3.2.2　新型自往复水力泵排水采气技术

3.2.2.1　技术概况

自往复水力泵（Self-Reciprocating Valve Pump，SRVP）排水采气使用一种新型的井下开关阀，由单管输入压力控制，以消除地面开关的延迟。由于开关阀门具有恒定的压力，所以动力活塞的扩张和收缩行程之间的压差很小。这些改进提高了液压 SRVP 系统的作业冲程速度、深度和产量。

SRVP 在井下安装在同心管柱内，通过注入高压流体提供动力。注入的（动力）流体使信号杆在导阀控制的片梭（发动机）阀内扩展/收缩（图 3.2.9）。在信号杆行程结束时，信号杆上的凹痕导致发动机阀门从"原位"移动至"前进"位置，反之亦然。发动机阀门的进/出流道在原位/前位中是反向的，允许动力流体引流到动力活塞的适当一侧。通过计算流体动力学优化发动机气门尺寸。信号杆、发动机阀门和动力活塞只与动力流体相互作用，因此它们的可靠性/磨损不受地层流体条件的影响。动力杆将动力活塞与传统的有杆泵柱塞/泵筒连接。动力活塞的往复运动带动抽油杆泵，通过生产油管环空将地层流体和动力流体从同心管柱上举升到地面。流体采出后降低地层的回压，使得通过套管生产的天然气产量提高。

图 3.2.10 是井下 SRVP 仪器的基本工作原理示意图。图 3.2.10（a）描述了扩展行程的开始，发动机阀门处于原位。注入的动力流体通过发动机阀门进入动力活塞的顶部（左边），迫使活塞向下（从左到右）运动。这种运动将动力杆周围的废液驱替干净，将废液通过发动机阀门返出，经过生产油管环空进入内插管柱上面。动力杆和柱塞的向下运动取代

了下泵筒中产出流体,使其与排出的动力流体一起举升到地面。在扩展行程结束时,信号棒上(左)段附近的压痕为动力流体对发动机阀门底部(右)施加压力提供了路径。动力液可以克服静液柱,将发动机阀门从主机移至主机前进位置,因为发动机阀门主机侧的横截面积大于主机前侧的横截面积。

然后,通过发动机阀门的流道反向,使动力流体到达动力活塞的底部(右)。

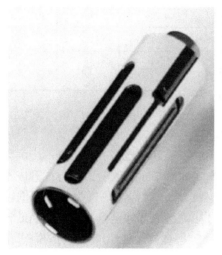

(a)气门壳体   (b)实物气门壳体和梭子

图 3.2.9　SRVP 发动机气门壳体图和实际发动机气门壳体和梭子

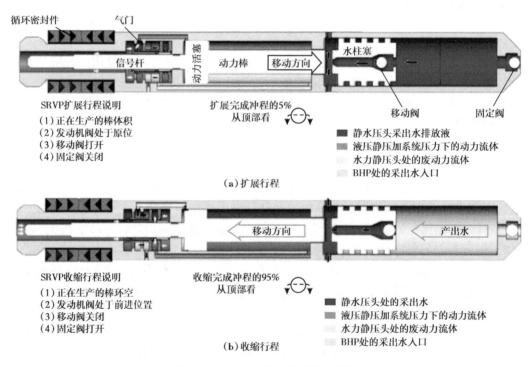

SRVP扩展行程说明
(1)正在生产的棒体积
(2)发动机阀处于原位
(3)移动阀打开
(4)固定阀关闭

扩展完成冲程的5%
从顶部看

■ 静水压采头采出排放液
▨ 液压静压加系统压力下的动力流体
▨ 水力静压头处的废动力流体
▨ BHP处的采出水入口

(a)扩展行程

SRVP收缩行程说明
(1)正在生产的棒环空
(2)发动机阀处于前进位置
(3)移动阀关闭
(4)固定阀打开

收缩完成冲程的95%
从顶部看

■ 静水压头处的采出水
▨ 液压静压加系统压力下的动力流体
▨ 水力静压头处的废动力流体
▨ BHP处的采出水入口

(b)收缩行程

图 3.2.10　SRV 基本工作原理示意图

如图 3.2.10（b）所示，信号棒、动力活塞和水柱塞随后缩回，将泵筒中被截留的流体置换，并允许新生产的流体进入。值得注意的是，SRVP 提升在扩展和收缩时都产生了流体，提高了整个循环的效率。在回缩行程的顶部，信号杆右下方的压痕释放施加到发动机阀门主侧的注入压力。然后注入和静水压力可以将发动机阀门从前进位置移回原位，扩展行程将重复。

3.2.2.2　适用条件分析

为了描述 SRVP 的适用性领域，首先将讨论与气井排液相关的 I 类和 II 类人工举升（AL）方法。这就导致了对典型致密气井的生产特性的总结，并在本项目的先导试验井中对 II 类 AL 方法进行了比较。

（1）人工举升的 I 类和 II 类方法。

人工举升（Artificial Lift，AL）方法大致可以定义为 I 类或 II 类。I 类方法是提高气井有效储层压力的利用效率，主要包括柱塞举升和泡沫排水。II 类方法需要向气井提供某种形式的辅助能量产水举升作用，包括气举和泵抽。SRVP 将被认为是第 II 类举升方法。

图 3.2.11 描述了 I / II 类人工举升方法的包络线，以及 SRVP 方法在举升深度为 8000ft 和 12000ft 垂深（TVD）下的产气量（10^3ft^3/d）与产液量（bbl/d）的关系。生产特征位于图 3.2.11 左上方的井称为"干井"，特征位于右下的井称为"湿井"。位于 $400\times10^3\text{ft}^3$/d 的虚线表示平均临界产量，对应的是临界速率为 17.6ft/s 的外径（OD）2.375in 和 2.875in、内径（ID）2.2in 的油管。这里假定表面张力为 60×10^{-5}N/cm、液体密度 8.3lb/gal、井口温度 80°F、井口压力 150psi、气体相对密度 0.65，采用 Coleman 等的积液公式。假设当产量超过临界产量时，气井可以以自然和（或）不稳定状态流动，直到产量低于临界产量时才需要人工举升。

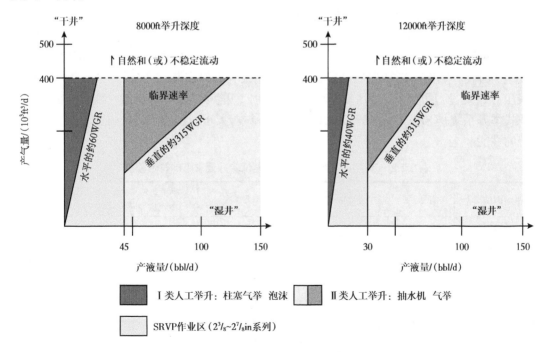

图 3.2.11　I / II 类 AL 和 SRVP 按产气量和产液量计算的操作包络线。WGR 的单位是 bbl/10^6ft^3

图 3.2.11 中以 bbl/10^6ft^3 为单位的水气比（WGR）斜线采用"经验法则"用于柱塞气举包络线的计算。根据 Lea 等的研究，预计直井柱塞气举需要满足 400ft^3/bbl（1000ft TVD）的条件。对于水平井或带封隔器的井，这一经验参数可高达 2000ft^3/bbl（1000ft TVD）。当产量低于临界流速时，认为泡排时也有类似的作业范围，直井的人工举升 I / II 类包络线被 8000ft 水气比 315 的对角线所切分，而直角线位于 60 水气比，与水平井有同样的区别。斜井的 I / II 类分隔边界应该位于这两条线之间。

当井的几何形状从垂直向水平转变时，三角形的 I 类人工举升包络线会收缩。如 12000ft TVD 图中展示的那样，当举升深度从 8000ft TVD 增加时，I 类包络线变得更小，因为有效的柱塞作业需要更多的气体。在某一时刻，可能需要采用 II 类人工举升方法来开发斜井 / 水平井或湿直井和（或）深井的储量。

I 类人工举升 238 系列 SRVP 的预期操作区域覆盖在图 3.2.12 中。238 系列 SRVP 设计用于分别从 8000ft 和 12000ft 垂深的井中泵出 45bbl/d 和 30bbl/d 的净液。

（2）II 类人工举升的先导试验对比。

如果已确定气井需要 II 类人工举升方法，有哪些选择？图 3.2.12（a）展示了 Weatheford 公司气井排液选择器的一个设备小组。如果排除柱塞气举和泡排的 I 类方法，则仍有流体动力举升（射流泵）、气举、电潜泵举升（ESP）和容积式举升等方法。如果目标是气井后期能达到最大储层压差，则气举和水力举升也应排除在外，因为当储层压力降低时，气举和水力举升无法达到与设计良好的 ESP 或容积式举升系统相同的举升能力。

图 3.2.12（b）是 ESP 和容积式举升系统气井排液选择器流程图。在这些方法中，由于驱动泵的螺杆泵（PCP）转子对深度和井斜有典型要求限制，在低生产率的情况下，电潜泵通常效率不高，而且小内径生产套管、深井进行举升时，需要多个泵级。要找到一种适用于小于 5.5in 外径套管深井举升的 ESP 设备是相当困难的。有杆泵非常适用于从深层举升相对较小的产量，但它们的可靠性可能会受到斜井 / 水平井轨迹的挑战。与 PCP、ESP 和有杆泵不同，液压往复泵不受深度、井斜或几何形状的限制，可以采用液压方式进行安装 / 回收。然而，进行先导试验井开发时还没有可以安装在 4.5in 外径套管、同时采用液压方式安置 / 回收的液压往复系统，因此，唯一能够满足先导试验井项目所需特性的容积式举升系统是 SRVP。表 3.2.2 比较了在先导试验要求范围内考虑的各种 II 类人工举升系统的性能。

表 3.2.2　不同类型 AL 系统在先导试验井要求下的符合程度

举升方法	最大压差	斜井或水平井	举升深度	小于 5.5in 的生产套管外径	水力或钢丝能够通过
气举	×	√	√	—	—
射流泵	×	√	√	√	√
螺杆泵	√	×	×	√	×
电潜泵	√	√	√	×	×
水力往复泵	√	√	√	—	—
杆式泵	√	×	—	√	×
SRVP	√	√	√	√	√

注："√""—"和"×"符号分别表示相对于相应需求的性能符合、性能一般和性能不符合。

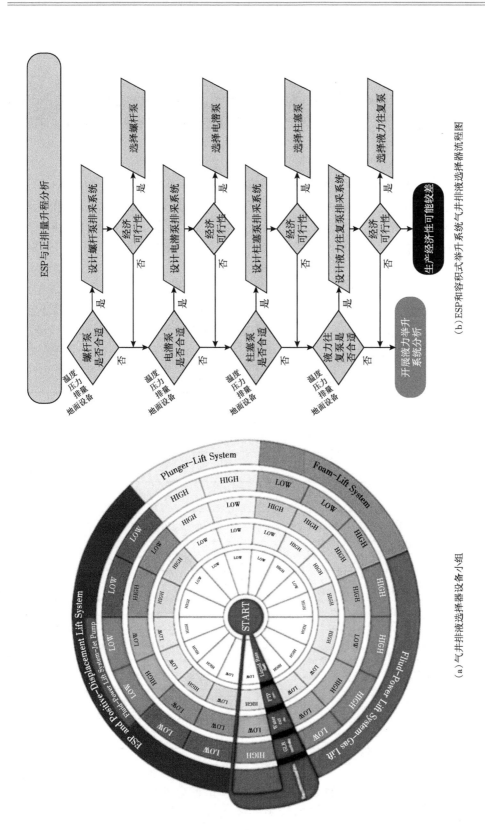

（b）ESP和容积式举升系统气井排液选择器流程图

（a）气井排液选择器设备小组

图 3.2.12　气井排液选择器及ESP和容积式举升系统流程图

3.2.2.3 应用分析

（1）先导试验项目。

在美国 Colorado 州西部的 Piceance 盆地中进行了 SRVP 系统排液先导试验。其目的是从较大深度点排出液体，然后在没有修井设备的情况下回收和重新部署 SRVP。本节将介绍先导项目，包括井的特征、完井设计、地面泵橇装装置、安装和回收操作、动态表现、拆卸、经验和改进计划。

（2）井的特征。

表 3.2.3 总结了先导试验井的特征。致密气藏 Mesaverde 是生产层位。Mesaverde 是由薄夹层的砂组成，需要水力压裂进行增产处理。气田中一口典型井有几千英尺的射孔深度和斜井或 "S" 形的井轨迹。先导试验井的井身结构如图 3.2.13 所示。注意，SRVP 下放到超过 12000ft TVD 和附近的一个倾角为 4°/100ft 的井深处。气藏压力范围为 3500~5000psi；在测试期间，先导试验井的环空液面保持在 1500~3000ft 垂深。在延长关井压力恢复的状态下，套管压力可以达到 1500psi。在现场看到的水气比范围为 $20~500bbl/10^6ft^3$，先导试验井的水气比属于较高的一方。储层温度是 265°F。产出天然气属于甜气，但二氧化碳含量可以达到 6.5%。在现场集气系统压力接近 150psi。固体颗粒的产量预计很少。经过现场过滤/处理的采出水作为动力液。

表 3.2.3　先导试验井特征总结

项目	特征
地层	Mesaverde
生产类型	致密气
井类型	斜井
完井方式	水力压裂
储层压力	3500~5000psi
储层温度	265 °F
水气比	$20~50bbl/10^6ft^3$
天然气杂质含量	二氧化碳体积含量最高 6.5%，不含硫化氢
固体物产出	很小
集气系统压力	约 150psi
动力水来源	现场产出水

（3）完井设计。

图 3.2.14 展示了先导试验井的完井状况。生产套管为外径 4.5in、15.1lb/ft（内径 3.826in）、钢级 P110 级到地面。生产油管为外径 2.875in、6.5lb/ft（内径 2.441in）、钢级 N80，因为生产套管内径较小，所以用的是缩径接头。2.875in 外径的油管可以安装

2.063in 外径、3.25 lb/ft（内径 1.751in）、钢级 L80、平式接头内插管柱，这样适用于238 系列或者 278 系列的 SRVP，因为两种型号都可以使用相同外径的循环密封。

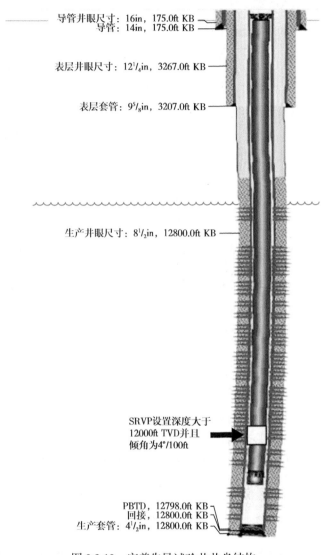

导管井眼尺寸：16in，175.0ft KB
导管：14in，175.0ft KB

表层井眼尺寸：$12\frac{1}{4}$in，3267.0ft KB

表层套管：$9\frac{5}{8}$in，3207.0ft KB

生产井眼尺寸：$8\frac{1}{2}$in，12800.0ft KB

SRVP设置深度大于12000ft TVD并且倾角为4°/100ft

PBTD，12798.0ft KB
回接，12800.0ft KB
生产套管：$4\frac{1}{2}$in，12800.0ft KB

图 3.2.13　完善先导试验井井身结构

在 2.280in API 泵座密封接头的下方下入一个气体锚，提高了气液分离，因为泵下入深度约为射孔距离的 2/3。从底部到顶部，气锚由一个管堵、两个油管接头和一个射孔异型接头组成。SRVP 底部管柱结构下入到 2.063in 外径内插管串的底部，坐落于刚刚超过12000ft TVD 的泵阀座短节上。底部管柱组合包括一个过滤器以减少固体吸入，以及一个一体化固定阀，便于在安装 / 回收操作期间可以保持一个完整的流体柱。插入管柱是在受压中下入，以确保在泵抽、关闭或回收过程中，底部管柱组合不会脱位。SRVP 的窗口密封圈可以通过机械或液压方式坐落于底部管柱组合中。在坐封时，SRVP 循环密封将动力流体入口压力与泵排放压力隔离开来。

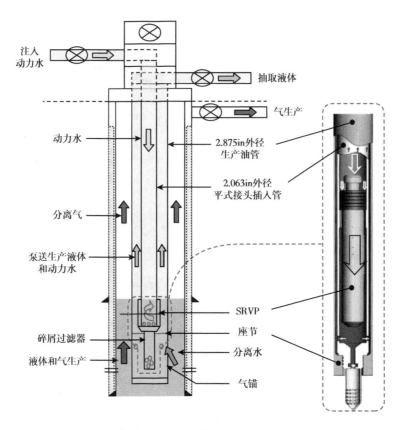

图 3.2.14　SRVP 先导试验井完井示意图

当 SRVP 放置在底部管柱组合到位时，注入的动力流体将从地面通过插入管柱到达井中。产出的液体将通过底部管串过滤器和固定阀流入气锚，并流入 SRVP 进水口。泵出的流体将与从动力部分排出的动力流体相结合，从底部管串组合排出孔中流出，通过生产油管环空返回插入管柱到达地面。通过生产套管环空在生产油管上部生产气体。

图 3.2.15 所示为液体动力泵地面橇装照片、2.063in 外径内插管柱、带密封杯和过滤器的 SRVP 底部管串、泵抽过程中的 SRVP 以及井口装置。

(a)液体动力泵地面橇装外观　　(c)SRVP底部管串组合　　(d)SRVP泵抽测试　(e)先导试验井口装置

(b)2.063in外径内插油管

图 3.2.15　液体动力泵地面橇装照片

1 号 SRVP。最初的 238 系列 SRVP 安装在底部管串组合原位，与内插管柱结合用于着陆，以减少内插管柱着陆后在安装过程中遇卡的风险。在 SRVP 顶部留下一个刷柱塞，减少碎片落在顶部周围的机会。在取下柱塞清理油管上的碎片后，下入钢丝（SL）磁块。在 1.5h 内，在近 2100ft TVD，用泵车将 1 号 SRVP 进行反循环至 0.75bbl/min（10gal/min），然后用钢丝标记并上提，1 号 SRVP 回收过程中遇到的泵压如图 3.2.16 所示。

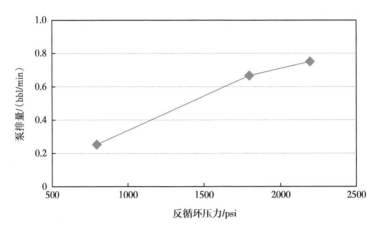

图 3.2.16　1 号 SRVP 回收过程中泵排量与反循环压力的关系曲线

2 号 SRVP。第二个 SRVP 在 3h 内用泵车以大约 9gal/min 的排量下入井中，并用钢丝标记坐落深度用于校深。2 号 SRVP 用钢丝回收。

3 号 SRVP。第三个 SRVP 也是最后一个 SRVP 是在 5h 内以液压方式用地面泵橇一起进行安装。在安装过程中测量的注入排量和压力如图 3.2.17 所示。有明确的迹象表明，当注入压力从刚开始近 400psi 的循环压力，作业接近 5h 后增加到 1100psi 说明 SRVP 到位。泵入所需的流体体积大约是内插管柱从地面到泵座深度体积的两倍。

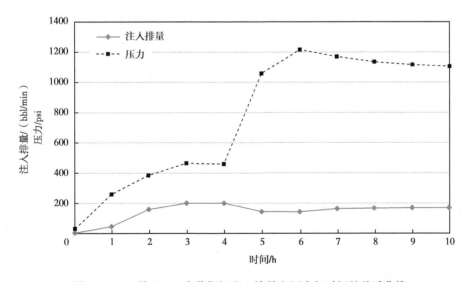

图 3.2.17　3 号 SRVP 安装期间注入排量和压力与时间的关系曲线

（4）性能分析。

图 3.2.18 显示了三个 SRVP 的累计产液体积与时间的关系。注入流体是动力水，而动力 + 采出流体是注入流体和分离流体的总和。净产液在这里定义为分离流体减去注入的动力水，因此它包括泵出流体和所有与气体一起从套管中生产的流体，因为图 3.2.18 的动力 + 采出液测量来自测试分离器。注意，SRVP 之间的时间间隔仅用于作图展示，并不实际对应安装 / 操作之间的实际运行时间。从 1 号 SRVP 到 3 号 SRVP 的操作（注入）压力逐渐下降是由于正常 SRVP 作业使得先导试验井的注入和生产流动通道的清洗规模加大。

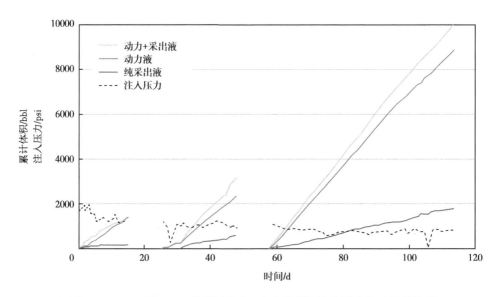

图 3.2.18　1~3 号 SRVP 的累计注入 / 产出体积和注入压力与时间的关系

图 3.2.19 显示了不同 SRVP 在流体日产量与时间方面的动态关系，在此期间，流体日产量在生产报告之间的时间段内进行归一化处理。净泵抽流体定义为生产油管环空涡轮流量计测量减去注入动力涡轮流量计测量的插入管柱。在 3 号 SRVP 测试期间，测试分离器和环空涡轮流量计测量之间有时存在数据矛盾。据报道，有时一些水会绕过生产分离器，而流线涡轮流量计在测试过程中多次被井筒碎片堵塞。图 3.2.19 中的误差条代表 3 号 SRVP 操作时两个流量计的读数，而这些点是它们的平均值。图 3.2.19 中的三角形表示注入动力流体与净泵送流体的比值。为提高可读性，没有显示比值大于 10 的数字，并且消除负值。回想一下具有 1.25in 外径动力活塞和 0.75in 外径水泵活塞的 238 系列 SRVP，其理论流体比为 5:1。实际流体比在 4:1~9:1 之间的就认为是"正常"操作。

1 号 SRVP。第一个 SRVP 系统仅在白天进行作业，这样可以建立对现场采出水分配系统的信心。1 号 SRVP 在表面打滑调试后短暂运行。第二天，地面橇装设备压力达到极限，表明 SRVP 与井下连通。经过注入压力升高和降低的几个循环后，以低排量对 SRVP 进行反循环，清除钻井液中的碎屑并将泵从底部管串组合中拆卸下来。重新安装 SRVP，经过一次停滞后压力上升到 2500psi，然后逐渐下降到较低的工作压力。1 号 SRVP 在 1200~1800psi 的压力下运行了 15 天，但是没有确定是否去除了净流体。最后取回 SRVP 进行研究。

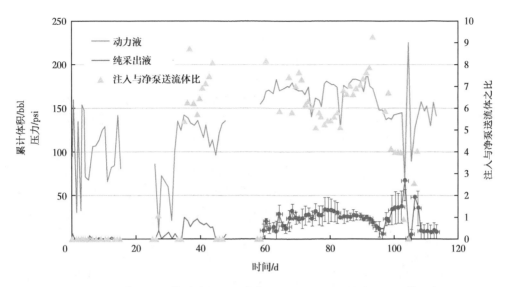

图 3.2.19　每天的流体速率和注入速率与 1~3 号 SRVP 的净泵送流体比率

对 1 号 SRVP 检查发现发动机阀门、循环阀、水段有杂物堵塞（图 3.2.20）。这些碎片似乎是包括螺纹切削屑和与腐蚀在内有关的产物（例如，X 射线衍射分析显示是 $FeCO_3$，可能来自夹杂的二氧化碳）。SRVP 组件在清洗后可以正常工作；包括发动机阀在内的大部分部件都在 3 号 SRVP 中得到了重新使用。注意到在 SRVP 回收过程中损坏了循环密封；制定计划改进组合 / 配置，使其抵抗磨损——特别是由内插管柱内部故障引起的磨损。

2 号 SRVP。第二个 SRVP 作业耗时 24h。2 号 SRVP 在 950~1200psi 下运行了 23 天，能够去除 15~25bbl/d 的净流体。2 号 SRVP 最初是在环空闭合状态下运行，以消除气体输送液体的测量干扰并验证净产液。一旦确认了净产量，就会打开油套环空，2 号 SRVP 一直运行稳定，后来突然停止运行，最后取出检查。

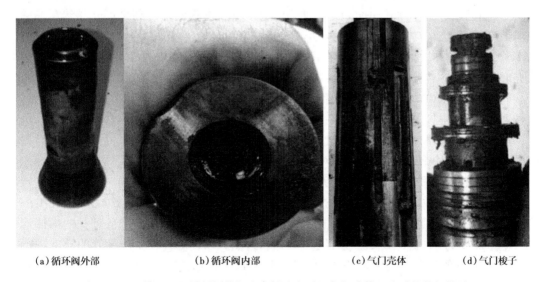

（a）循环阀外部　　　　　（b）循环阀内部　　　　　（c）气门壳体　　　　（d）气门梭子

图 3.2.20　1 号 SRVP 循环阀外部和内部、发动机气门壳体、发动机气门梭子

对 2 号 SRVP 检测发现发动机气门段进口侧完全堵塞，主要为石英碎片（图 3.2.21）。由于动力液和水部分是透明的，所以这些碎片看起来是大量、毁灭性的涌入，然而从未确定碎片来源。2 号 SRVP 在清洗部件后再次投入运行。

（a）气门壳体   （b）气门梭子   （c）碎片

图 3.2.21 2 号 SRVP 发动机气门壳体、梭子和碎片

3 号 SRVP。第三个 SRVP 也进行了 24h 的安装作业。3 号 SRVP 在 700~900psi 下运行了 50 多天，能够排出 20~40bbl/d 的净流体，其产液高峰值略高于预期。由于操作压力降低和地面橇装设备效率的一些改进，平均动力流体注入从 140bbl/d 增加到 180bbl/d。根据科罗拉多 Meeker 的记录，3 号 SRVP 冬季操作的平均环境温度为 17°F。系统正常运行时间仍然大于 97%，这证明了现场团队和地面泵橇的相对可靠性。3 号 SRVP 被取出是因为即将安装 278 系列的 SRVP——尽管不确定回收前最后一周的净产量。

3 号 SRVP 拆卸时在发动机阀门中发现了一些碎片和一些大的材质（怀疑是密封弹簧），它们已经进入了水段进水口。岩屑和水段堵塞 / 磨损的综合结果可能导致泵抽期结束时效率降低。SRVP 组件在清洗发动机阀门后重新开始工作。3 号 SRVP 的发动机阀门与 1 号 SRVP 相同。该发动机阀门在两次作业中实现了大于 200 万次循环（假设 15~20 冲次 /min），仍然适合第三次使用。

回收 3 号 SRVP 之后，先导试验井尝试了 278 系列和第四个 238 系列 SRVP。然而，机械和液压故障排除确定整体 BHA 固定阀已卡死，使得产液无法流入以及 SRVP 水段抽汲。第一口先导试验井上的试验就此暂停，并开始准备第二口先导试验井。为第二口先导试验井的底部管柱组合研发了一种钢丝可回收的固定阀。

这 3 个 SRVP 累计运行超过 90 天，从先导试验井中采出了 2600bbl 净流体。

3 个行业领先的、液压驱动 238 系列 SRVP 连续安装在西科罗拉多 4.5in 外径生产套管的气井上，并且用紧凑地面泵组提供动力。这些 SRVP 安置在 2.063in 外径的内插管柱中，坐落深度为 12000ft TVD，并且通过内插管柱和 2.875in 外径生产油管的环空进行生产，大于 97% 的正常运行时间下可以举升 20~40bbl/d 的流体。这种表现证明了 SRVP 系统是一种有效的排液方案，特别是对于具有挑战性的复杂结构井筒而言。

SRVP 用液压和（或）钢丝回收和重新安装了几次，因为不需要修井设备，大大降低了更换成本。在整个先导试验的项目中，系统的设计、运行和性能都得到了持续改进，第三次安装使运行寿命稳步增加到 50 天以上。先导试验井共采出了 2600bbl 净流体。SRVP 的关键部件——发动机阀——发现是坚固的，因为在两个安装过程中，一个部件的循环次数超过 200 万次，并且仍适用于未来的 SRVP 操作。虽然 SRVP 因为动力 / 水区的碎片摄入而使性能受到损害，但人们认为 SRVP 的无钻机安装 / 回收能力和更全面的碎片分析数据集可以帮助在更大规模的应用中克服这一问题。

利用连续油管内插管柱进行第二次现场先导试验的准备工作正在进行中。为了进一步降低在初始 SRVP 安装后需要进行钻机修井的可能性，开发了一种钢丝，即可回收的 BHA 固定阀。

3.2.3　涡流排水采气技术

3.2.3.1　技术概况

利用离心力场对非均相物系进行分离是目前多领域广泛使用的一项分离技术，涡流排液工艺正是基于上述技术思路发展而来的。作为一类特殊的旋流分离装置，涡流排液工具主要依靠在其端部固定设置的螺旋导向叶片实现气液分离的功能。当气液两相流流经涡旋变速段时，流体的流动形态和运动方式因螺旋叶片的导向、加速作用会随之改变，具体表现为：密度较大的液态介质受惯性离心力作用被抛甩至管壁处并以液膜形式做螺旋上升运动；密度较小的气态介质经螺旋空腔流出后则以气柱形式沿油管中心线做轴向上升运动。此时，气液两相流即实现了由紊流至层流的流态转换。由于两相介质的流动通道变得相对独立，一方面有效减少了介质间的相互摩擦，另一方面避免了两相流中气体的滑脱现象，故油管的总压降损失有所下降（图 3.2.22）。此外，管壁上的毛细效应对于举升液体也具有一定辅助作用。结合经典流体力学理论和液滴模型分析可知，采用涡流排液工具后能够降低气体临界携液流量，提升气井携液能力。

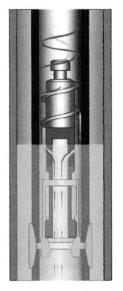

水　天然气

图 3.2.22　井下涡流排水采气示意图

3.2.3.2　井下涡流工具主要组成及工具安装

（1）井下涡流排水采气工具主要组成。

井下涡流排水采气配套工具主要由涡流变速体、导向腔、坐封器、接箍挡环、打捞头及打捞器等部件组成（图 3.2.23 和图 3.2.24）。

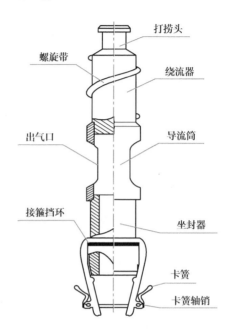

图 3.2.23　井下涡流排水工具组成及结构图

图 3.2.24　打捞器与接箍挡环结构图

井下涡流排水采气工具打捞头连接在绕流器上部，导流筒连接在绕流器下部，坐封器的上端与导流筒下端螺纹连接。其特征为：绕流器的外壁表面固定有凸起的螺旋带，导流筒有中心孔，导流筒壁上均匀分布 3 个出气口，导流筒下端螺纹连接坐封器，坐封器为圆柱体形有中心孔，坐封器下端外壁有凸起的环形台阶；接箍挡环套在坐封器外壁上，接箍挡环能在坐封器外壁上滑动；接箍挡环由环形体和弹簧板组成，在环形体的一个端面连接有两个对称并垂直的弹簧板。在其下端外壁，分别有采用钢丝弯成的带卡簧轴销的固定耳。卡簧的端部固定在卡簧销轴上，卡簧一端为圆形、一端为弯钩状。

（2）工具安装程序。

①设计、核实井下涡流排水采气工具级数坐放、安置深度。正常运行的井下

涡流排水工具，可将液位保持在近油管底部位置。单级井下涡流工具平均有效作用深度2280m，作业前应根据气井实际与井深优化设计井下涡流排水采气工具级数、工具在井中的设置位置，并将液位保持在适当高度。

②为了确保油管柱清洁，并核实座节深度，运行井下涡流排水采气工具前，应使用通井规和刮管器通井，以保证油管内完全畅通，符合设计要求。

③钢丝或测井电缆投放工具串连接在打捞头上部，井下涡流排水工具通过钢丝或测井电缆缓慢、平稳下入油管柱。

④井下涡流排水采气工具可置于专用油管短节。

⑤若先前未安装座节，安装工具时应考虑安装接箍挡环，施工前，用卡簧将接箍挡环下部的弹簧板卡住，使弹簧板下端保持收紧状态。

⑥当井下涡流排水采气工具下放到设计位置时，上提钢丝，卡簧弹开。下放钢丝，涡流排水采气工具沿油管下滑，接箍挡环在油管接箍处自动卡住（图 3.2.25）。

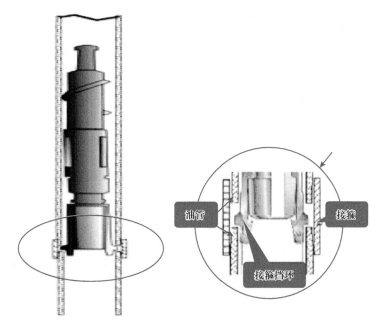

图 3.2.25　接箍挡环在油管接箍处自动卡住图

⑦下击工具串，使接箍挡环在油管接箍处卡定牢固。

⑧剪切钢丝或测井电缆投放工具串的销钉，释放井下涡流排水采气工具。

⑨上提钢丝或测井电缆，起出投放工具串，完成施工。

⑩正常运行的井下涡流排水采气工具，可将液位保持在近油管底部位置。作业工程师应决定工具在井中的设置位置，将液位保持在适当高度。

3.2.3.3　国内外应用情况

（1）国外应用情况。

涡流排水采气技术目前已在 BP 公司和 Marathon 石油公司等多家公司试验并应用。美国目前拥有石油低产井 39.3 万口，天然气低产井 26 万口，美国能源部决定在 65 万口低产井上推广井下涡流排液工具等 6 项新技术，使美国国内石油产量提高 15%，天然气产量提高 8%。

2002—2006 年，美国能源部主持了对这些工具的实验室和现场测试工作，这些试验包括：

①在 Marathon 石油公司 7 口页岩气井进行了井底涡流排水采气试验，试验表明井下涡流工具可以替代之前使用的螺杆泵和电潜泵而使气井自喷，节约了运营成本，而且可使气井在低于临界携液产量下自喷；

②在 Cabot 油气公司 11 口井、Belden and Blake 石油公司的 22 口井上进行了地面管线的试验，Belden and Blake 公司气井产量提高 1.65%~48%，Rocky Mountain 石油公司 18 井次的地面管线试验表明涡流工具还可以降低井口压力、清蜡及防蜡。

（2）国内应用情况。

大庆徐深气田某井 2010 年套压稳定在 7.8~8.1MPa，油压由 8.3~8.6MPa 下降至 4.0MPa。并且开井后气井产量持续下降，油套压差逐渐增大至 3.2MPa，依靠定期放空或者间歇性关井才能维持生产，说明气层供气能力不足，井筒内积液严重。至试验前油压 4.8MPa，套压 7.8MPa，日产气量 $0.6 \times 10^4 m^3$，气液比 $1000 m^3/m^3$。

该井采用涡流排水采气后，改变流体流态，使原有的紊流形成涡旋分层流，从而使该井从依靠定期放空或者间歇性关井才能维持生产转化为连续带液生产，使流体的日携带能力由间歇性生产的日平均 $0.6 m^3$ 提高到连续带液生产的日平均 $5~6 m^3$，日平均采气量也相应由 $0.6 \times 10^4 m^3$ 提高到（3~3.5）$\times 10^4 m^3$（图 3.2.26）。

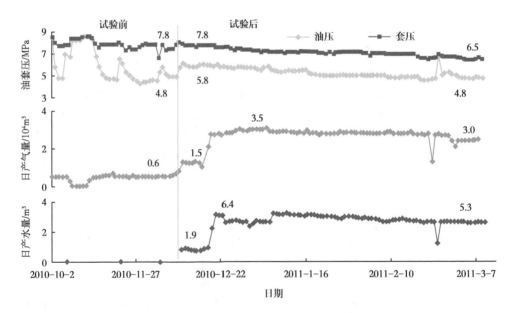

图 3.2.26　完善试验前、后采气曲线图

3.2.4　其他排水采气新技术

3.2.4.1　井下气水分离技术

在整个气井的施工成本中，采出水的举升收集、处理以及清理等各项工作中产生的费用要占到很大比例。气井井下气水分离技术能够帮助作者节省此类费用，从而缩减总

成本。

在海上气田的开发项目中使用井下气水分离技术能够显著减少水分的采出量，但它的作用其实远不止于此。众所周知，海上作业平台的一项主要功能是将油气从采出水中分离开来。并且，如果这种井下分离器应用得当，发挥了出色效果，则采收到的天然气产品中将只会存在微量的水分。为消除水合物生成的风险有时可能还需要专门的脱水装置将采出气中所含的水分基本清除干净。然后，脱水后的干气将通过海底管道输送到岸上。

由于这种水下系统能够大幅度节省修建作业平台的成本以及相关的作业开支，所以安装井下气水分离器装置能够有效降低采出水的处理成本。但是，这种能有效节约成本的分离器装置并非对所有井都适用。被选择对象井所在的储层中必须包含足够的剩余储量，至少足以在后期收回所有的建设开发投资。

（1）安装井下气水分离器装置前应该考虑的主要因素。

①仔细选择适宜安装井下气水分离器装置的对象井。在合适的对象井中原本需要修建海上作业平台进行开发的开采经济性不佳的小型深水储层重新具有了可观的开采价值。

②安装井下气水分离器装置前最重要的是一定要弄清楚注采井的储层性质。为此，可以采用分阶段变排量注入测试的方法确定压裂改造过程中将压裂液注入地层的最佳排量和施工压力，以及地层发生堵塞或破裂对应的压力及排量条件。

③保证产层与注水层之间良好的井筒完整性。

④保证井下气水分离系统运转良好，能够验证分离器的工作效率并采取一定的优化措施。

⑤完井工具管串的设计必须满足以下要求：如果气井有采出水则井下设备的材料必须选用抗腐蚀材料；对所有关键参数必须进行井下监测；必须采取防砂措施以限制地层出砂。

（2）结论和作业指导。

基于试验研究中所得到的各项结果以及相关分析，可以得出以下结论。

①井下气水分离器系统应该在水窜发生后的早期及时安装在井内。

②在选择合适的对象井安装井下气水分离器时，地层良好的注入物性是一项应予以考虑的关键因素。

③产层与注水层之间良好的井筒完整性也是在选择合适的对象井进行井下气水分离器安装时应该考虑的一项重要参数。被选择对象井所在的储层中必须包含足够的剩余储量，至少足以在后期收回所有的建设开发投资。

④相较于常规气井，使用了井下气水分离器系统的气井的采收率往往更高。

⑤当对产气层段进行了充分的射孔及压裂改造时，使用了井下气水分离器系统的气井的采收率能达到最高。

⑥使用井下气水分离器系统的最佳储层条件为：渗透率低于 10mD，同时储层的压力较低。在这种条件下使用井下气水分离器系统能够使气井的采收率提高 333%。

3.2.4.2　泡沫和防垢剂挤注工艺

在泡沫和防垢剂挤注（FSIS）工艺中，泡沫、表面活性剂、防垢剂以及其他一些化学药剂（螯合剂、互溶剂等）将在不同的施工阶段 / 步骤连同天然气一起被泵注入井。在顶替阶段，也是利用天然气来进行上述液体和药剂的驱替。实施 FSIS 工艺的具体步骤大致如下：

（1）步骤1，将携带有泡沫、表面活性剂、除氧剂的加热水与天然气混合，一起泵注入井。在步骤1中之所以泵注泡沫和表面活性剂是为了减小积液的表面张力，降低积液的密度。泡沫可以将部分液体圈闭在其中，并且有助于液体的举升。泡沫与天然气混合泵注入井还有利于其发泡的效果，有效地降低油管内的静液柱压力。除氧剂有助于减缓管柱的氧化腐蚀。

（2）步骤2，用天然气对上述入井混合物进行驱替。在步骤2中，使用天然气对步骤1中所泵注入井的混合物进行驱替。使用天然气对泡沫进行驱替能够确保泡沫在近井筒区域内分布的效果更好。在利用天然气完成驱替后可以多次重复进行泡沫和除氧剂的泵注。具体重复的次数应根据近井筒区域或油管及待处理改造地层内水位的高度决定。

根据施工设计的要求重复以上步骤（步骤1和步骤2，重复一次或多次）。

（3）步骤3，将携带有防垢剂和（或）缓蚀剂、螯合剂、互溶剂的加热水与天然气混合，一起泵注入井。步骤3中，将根据需要从防垢剂、缓蚀剂、螯合剂、互溶剂等化学添加剂中选用一种或多种与天然气混合后一同泵注入井。将天然气与包含以上药剂的液体混合泵注能够有效降低静液柱压力。具体选用化学药剂的种类和用量应依据地层的地质信息、对作业井的改造历史、沉积岩的种类、温度、试验分析、完井方式以及其他一些因素共同决定。这一阶段泵注的各类化学药剂有助于减轻和消除对工具和储层的损伤，也有助于对井眼内各区域进行清洁化处理。

（4）步骤4，用天然气对上述入井混合物进行驱替。步骤4中，使用天然气对步骤3中所泵注入井的化学剂进行驱替。使用天然气对化学剂进行的驱替能够确保化学剂在近井筒区域内分布的效果更好。根据对待改造地层性质的了解，在利用天然气完成驱替后可以多次重复进行化学药剂的泵注以期减少对工具和储层的损害，并求得其在井筒内的良好分布。

根据施工设计的要求重复以上步骤（步骤3和步骤4，重复一次或多次）。

（5）步骤5，将携带有泡沫、表面活性剂、除氧剂的加热水与天然气混合，一起泵注入井。步骤5中，再一次将泡沫连同除氧剂与天然气混合后一起泵注入井以进一步降低近井筒区域内液体的表面张力和密度。

（6）步骤6，用天然气对上述入井混合物进行驱替。在最后一个步骤中将再次使用天然气进行驱替，目的同样是为了求得泡沫及其他化学药剂在近井筒区域的更好分布。同时，利用天然气进行驱替还可以有效降低静液柱压力，从而有利于低压气井在改造施工后迅速投入生产。

利用天然气实施的泡沫和防垢剂挤注工艺（FSIS）可以满足对于水驱采气井所有的改造要求。对于因井底积液和近井筒区域地层损伤而停产的老化气田，FSIS工艺已经成为恢复生产的一条生命线。

3.2.4.3　液体辅助气举技术

Renato P. Coutinho 提出了一种能够替代气举卸载过程的技术。液体辅助气举（LAGL）中，注入的流体是气体和液体的混合物。注入气液混合物的主要目的是增加套管环空中流体的混合密度，从而降低了气体到达井底部的单个球阀所需的注入压力。

图3.2.27展示出了液体辅助气举（LAGL）的卸载过程，其注入的是气体和液体的混

合物（多相注入）。该过程类似于传统的卸载过程。它主要分为四个步骤：

（1）环空和管道都充满液体［地层液体和（或）完井液］。因为液体的流体静压力大，注入压力（p_{inj}）低，并且井底压力（p_{bh}）高。

（2）将多相流体（气体/液体混合物）注入环空中，将部分液体推出管道。井底压力与图 3.2.28 中的步骤 2 相同。但是，由于气体/液体混合物的注入，环空中的流体混合密度较高，因此注入压力低于图 3.2.27 中的注入压力。

（3）气体/体液混合物到达球阀并开始在管中向上流动。管道中气体的存在降低了管道中流体的混合密度，从而降低了井底压力。

（4）此后，注入的气体/液体混合物的气液比（GLR）缓慢增加到仅能注入气体的临界点。此时，液体辅助气举（LAGL）卸载过程结束，并开始采用传统的气举过程。

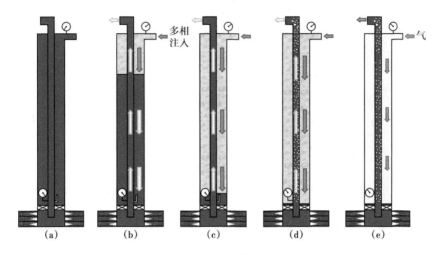

图 3.2.27　液体辅助气举卸载过程

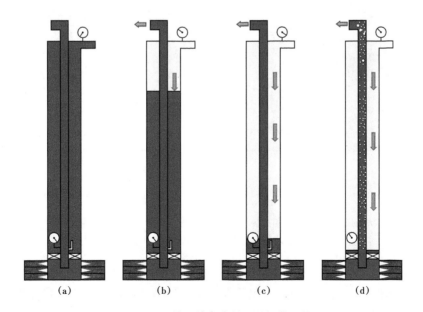

图 3.2.28　单相单点喷射气举卸载工艺

该研究在 Louisiana 州立大学的石油工程研究和技术转移实验室（PERTT 实验室）中进行，利用在 2788ft 深处的试井结果验证了液体辅助气举（LAGL）的概念。

油田现场试井。井内流体流状态如图 3.2.29 和图 3.2.30 所示。该试井作业包括外径为 5.50in 和内径为 4.89in 的套管，以及外径为 2.88in 和内径为 2.00in 的生产油管。将球阀心轴安装在深度为 2717ft 的油管中，球阀的孔口为 44/64in。

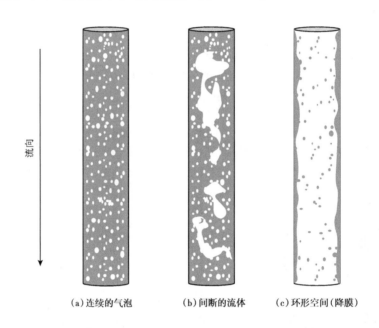

（a）连续的气泡　　　（b）间断的流体　　　（c）环形空间（降膜）

图 3.2.29　垂直管道中向下两相流动的流动状态，基于 Almabrok 等（2016）的实验观察

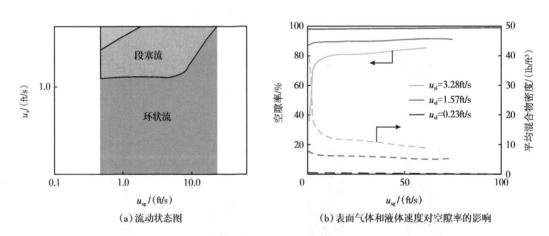

（a）流动状态图　　　　　　　　（b）表面气体和液体速度对空隙率的影响

图 3.2.30　流动状态图和表面气体和液体速度对内径为 4in 垂直管中向下两相流的空隙率的影响
［改编自 Almabrok 等（2016）］

该井在内部的套管和油管段这两个不同深度（1648ft 和 2728ft）都配备温度和压力传感器。还在气体注入管线和表面的流出管线中测量压力和温度。用磁流量计测量注入井中的水流速率，并用孔板流量计测量注入的气体流速。

实验中使用的流体是天然气和水。在水和天然气流过井之后，这些流体在垂直分离器中向下流动并分离到流出管线。将天然气排出并火烧，并将水再循环到储罐中。

3.2.4.4　封隔器以下气举排水采气技术

该技术的产生背景主要是有封隔器的长射孔段的直井（厚储层）或者水平井，在气井积液的时候常规气举或其他排水采气工艺只能排出封隔器以上的井筒积液，封隔器以下井段长期处在积液的浸泡之中，严重伤害近井筒地带的渗透性，低渗透砂岩气田尤甚。针对这种情况，在封隔器附近将环空注入的高压气转到小油管，将高压气引入到封隔器以下的射孔段（图3.2.31），使气举从射孔段底部开始，有效清除射孔段积液。

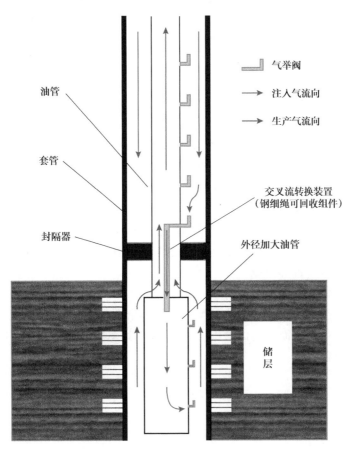

图 3.2.31　封隔器以下气举排水采气技术示意图

该技术具有以下特点：有效消除井底积液，减轻或消除长期积液对近井筒储层的伤害，恢复气井生产能力；可用于水平井，将封隔器以下的油管延伸到水平井的最低点，使得气举气能清扫出整个水平段的积液；可将缓蚀剂等释放到封隔器以下及整个管柱所有部位。该技术近年又发展了多种结构与配套工具，在东得克萨斯的直井、水平井上开展了数十套的现场应用，平均单井日增天然气 5000m³ 以上，效果良好。

3.2.4.5　井下气液分离回注采气技术

井下气液分离采气技术是一种特殊的排水采气技术，其原理是在高含水井的井下采用气水分离装置将地层产出的气、水进行分离，分离后的天然气继续产出到地面，而分离后的水在井下直接回注到含水层或废弃储层。该技术的核心是井下气液分离系统和井下回注系统。井下气液分离系统种类繁多，按照其作用原理可分为重力分离式气液分离器、旋流式气液分离器和螺旋式气液分离器，目前主要采用旋流式分离器或螺旋式分离器。而井下回注系统则需要根据具体情况进行具体分析，如按回注动力可分为重力注入和强行注入；按产层与回注层位置又分为产层下部注入系统与产层上部注入系统；按增压泵形式分为杆式泵、改进柱塞杆式泵、电潜泵、螺杆泵等。

井下气液分离采气技术直接在井下将气水分离并将水回注，技术优势明显：工艺较简单，安装方便，操作简单，维修较容易；使用方便、灵活，可以单台使用，也可并联/串联使用；分离过程全封闭，减少了环境污染。该技术在实施过程中对井况、储层等的要求也较高，针对具体气田需要结合自身的实际情况进行综合评价后再决定是否适用。

3.2.4.6 聚合物控水采气技术

不同于常规排水采气采用"疏水"的方法协助天然气流将产出地层水共同携带到地面，它主要是通过向井筒周围的地层中注入聚合物，以减小井筒周围地层中的水相渗透率，采用"阻水"的方法控制地层水流入井筒。目前国外主要采用 HPAM 共聚物、PAM 聚合物、三元聚合物开展聚合物控水采气。近年来又提出了功能纳米流体控水体系，并开展了研究与试验，矿场使用后半年内产气量增加了两倍，累计增产天然气 $280 \times 10^4 \mathrm{m}^3$，应用前景广阔。

3.2.4.7 超声雾化排水采气

在井底利用超声波雾化装置将产出的地层液击碎成雾状，通过增加声波频率大幅减小液滴的直径，从而减少滑脱损失，提高气井的携液能力。其设备主要由雾化装置、分离装置、密封装置和卡定装置等组成。

3.2.4.8 微波加热排水采气技术

在井中通过微波加热使积液汽化，使井内流体密度变小后随天然气采出。微波可在井下或者地面产生，如果微波在地面产生，需要波导管传递到井下，波导管类似于光纤，微波在波导管内全反射传送。

参 考 文 献

Cappuccio P，Imbò P，Gorini S，2018. Telemetry Managed Well Head Compressor：A Real Case Application. SPE-192689-MS.

ChampionX，2021. Preventing Gas Lock & Gas Pound – Variable Slippage Pump Brochure available at：https：//als.championx.com/wp-content/uploads/2019-Final-VSP-Brochure.pdf?r=false.

Cherrey C，Williams A，Hearn B，2017. Intermittent Gas Lift and Gas Assist Plunger Lift.The 40th ALRDC Gas-Lift Workshop.

Cherrey C，Hearn B，2018. Transitioning To Intermittent Gas Lift in Unconventionals.The Artificial Lift Strategies for Unconventional Wells Workshop.

Chokshi R N，2015. Artificial Lift Applications in Unconventional & Tight Reservoirs. SPE Distinguished Lecture Series. Available at：https：//www.spe.org/dl/docs/2015-2016/Chokshi-English.pdf.

Solesa M，Sevic S，2006. Production Optimization Challenges of Gas Wells with Liquid Loading Problem Using

Foaming Agents. SPE-101276-MS.

Lea J, Nickens H, 2004. Solving Gas-Well Liquid-Loading Problems. SPE-72092-JPT.

Clarke F, Malone L, 2016. Sucker Rod Pumping in the Eagle Ford Shale Field Study. SPE-181214-MS.

ClearWELL Oilfield, 2019. Severe Flowback Scaling Solved and Production Assured for a Field of Gas Wells. Available at: https://www.clearwelloilfield.com/uploads/downloads/ClearWELL_CS_Haynesville_WEB.pdf.

Churchill J, 2014. Venado Oil Presentation at 2014 Eagle Ford Artificial Lift and Choke congress, Jan 19, 2014, Houston TX.

Craig B, 2019. Management of Corrosion in Shale Development, in. CORROSION 2019, OnePetro. Available at: https://onepetro.org/NACECORR/proceedings/CORR19/All-CORR19/NACE-2019-13189/127352 .

Crest Process Systems. 2021. Eagle Ford Shale Play. Available at http://www.crestps.com/eagleford-shale-play.

Deen T, Daal J, Tucker J, 2015. Maximizing Well Deliverability in the Eagle Ford Shale Through Flowback Operations. SPE-174831-MS.

Denney D, 2012. Distributed Acoustic Sensing for Hydraulic-Fracturing Monitoring and Diagnostics. J Pet Technol 64: 68-74.

Sana D, Viadana A, Scaramellini G, et al. A Real Case of Integrated Multiphase Gathering System Optimization through a Flow Assurance Workflow. IPTC-17968-MS.

Done J, Bugg D, 2019. NHT Rod Guides Extend Life in High Temperature Wells. Proceedings of the ALRDC 2019 Artificial Lift Strategies for Unconventional Wells Workshop. Feb 11-14.

Dover J, 2014. Assessing The Capital and Operating Expenses of Gas Lift in The Eagle Ford Shale to Determine the Net Present Value of A Well On Gas Lift. Presented at the 2014 Eagle Ford Artificial Lift and Choke congress, Jan 19.

Dusterhoft, Ron, Puneet Sharma. Adaptation of Modern Techniques in Economic Exploitation of Unconventional Gas Reservoirs in the Emerging Regions. SPE-178020-MS.

Elithorp B, Rowlan O, McCoy J, 2017, Improve Horizontal Rod Pump Operations Utilizing Isolated Tailpipe Presented at 2017 SouthWestern Petroleum Short Course (SWPSC), Lubbock, TX. Available at https://www.echometer.com/Portals/0/Technical%20Papers/SWPSC_2017_IMPROVE%20HORIZONTAL%20ROD%20PUMP%20OPERATIONS-UPS.pdf .

EIA, 2015. EIA updates Eagle Ford maps to provide greater geologic detail. Available at: https://www.eia.gov/todayinenergy/detail.php?id=19651#.

Yang J, Wang X, Wang S, 2016. A Theoretical Model for Dynamic Performance Prediction of Air-Foam Flooding in Heterogeneous Reservoirs. IPTC-18926-MS.

Solesa M, Sevic S, 2006. Production Optimization Challenges of Gas Wells with Liquid Loading Problem Using Foaming Agents. SPE-101276-MS.

Van Nimwegen A, Portela L, 2016. The Effect of Surfactants on Vertical Air/Water Flow for Prevention of Liquid Loading[J]. SPE. Journal, 21 (2): 488-500. SPE-164095-PA.

Ejim C, Xiao J, 2020. Screening Artificial Lift and Other Techniques for Liquid Unloading in Unconventional Gas Wells.SPE-202653-MS.

Elmer W, 2016. Two-Stage Compression with Elevated Cooler Discharge Temperatures Improves Wellsite Gas-Lift Operations. SPE-181773-MS.

Elmer W G, 2016. Improving the Design of Wellhead Gas-Lift Compressors. Proceedings of the 39th Gas-Lift Workshop by ALRDC, May 16-20.

Elmer W, Elmer J B, 2016. Pump Stroke Optimization: Case Study of Twenty Well Pilot.SPE-181228-MS.

Emerson, 2013. Emerson's Flow Technologies Used to Reduce Cost and Increase Reliability in Eagle Ford Available at https：//www.emerson.com/documents/automation/case-study-flow-technologies-deliver-results-in-eagle-ford-en-42138.pdf.

Emerson, 2013. https：//www.emerson.com/documents/automation/brochure-separator-optimization-ras-en-68152.pdf.

Emerson, 2021. Turnkey Wellhead Automation Solution for Marcellus Shale Play Producer, URL：Proven Results-Turnkey Solution.indd.

Emerson, 2021, Edge Control. Available at：https：//www.emerson.com/en-us/automation/control-and-safety-systems/edge-control.

EPA, 2015. Assessment of the Potential Impacts of Hydraulic Fracturing for Oil and Gas on Drinking Water Resources, Draft Report EPA/600/R-15/047a, Available at：Assessment of the Potential Impacts of Hydraulic Fracturing for Oil and Gas on Drinking Water Resources（External Review Draft）-Executive Summary.

Flowco, 2021. LifeSight IOT Cloud SCADA System. Available at：https：//flowcosolutions.com/wp-content/uploads/2020/02/Flowco-SCADA-Brochure.pdf.

Gherabati S A, 2016. The impact of pressure and fluid property variation on well performance of liquid-rich Eagle Ford shale, Journal of Natural Gas Science and Engineering, 33：1056-1068.

Gomez L, Ovadia S, Zelimir S, et al., 2000. Unified Mechanistic Model for Steady-State Two-Phase Flow：Horizontal to Vertical Upward Flow. SPE-65705-PA.

Gonzalez L, 2016. Lessons Learned in Permian Gas-Lift Shale Wells：Dynamic Production Analysis with Downhole Gauge SPE-180949-MS.

Gonzalez L, Chokshi R, Lane W, 2015. Importance of Downhole Measurements, Visualization and Analysis in Producing Unconventional Wells. URTEC-2015-2164102.

Gonzalez L, Chokshi R, Lane W, 2015. Real-Time Surface and Downhole Measurements and Analysis for Optimizing Production. SPE-176233-MS.

Gonzalez L, Chokshi R, Gonzales R, et al., 2016. Lessons Learned in Permian Gas-Lift Shale Wells: Dynamic Production Analysis With Downhole Gauge. SPE-180949-MS.

Gonzalez L, Rajan N, 2012. Wellbore Real-time Monitoring and Analysis for Shale Reservoirs. SPE-154520-MS.

Gordeliy E, Detournay E, 2011. Displacement discontinuity method for modeling axisymmetric cracks in an elastic half-space. International Journal od Solids and Structures 48, 2614-2629.

Granado L, Drago A, Faycal S, et al., 2019. Gas Field Revitalisation Using Optimised Multi-Phase Pumps Installations That Can Manage Up to 100% Gas Volume Fraction, First Application in Algeria. SPE-196296-MS.

Greer J, 2011. Preventing Tubing Failures and Liquid Loading in Horizontal Wells presented at Southwestern Petroleum Short Course. SWPSC.

Kristofer G, Noble E, 2013. Well Optimization Using Fully Instrumented Progressing Cavity Pumps in the Patos Marinza Field. SPE-65656-MS.

Halliburton, 2021. Digital Field Solver™ https：//www.halliburton.com/en/software/decisionspace-365-production/digital-field-solver.

Hentz T, Ambrose W, Smith D, 2014. Eaglebine play of the southwestern East Texas basin：Stratigraphic and depositional framework of the Upper Cretaceous（Cenomanian-Turonian）Woodbine and Eagle Ford Groups. AAPG Bulletin. 98（12）：2551-2580. doi：https：//doi.org/10.1306/07071413232.

Sufia H，Robby O. Yahia Z，2014. Fit for Purpose Technology for Idle Well Reactivation-A Novel Application of Surface Jet Pump in Offshore Malaysia. SPE-24832-MS.

Valbuena J，Pereyra E，Sarica C，2016. Defining the Artlficial Lift System Selection Guidelines for Horizontal Wells. SPE-181229-MS.

第4章　水平井动态监测技术

页岩气动态分析是油气田开发管理的核心，它贯彻于页岩气田开发的始终，涉及面较广。只有掌握页岩气开采动态和开发动态，研究分析其动态机理，不断加深对页岩气的开采特征和开采规律的认识，才能把握气田开发的主动权，编制出最佳的开发方案、开发调整方案、开采挖潜方案和切合实际的生产规划，实现高效、合理和科学开发气田的目的，取得最佳经济效益，并指导下游工程的健康发展。

4.1　分布式声学传感（DAS）光纤技术

分布式声学传感（DAS）光纤技术的首次井下现场试验于2009年2月在致密气井完井期间进行。DAS允许在几千米长的标准电信单模光纤上检测、辨别和定位声波反射。DAS询问器系统结合反向散射光测量和先进的信号处理技术，将光纤隔离成一个独立的麦克风阵列。DAS井下应用最引人瞩目的应用之一是致密砂岩和页岩气储层的水力压裂领域。在致密砂岩和页岩气开发中，完井是仅次于钻井的最大单项成本。因此，平衡水力压裂增产的费用和生产效益至关重要。裂缝监测是理解和优化水力压裂处理的关键。所用的诊断方法主要集中在确定增产效果上，如裂缝几何形状、裂缝中支撑剂的位置和裂缝导流能力。

分布式声学传感（DAS）光纤技术可以在工具下入井眼、设置桥塞和射孔时以及压裂增产处理期间录取数据。该技术足够可靠和灵敏，可检测和监控这些井内活动。水力压裂和返排作业期间所作记录的保真度在执行实时和作业后诊断和增产分析的能力方面提供了阶跃变化改进。

在DAS光纤技术引入油气井动态监测领域前，完井工程师仅限于使用地面井口流量和压力，有时也使用井下压力作为实时信息的主要来源。传统的诊断技术，例如放射性示踪剂，在面对与浅勘探深度相关的储层复杂性时具有局限性。为了解决这些限制，运营商和服务公司已经在致密砂岩和页岩气井中部署了光纤传感技术，用于水力压裂诊断。20世纪90年代首次引入油井光纤传感，采用单点压力和温度传感器，随后采用分布式温度传感（DTS）。光纤传感器的无源特性允许无干预/无干扰操作。结合在井下可部署的单光纤电缆中的这种传感器的固有长期可靠性，使得光纤技术成为生产井中永久监测井下参数的有效平台。DTS光纤技术已经过成功试验，并用于测量沿多个地层完井层段的定量流入量分布，以及评估垂直井眼和水平井眼中支撑水力压裂处理期间的动态位置特征。

DAS是勘探和生产中不断增长的光纤技术工具箱中的最新成员。该技术有可能在短期内带来巨大的价值，并且由于其广泛的潜在应用领域，它还将有助于从勘探到运营的整个生命周期内对资产管理进行长期改进。这对于在致密气藏水力压裂方面有大量投资的企业以及那些专注于井内和储层监测的企业最为有利。DAS 技术已应用于垂直地震剖面（VSP）、微地震和完井等领域，作为地震检波器的替代技术。

4.2　分布式温度传感（DTS）光纤技术

DTS 技术利用光纤电缆来测量电缆周围的温度。光缆由作为光传输元件的纤芯和包层组成，包层为整个光缆的全内光反射提供较低的折射率，光纤系统沿光纤长度发送 10ns 或更短的激光脉冲。入射光与纤维介质的分子和晶格结构碰撞，光子从纤维介质散射。光子的能量与其波长成反比，较高能量的反斯托克斯散射光子比较低能量的斯托克斯散射光子具有更短的波长。反斯托克斯散射的强度强烈依赖于温度，而较长波长的斯托克斯信号对温度的依赖性较小。这些强度的比率与反向散射发生点的光纤温度成正比。在 DTS 系统中，反向散射光被过滤以去除瑞利和布里渊反向散射，从而评估斯托克斯和反斯托克斯拉曼波的强度比。这将相当于把光纤变成地下的多点温度传感器，这种优于单点温度测量仪表的优势使得 DTS 成为广泛使用的高效温度测量工具。

各种行业使用 DTS 系统中的温度变化作为异常行为或系统即将发生故障的指示，例如管道、压力容器、隧道中的火灾探测等。石油和天然气行业已经在全球各地将 DTS 技术用于不同的油田开发应用，如在温度超过 400°F（204℃）的井下环境中监测蒸汽驱强化采油作业、水平井和垂直井推断生产剖面、地热梯度测井等。液体或气体生产会影响 DTS 读数，可以通过数值变化判断碳氢化合物进入点的信息。

另外，水平井中的气体生产伴随着压力下降和体积变化，因此，此过程必然伴随着温度的变化，一般用焦耳—汤姆逊系数来判定，当系数小于 0 时，温度升高；当系数等于 0 时，温度保持不变；当系数大于 0 时，温度降低。当气体进入井筒时，温度通常会降低，当油或水进入井筒时，温度会升高。Brown 等对马来西亚半岛的一口水平井进行了 DTS 数据分析，以诊断石油产量下降，结果表明，通过 DTS 的温度下降检测到的气顶膨胀限制了储层的产液量。Wang 等提出了一个使用 DTS 数据的油气井流量剖面模型，通过分析和数值模拟表明，焦耳—汤姆逊效应通常发生在气井中，除非在大约 8000psi 的非常高的井底压力下，在这种情况下可能会发生升温效应。致密气藏（如 Marcellus 页岩）在水平井筒附近有相当大的压降，因此应观察焦耳—汤姆逊效应，每 $1000\mathrm{lb/in^2}$ 的压降，气体的冷却效果可在 2~20°F 之间变化；相反，水产生的升温效应约为 $3[\mathrm{°F/(1000lb \cdot in^2)}]$。

DTS 还可以揭示水力压裂期间非常规油气储层中的跨阶段流动连通，在 Eagle Ford 页岩中的水平井增产期间，通过异常 DTS 测量也观察到了水力压裂期间桥塞的泄漏。

4.3　DAS 和 DTS 的井下部署

DAS 在井下部署主要包括地面询问器系统和井下部署的光纤。

4.3.1　地面询问系统

DAS 询问器单元将几千米长的标准电信（单模）光纤转变为麦克风阵列。这是因为反向反射激光的干涉受到沿光纤的声学扰动的影响。该技术可部署在新井中，或用于大多数已部署标准电信光纤用于 DTS 目的的现有井中。

DAS 系统使用一种称为相干光时域反射（C-OTDR）的技术，该技术包括沿光纤连续传输高度相干光的短脉冲，并观察由玻璃芯中的不均匀性引起的非常小水平的反向散射信号。该系统依赖于对光缆附近的振动声学干扰的感测。这些干扰在微观水平上改变了光纤玻璃内的散射位置，导致瑞利反向散射激光信号的特征和可解释的改变。在询问单元分析这些变化，询问单元产生一系列独立的、沿光纤同时采样的声学信号。

每个声学信号对应于光纤中 1~10m 长的段（通道）。如在井下部署 5000m 长的管线，5m 的空间分辨率将生成 1000 个以 10kHz 采样的通道，每次采样将以 5m 为单元采集声场快照。此外，这些参数可调整以优化性能；然后原始声学数据从询问器单元传递到处理单元，后者提供信号解释和可视化。

4.3.2　光纤井下部署

安装在生产套管外侧的不锈钢控制线内封装了光纤，可以延伸至油井底部。钢丝绳沿着井眼的水平部分沿着光纤线敷设，并在每个耦合处设置集中的交叉耦合保护器，以保护电缆。此外，在每个计划的射孔井段安装了防爆保护器。穿孔策略调整为零度相位，以避免穿透光纤线。部署在井中用于 DAS 的相同光纤可以记录 DTS 数据。

4.4　DAS 压裂监测应用

4.4.1　封堵和射孔实时井内监测

DAS 的一个明显用途是检测和监控那些具有声学特征的油井活动。现场试验证实，DAS 技术对于检测和监控所有类型的井内活动足够敏感，例如井内上下移动的修井工具、射孔枪和封隔器坐封操作。

图 4.4.1 展示的是 DAS 监控到的在井筒中设置桥塞的电缆设置工具产生的噪声。坐封工具中充填炸药粉末产生的气体压力转换成液压力，然后，这种液压力转化为机械能，将桥塞固定在生产套管内。该工具的工作原理是首先沿电缆施加电流，引发初级点火器，然后点燃次级点火器，次级点火器进而点燃火药。火药完全燃烧后，将桥塞牢牢地固定在套管中。测得的数据实时显示了火花塞设置的位置以及装药的三次快速点火。炸药引起的管波可以一直跟踪到井口。图 4.4.1 中相隔 5m 的 674 个通道记录的能量显示为时间的函数，同时，可以看到管波在井口反射后沿井筒上下传播。

图 4.4.2 记录的能量以彩色显示，作为时间的函数绘制在深度上，颜色越暖，声能越高。与设置桥塞类似，可以清楚地观察到每个射孔炮的声学特征和沿井长的混响。每次操作后，还可以看到枪被拉回井筒。

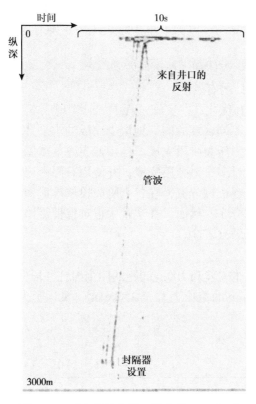

图 4.4.1　垂直井筒中设置桥塞的 DAS 记录

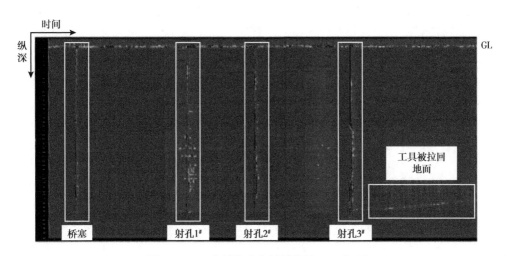

图 4.4.2　三次射孔后坐封桥塞的 DAS 记录

4.4.2　水力压裂监测

在 2009 年和 2010 年期间，壳牌公司在致密砂岩和页岩气田部署了几次 DAS 和 DTS，以实时监控水力压裂作业，采集了不同的油田位置、不同的油井和不同的油藏地层中的数千小时井下测量记录，产生了万亿字节的数据。水力压裂和返排作业期间采集井下数据的可靠性为执行增产作业后诊断和分析的能力提供了一个强有力支撑。从 DAS 记录中获得的信息可用于：

（1）通过实时干预优化流体和支撑剂布置；

（2）诊断有限入口设计的有效性；

（3）通过作业后诊断和优化，在实施过程中实时实现成本节约。

下述案例都是在油田不同区域的同一地层中完成的水平井。分支井采用桥塞射孔完井方法，通过五个独立的水力压裂阶段完成。使用低支撑剂浓度的滑溜水，通过水力压裂处理完成层段。压裂阶段通过多个射孔簇完成，并使用有限入口设计实现压裂液在所有射孔组中的均匀分布。为了实现机械分流，在各个阶段投放球形密封器，以实现压裂液和支撑剂在每个射孔丛中的均匀分布。然而，在实践中很难保证流体位置的均匀分布。因此，将针对当前压裂段讨论导流的有效性。

4.4.2.1　案例一

该井的压裂阶段以每米 6 发和 100m 间距的四个射孔井段完成。在水力压裂处理期间，支撑剂浓度以高达 13m³/min 的流速上升至 350kg/m³，泵送了大约 1600m³ 流体和 250000kg 支撑剂，如图 4.4.3 所示。

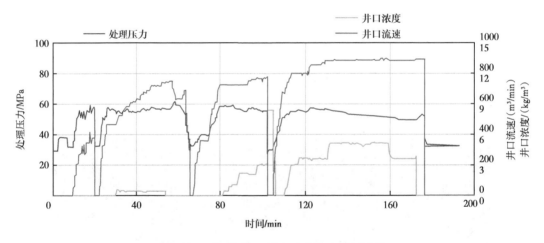

图 4.4.3　地面压力、注入速率和支撑剂浓度

图 4.4.4 显示了入口受限水力压裂处理的已处理 DAS 测量值。在整个 3h 的增产作业中，沿着大约 400m 的井筒显示声波信号的振幅。颜色代表整个高频范围内的声能级（红色为高，蓝色为低）；通过仔细选择频带，这些噪声水平可以与注入速率相关联。

在多孔水力压裂处理过程中，采用四个射孔簇的有限设计，对水平井筒进行 DAS 测量。颜色代表整个高频范围内的声能级（红色为高，蓝色为低），通过仔细选择频带，声能级可以与注入速率相关联。很容易识别出，在水力压裂处理（a）之前，射孔簇 10# 似乎在酸注入期间最活跃。水力压裂处理在上午 10：22 开始，水力压裂开始后（b），地层仅在 10# 和 8# 处破裂。

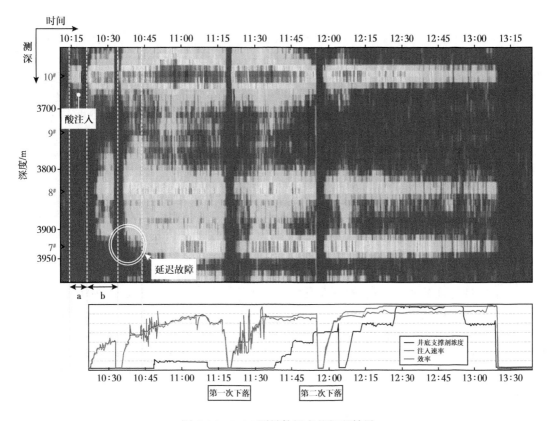

图 4.4.4 DAS 测量数据声能解释结果

图 4.4.5 给出了记录的 DTS 数据的结果。在图 4.4.5 中，在水力压裂处理期间，可以在不同位置观察到冷却（蓝色）。在裂缝开始的位置可以看到冷却，因为冷流体被注入并立即暴露于 DTS 电缆。裂缝数量通常通过寻找射孔周围大致平坦的温度区域进行评估。平坦的温度区域表示套管后的流体（在水力压裂处理后，这可以通过查看回温数据来确认）。在光缆被夹在套管上的地方，通常也会出现冷却现象，因为在这些位置存在良好的热耦合。

DTS（图 4.4.5）显示水力压裂开始后射孔簇 10#、9# 和 8# 处的冷却，表明三个区域裂缝张开供注入。提高泵速后，射孔簇 7# 开始吸液。在 DAS 和 DTS 上都可以清楚地观察到上午 10：39 的延迟故障，从上午 10：39 开始，在射孔深度 10#、9#、8# 和 7# 处出现冷却；并且，尽管在射孔 9# 处可以观察到 DTS 流体入口，但 DAS 显示没有记录到与注入相关的声能。均匀分布的温度区似乎只是一个与光缆和套管有良好热接触的区域。生产日志数据证实了这一点，表明该区域没有生产。从实时 DAS 数据可以明显看出，该层极有可能没有得到适当的增产。

从处理开始，射孔簇 10# 开始成为主要的注入区。改善注入分布的一种方法是应用球形分流器，堵塞主要的射孔簇。在这一阶段，两次丢球，试图堵塞吸收最多流体的射孔，转向吸收较少流体的射孔。对于两种落球，在 DAS 和 DTS 上的射孔 10# 上没有观察到影响。

由于 DTS 的空间分辨率较高，在射孔 7# 和射孔 8# 的二次压裂中，可以观察到分流器冲击造成的流量减少（变暖）。然而，射孔 9# 仍未增产。

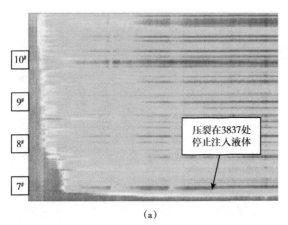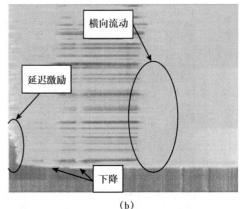

(a)　　　　　　　　　　　　　　　　(b)

图 4.4.5　DTS 测量数据温度解释结果

为了定性地理解使用 DTS 的限流设计的注入流体分布，需要对地层热回流进行作业后测量和分析。在这一特定阶段，看到关井后立即从射孔 7# 开始窜流，温度向射孔 8# 倾斜，然后从射孔 10# 开始窜流，温度向射孔 8# 倾斜。根据回温数据 [图 4.4.5（a）]，射孔 10# 吸收了最大量的流体，因为它最慢恢复到地热温度，其次是射孔 8# 和 7#。从注入流体分布的 DTS 分析中观察到的结果符合实时 DAS 测量的结果。由解释结果可以得到以下认识：

（1）水力压裂处理前的酸洗仅在顶部射孔簇（射孔簇 10#）有效。

（2）观察到底部射孔（射孔 7#）的延迟破裂。

（3）四个射孔簇中只有三个得到有效增产；在整个处理过程中，DAS 在射孔簇 9# 处没有显示噪声，生产数据显示该层不起作用。

（4）DTS 信号表明在射孔簇 9# 处有流体注入；然而，这在现在被解释为是由于套管的冷却和由于套管接头和夹具的存在而产生的热传导。

（5）分流器被泵送两次，分流似乎在分流射孔簇 10# 的流量方面效果甚微，从 DAS 和 DTS 中，没有观察到对射孔的影响。

（6）关井后的回温数据与 DAS 记录一致。

4.4.2.2　案例二

该井的压裂段是以 10 孔 /m、间距 50m 的三个射孔井段完成的。在压裂处理期间，支撑剂浓度以高达 6m³/min 的流速上升至 350kg/m³。泵送大约 1000m³ 流体和 180000kg 支撑剂（图 4.4.6）。

在图 4.4.7 中，在整个 4h 的增产作业中，沿着大约 250m 的井筒显示了声信号的振幅。在水力压裂作业（a）之前，似乎只有射孔簇 3# 在酸注入过程中处于活动状态。在水力压裂开始时（上午 10：04），情况仍然如此，但是，在以更高的注入速度（上午 10：20）开始第二次压裂后，似乎射孔簇 3# 和 2# 是打开的（b）。

典型的井身结构如下：一开 φ343mm 钻头钻至约 600m，下入 φ273mm 表层套管固井；二开 φ250mm 钻头一般钻至 Bossier 地层顶部，井深 3150~4050m，然后下入 φ194mm 技术套管封固上部低压易漏地层；三开 φ165.1mm 钻头钻至完钻井深，井深 4950~5550m，

下入 φ127mm 油层套管固井完井。造斜段在三开井段,造斜率达到 10°/30m 左右。

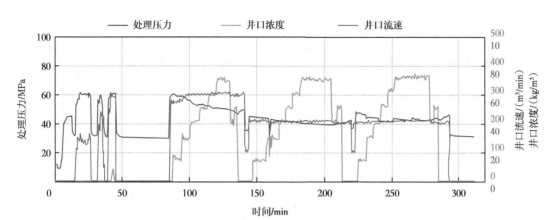

图 4.4.6　地面压力、注入速率和支撑剂浓度

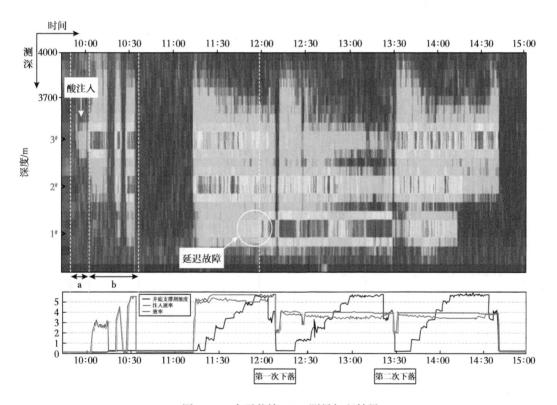

图 4.4.7　水平井筒 DAS 测量解释结果

图 4.4.8 中的上图显示了上午 11∶33 的 DTS 响应,有两条温度轨迹,显示了不同时间标记下三个射孔井段的流体进入特征,图中蓝色曲线代表地热温度轨迹。在主要作业开始后的大约 15min,所有三个射孔簇都在吸收液体。然而,从 DAS 来看,它也显示射孔簇 2# 和 3# 似乎正在吸收大部分液体。然后,在支撑剂浓度增加到 350kg/m³(大约上午 11∶50)后,射孔簇 1# 开始吸收更多的流体,而射孔簇 3# 开始缓慢滤砂。

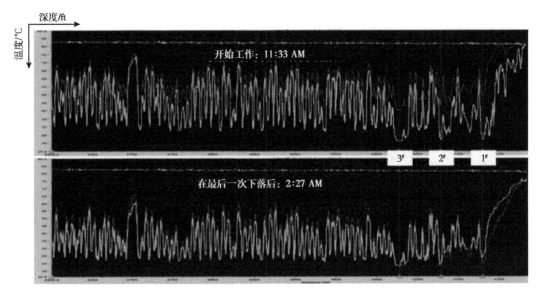

图 4.4.8　DTS 采集的温度轨迹

下午 1：30 左右，投放封堵球，试图建立分流并封堵主要井段，即井段 1#。图 4.4.8 中的 DAS 清楚地显示了球的即时有效性，并且在射孔簇 1# 处产生的噪声几乎为零，射孔簇 3# 再次变得活跃。在分段 3# 仍有一些活动，但最终当支撑剂浓度增加时，这些活动似乎会消失。DTS 数据证实了这一点。在图 4.4.8 中，底部图像示出了在分段已经停止获取流体一段时间之后，在下午 2：27（但仅仅是）在底部间隔的 DTS 升温。由解释结果可以得到以下认识：

（1）水力压裂处理前的酸洗仅在顶部射孔簇（3#）有效。

（2）观察到底部射孔簇（1#）的延迟破裂。

（3）所有三个射孔井段都接受处理液。

（4）分流球被泵送两次。第一次落球影响了射孔簇 3#，而第二次落球主要影响了射孔簇 1#。

（5）DTS 的 1m 空间分辨率能够识别射孔簇 2# 处的多处裂缝。

DAS 测量能够非常好地捕捉整个水力压裂处理过程中的即时动态变化，还可以在限流水力压裂增产的情况下，提供对注入流体的分布实时定性了解。较宽的频率成分能够区分在注酸阶段活跃的射孔和在整个作业过程中吸收大部分流体和支撑剂的射孔。使用 DTS 测量的地层回暖结果可用于验证这些 DAS 的实时观测。

现场试验中使用的 DTS 系统比 DAS 具有更高的空间分辨率，因此能够识别某些射孔簇中是否存在多重裂缝。DTS 在测量射孔注入性能的即时变化方面能力较弱；此外，由于夹具和部署的原因，热导率的变化可能会使测量结果变得模糊不清。DAS 和 DTS 的组合和集成为体积分配设计提供了关键信息，并有利于改善后续的增产措施。

DAS 技术有广泛的应用前景，包括分布式流量测量、砂检测、气体突破、人工举升优化和智能完井监控等方面，同时，这项技术也为地球物理监测带来了希望。永久安装的井下光纤是非侵入式延时地球物理监测的理想选择，系统安装后，就不需要进一步的修井作业，重复勘测只需要额外的震源工作。

4.5　DTS 井下参数监测应用

MIP-3H 井位于西弗吉尼亚莫农加利亚县 Marcellus 页岩的核心区块。MIP-3H 的分支井眼在 Marcellus 页岩中 Cherry Valley 石灰岩上方的目标区域着陆和延伸（图 4.5.1）。MIP-3H 井的增产措施为 28 段、平均压力为 8500psi（58.6MPa）的压裂作业，以建立一个支撑渗透裂缝通道的复杂网络。该井沿着套管的外部连接一根永久性光缆，以记录完井过程中的声振动，DAS 提供相对应变和注入能量的测量，在增产以及在随后的生产期间，每天间隔几次同时用 DTS 监测。

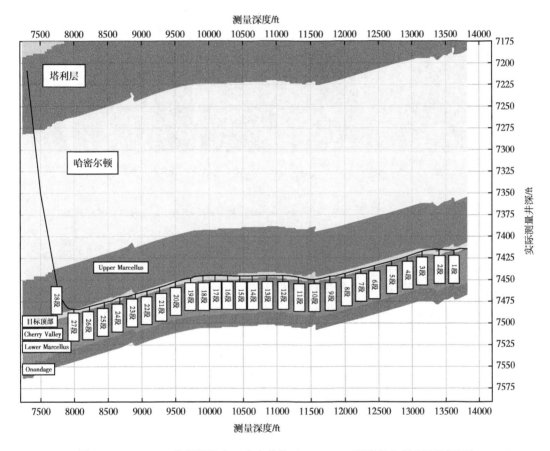

图 4.5.1　MIP-3H 井井眼轨迹，分支井位于 Marcellus 页岩的上部（绿色标记）

每个分段大约 200ft（60m）长，有 4~5 个射孔簇，每个射孔簇由 4~5 个射孔组成。各级之间的间距在 20~50ft（6~15m）之间变化，前一级中最近射孔簇的堵塞深度平均为 24ft（7m），每一级中的簇以 30~50ft（9~15m）的间隔排列。MIP-3H 井是一口干气井，在初始生产之后，除了与生产测井相关的清理之外，每天生产不到 10bbl 水。

通过分析 Marcellus 页岩完井过程中微震、岩心和测井数据，并结合 DAS 和 DTS 光纤监测，表明页岩目前的压力状态和先前存在的方解石胶结小断层和大量裂缝大致为东西方向的影响和相互作用。许多这些预先存在的裂缝导致集群之间的不均匀增产，以及断层和裂缝相对更集中的地方，允许 DAS 属性检测阶段之间增产流体的通信。

沿着 MIP-3H 井的垂直剖面，从 2016 年 5 月到 2018 年 5 月的 DTS 数据被汇编成具有 950000 个测量值的矩阵，并绘制瀑布图（图 4.5.2）。DTS 解释结果显示井眼远端温度较低，并在 9500~10500ft 之间可以观察到局部较冷的射孔。箭头指示区域为高产气期间的一个高温带。另外，原始 DTS 数据似乎受油井沿线持续存在的高温带支配，尤其是在高产期间。

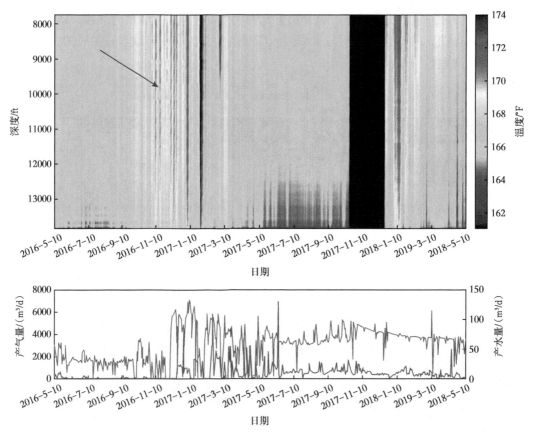

图 4.5.2　MIP-3H 井 DTS 瀑布图与气、水产量对比（黑色部分数据丢失）

DTS 数据中沿分支井的日平均温度与油井的产气量趋势一致（图 4.5.3），进一步，结合 DTS 温度，通过复杂计算，得出了水平井眼各压裂段温度分布瀑布图（图 4.5.4）。通过温度分布变化可以分析产量的变化，同时还要考虑温度与产量变化及不同季节的产量需求的相关性。

由图 4.5.4 可以看出，水平段前端到后端仍有降温趋势，但一些压裂段，如第 10 段和第 11 段以及第 20~21 段和第 23~28 段相对较热，同样突出的是较冷的第 17~19 压裂段。通过整合成像测井、DAS 和 DTS 数据以及 DAS 属性，在第 10 段观察到一个裂缝群和小断层，导致与前分段的没有达到最佳的增产效果和裂缝沟通。MIP-3H 井还有一个生产日志（PLT），记录于 2017 年 3 月 2 日。MIP-3H 井的生产测井显示了第 10 段产出水向下流向水平井眼前端（图 4.5.5）。当气体进入井筒时，温度通常会降低，在这种情况下，流体

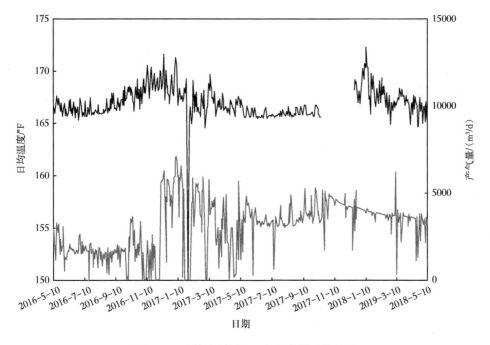

图 4.5.3　日均温度（DTS）和产量对比曲线

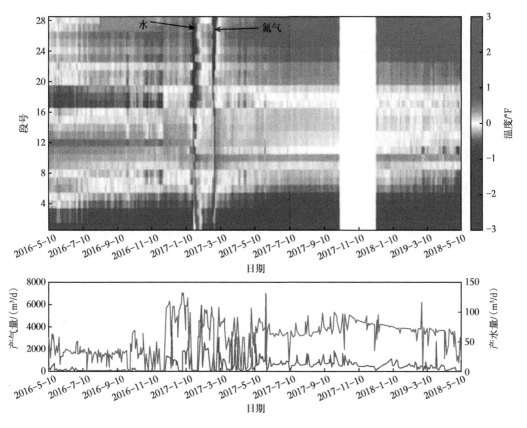

图 4.5.4　各压裂段温度瀑布图和产量对比曲线

的进入和水的进入会导致温度升高。这种相对温度的增加在生产期间持续。第13~19压裂段温度相对较低，而最前端附近的压裂段（第23~28段）温度升高，这段最低部分的压裂段可能受到温度较高产出水汇集的影响，水平段末端的压裂段相对于前端产生更多的气体。

  MIP-3H井进行了4次独立的生产测井作业，只有一次测得了水平井眼最前端的数据，最深的测量位置为13530ft（图4.5.5）。偏差轨迹（轨迹5）显示，水平段前端比后端平均深度更深，但是，在压裂段第4~10段和第23~27段存在一些相对较低的点。井眼轨迹（轨迹6）显示了与轨迹直接相关的实测持气率（红色）和持水率（蓝色）；水（重相）聚集在低点（偏差小于90°）并且紧接在第10段之后，而气体（轻相）聚集在高侧。水从压裂段10进入导致温度曲线的变化（轨迹8）。可以认为，第10压裂段的出水与断裂群和小断层有关，并流向水平段前端。

参 考 文 献

Hingerl F, Arnst B, 2020. Novel Approach for Anomaly Detection and Setpoint Optimization of Plunger Lift Gas Wells at Scale presented at 2020 ALRDC Artificial Lift Workshop, Oklahoma City, OK, USA Feb 17–20.

Hingerl F, 2020. The Future of Plunger Lift Control Using Artificial Intelligence. SPE-201132-MS.

Hester M. Multiphase Pumping with Progressive Cavity Pumps. IPTC-22277-EA

Jackson W, 2018. Unconventional Lift for Unconventional Wells. SPE-190947-MS.

Jacobs T, 2019. Shale Producers Piloting Downhole Compression To Solve Liquid Loading. J Pet Technol 71: 29–31.

Jweda J, Michael E, Jokanola O, et al., 2017. Optimizing field development strategy using time-lapse geochemistry and production allocation in Eagle Ford. URTEC-2671245-MS.

Kennedy S C, Madrazo Z T, Rhinehart C, et al., 2017. New ESP Gas Separator for Slugging Horizontal Wells. SPE-185147-MS.

Krawietz T, Ostertag A, Ismail H, 2021. Data-Driven, Automated Batch Treatment Program Streamlines Rod-Pump Maintenance, Available online at: https://jpt.spe.org/data-driven-automated-batch-treatment-program-streamlines-rod-pump-maintenance.

Lane W, Chokshi R, 2014.Considerations for Optimizing Artificial Lift in Unconventionals. URTEC-2014-1921823.

Lonestar Resources 1st quarter conference call. May 12, 2021.

Makinde, Favour A, 2016. A Systematic Approach to E-Inflow Control for Horizontal Well Production Optimization in Shale Oil Reservoir. SPE-184276-MS.

Maryunani S, Ranggun R, Johari E, et al., 2015. Production Optimisation With Zero Gas Venting Through Multiphase Booster Pump and Well Selection. SPE-176084-MS.

Ming CHEN, Tiankui GUO, Yun XU, et al., 2022. Evolution mechanism of optical fiber strain induced by multi-fracture growth during fracturing in horizontal wells, Petroleum Exploration and Development, Volume 49, Issue 1, Pages 211–222, ISSN 1876-3804, https://doi.org/10.1016/S1876-3804（22）60017-X.

Magee R, 2014.Surface Infrastructure: Identifying Optimum Strategies for Design and Investing in Surface Infrastructure to Facilitate Long-Term Field Development at 2014 Eagle Ford Artificial Lift and Choke congress, Jan, Houston TX.

Timothy C, Payam G, Kavousi P, et al., 2018. A New Algorithm for Processing Distributed Temperature Sensing DTS.SPE-191814-MS.

第5章 增压增产开采技术

页岩气井生产过程中，部分井储层压力下降较快，当其井口压力逐渐等于集输与联合处理站工作压力时，可能会导致这些井的生产受到严重限制，并导致过早弃井。另外，当井口压差逐渐减小时，井筒气体流速降低产生积液，当液体堵塞在井筒或地层孔隙中产生回压时，液体负载会形成"恶性循环"，气体速度进一步降低，并随着时间的推移导致更多液体积聚，最终导致完全停产。然而，这些井仍有客观的油气储量可供开采。因此，需要采取干预措施，以延长这些井的生产周期。

大多数油气田的持续生产和提高总采收率需要使用多种增产解决方案，面对老龄化和边际区块，运营公司面临着选择低成本、低风险、回报最快解决方案的挑战。传统的油气井干预、复修、人工举升、IOR 和 EOR 等方法成本高昂，可能也并不总是有效，某些工艺方法应用可能还会受到限制。如电潜泵（ESP）和其他人工举升技术通常不能清除井的垂直和水平部分中的液体。

增压开采技术是页岩气井生产后期比较重要的一项增产技术，随着井口压力的下降，井口压力明显低于外输压力，造成很多气井的停产，通过井下或地面增压，不仅能够恢复气井的外输，还可以通过降低井底流压来提高气井产量，并达到排液的目的。

5.1 井下增压增产技术

Upwing Energy 开发了一种基于先进磁性技术的新型井下压缩机解决方案，最近在 Riverside Petroleum 运营的非常规气井中完成了首次现场试验。试验期间的结果分析显示，在安装井下压缩机系统（SCS）之前，使用有杆泵，与稳态性能相比，气体产量增加了62%，液体产量显著增加。

5.1.1 井底天然气压缩的益处

5.1.1.1 常规气井

在常规气井中，储层最初有足够的能量将气体驱至地面。随着油井的成熟和储层压力的耗尽，天然气自然流动变得更加困难。井下压缩机通过降低井底流动压力和引起更高的储层压降来增加天然气产量。最大压降只能通过射孔附近的井下压缩来实现，因为与地面压力相比，井下压力使气体密度更大。在车辆涡轮增压器中也可以看到同样的原理，它提供密度高得多的压缩空气，以提高固定气缸容积中的空气质量流率，从而提高发动机功率。如图 5.1.1 所示，在常规储层中，井下压缩机系统将通过降低产量递减率、推迟液体装载和提供较低的废弃压力来增加可采储量。

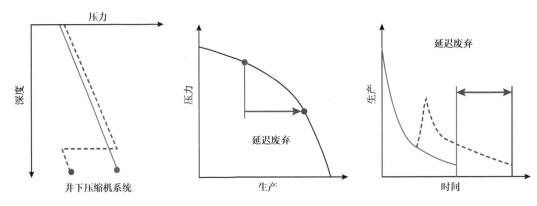

图 5.1.1 井下压缩机系统增加了天然气产量和可采储量

在气井中运行井下压缩机会在井筒底部的压缩机进口处形成一个低压区，从而降低井底流动压力。这些吸力效应将积极地促使更多的气体从地层流入井筒。深、富液、高流量的油井，以摩擦为主的油管流，以及相对较低的压降，非常适合井下压缩机系统应用。此外，在这些类型的井中，井下压缩机的增量井产能随着较高的液气比而增加。这是因为井下压缩机直接在地层上产生压降，而不会产生与重力头和管道摩擦损失相关的压降，因此，对于相同的整体系统压降，可以实现更大的质量流率。类似地，输送高速气体的低压井对黏性和动压效应非常敏感。压降的微小增加可以显著改变气体的速度和提升液体的能力。因此，需要较小直径的油管来有效地清除采出液，尽管较大的油管将为给定的储层提供最高的流速。

压缩机较高排放压力的增压效应将增加井口压力，以促进天然气流入地面集输系统。在没有井下压缩的情况下，为了使气体从地层流向井口，地层压力需要高于井下压力，而井下压力又需要高于井口压力。对于井下压缩机，只要井下压缩机的排放压力足够高，足以迫使采出气流到井口，井下压力就不需要高于井口压力。因此，该井可以在尽可能低的井下压力甚至真空下从储层中开采天然气。在这种情况下，有效废弃压力因井下压缩而显著下降，从而延迟废弃。

另一个好处可以在图 5.1.2 中观察到，图 5.1.2 在沿深度的气体压力图上描述了井下气体压缩和井口气体压缩之间的压缩过程。在高度枯竭的井中，由于沿井底深度的压降，井口压缩机在压缩机进口处承受较低的动态压力，从而产生更低的密度和更高的体积流量，从而阻止井口压缩机高效工作。然而，压缩机入口处的井下动态压力要高得多。因此，即使在枯竭的井中，更高密度和更高质量流量的井下压缩机有助于继续生产天然气。

井下压缩机可以扭转液体负载的恶性循环，这种恶性循环会导致气井的天然气产量过早下降，从而形成天然气产量增加的良性循环。气井充液时，井筒或地层孔隙中的液体堵塞产生的背压将降低天然气产量。减少的气体流量将降低气体速度，从而降低液体提升能力，并允许更多液体在气井或地层中聚集。随着井下压缩机的安装，井下压缩机进口和出口处的气体速度都将增加。增加的气体速度可以将更多的液体带出井筒，并降低因液体堵塞引起的地层背压。一旦液体被清除，液体负荷减少，气体产量就会增加。天然气产量的增加将进一步提高气速，以输送更多液体，从而实现天然气产量增加的良性循环。除了较高的气体流速外，由于气体压缩，井下压缩机排出的气体温度也会升高。向气流中注入的热能将促进液体的蒸发或防止液体冷凝，这也会增加液体提升并减少液体负载。气体速度的增加和温度的升高使更多的气体和液体自由流动，这反过来又进一步提高了气体将更多液体输送到地面的能力。

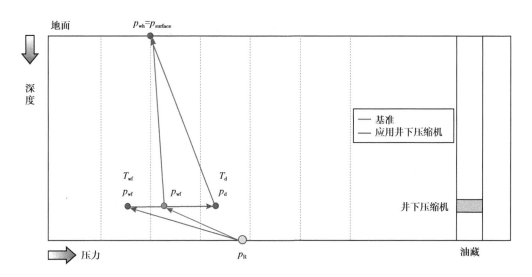

图 5.1.2　井底增压和井口增压对比

5.1.1.2　非常规气井

非常规开发需要水平钻井、先进的完井技术和多级压裂，以提高产量、可采储量和经济效益。具有长分支和多级裂缝的水平井旨在接触最大可能的储层体积，从而最大限度地提高油井产能和项目净现值。然而，水平井和井工厂钻井会产生复杂的井筒轨迹，这会影响产出流体流向地面的能力。在长的水平剖面中，轨迹在一系列浅峰和浅槽中波动，在这些浅峰和浅槽中，槽充满液体，而峰充满气体。这些条件会导致不稳定和间歇的生产、缓慢流动和湍流行为、持液量增加、油气产量减少以及过早弃井。

液体装载是非传统生产商面临的主要挑战之一。当天然气原地速度不足以将采出的液体输送到地表时，就会出现这种现象。当水平井充满液体时，液体产生的回压将减少产气量，从而降低气体速度，从而减少液体清理，最终导致更多液体装载。在多相系统中，气体的流动速度比液体快，持液率随时间增加。在低流速下，由于过度滑脱，流体混合物的现场密度将接近液体密度，油井将开始以振荡模式流动，随后通常会出现严重的液塞。液体装载导致的液体回落将对储层施加背压，并通过改变相对渗透率和裂缝形态增加井筒区域附近的压力损失。在这种情况下，产出的液体将积聚在井筒中，进一步降低天然气产量，并加快废弃时间，直到油井不再生产，需要提前废弃。

有许多关于垂直井液体负荷的研究已经发表。Turner 等和 Coleman 等开发了两种常用的液体加载模型，但已证明这些模型不适用于富含液体的水平井。塔尔萨大学的另一项研究表明，气体流速在运载液体中的重要性，不同流速下的流型特征，所需的速度范围，从而有效地沿水平井携带液体。

　　井下压缩机可以为水平段和地层中液体的组合挑战提供独特的解决方案。如上所述，井下压缩机增加的储层压降积极地诱导从地层到井筒的更多质量流量。随着气体流速的增加和井底流动压力的降低，气流速度的增加将更多液体带出井筒，从而将液体从垂直和水平井段排出。Brito 等研究了液膜反转机制，以开发预测液体负载的模型，而不是使用液滴机制。他们假设，当液气界面处的气流施加的剪切应力不足以产生足够的阻力来携带管壁周围的液膜时，就会产生液体载荷。图 5.1.3 所示的实验结果突出显示了从不稳定流动到稳定流型的过渡区域，它定义了侧断面中大量液体积聚的开始。图 5.1.3 还显示了随着气体速度的降低，地层回压增加的百分比。

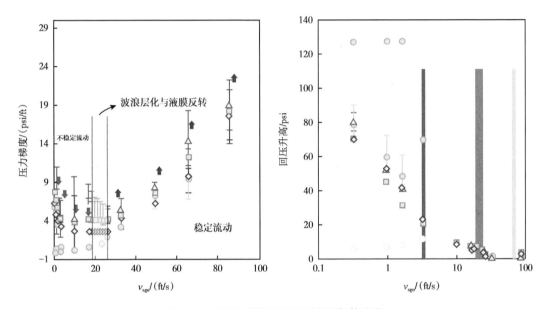

图 5.1.3　压力梯度和回压与表观气体速度

　　在没有井下压缩机的情况下，为了使天然气从地层流向井口，地层压力需要高于井下压力，而井下压力反过来又需要高于井口压力才能将天然气向上推。较高的井底流动压力将导致较低的气体流速和较低的液体速度，这在液体输送中效率较低或完全无效。

　　图 5.1.4 显示了在特定的非常规富液 Marcellus 井中达到 20ft/s 表观气速所需的压力比。红色虚线表示井内无井下气体压缩时的压力比 1，绿色虚线表示井内有井下气体压缩时的压力比 1.5，其中压缩机出口的排放压力比压缩机进口的压力大 1.5 倍。根据 20ft/s 的表观气速标准，在井内无井下气体压缩的情况下，成功从水平段移除液体所需的最小气体流速为 $1200\times10^3 \text{ft}^3/\text{d}$。然而，由于井内的井下压缩机在 1.5 的压力比下运行，有效清扫液体所需的最小气体流速降低至 $700\times10^3 \text{ft}^3/\text{d}$。

　　井下压缩机的另一个优点是能够携带更多液体。这是通过井下压缩机降低进气口处的气体压力来促进液体蒸发，并提高排气口处气流的温度来延迟液体的冷凝来实现的。向气流中注入的热能和动能将增加压缩机出口处的焓，以促进液体蒸发，并抑制井筒中的液体流失，进而延迟液体装载。使用井下压缩机清除气井中的液体的另一个好处是，井筒周围压力的降低有助于提高提升效率。随着储层压力降低，天然气的含水饱和度增加，因此压力较低的饱和天然气含有更多的水蒸气。净效应可降低井筒附近的残余水饱和度，减少孔隙空间中的毛细管渗吸。

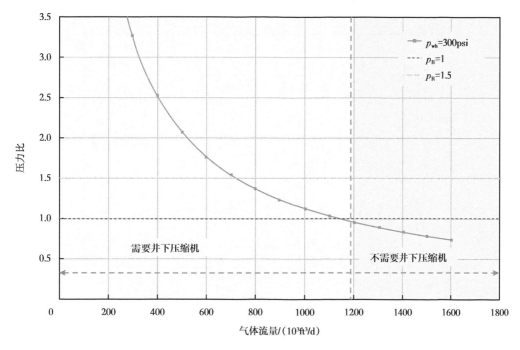

图 5.1.4　压力比与气体流量

　　井筒内、井筒附近和储层孔隙空间内的凝析油堵塞会显著降低油井产能，并影响最终的天然气和凝析油采收率。这一现象在非常规富液气藏中尤为重要，因为在非常规富液气藏中，水力裂缝中的压降与储层内总压降的比率可能非常显著。人们提出了几种解决这一问题的方法，如注气、CO_2 吞吐、润湿性改变、界面张力降低和水力压裂。它们都有技术优势，但也有局限性。例如，水力压裂增加了与地层的有效接触面积，但是，砂面压力降至露点压力以下，水力压裂既不会防止凝析油堆积，也不会清除凝析油，并且裂缝周围和井筒周围的凝析油饱和度将继续增加。

　　Khazam 等的研究首次表明，使用冷凝液时，气体流速增加对相对渗透率的影响。这种新现象被称为"正耦合效应"，并归因于气相和凝析油相流动的耦合。G.D.Henderson 等报告称，凝析油相对渗透率将随着流速的增加而增加。在不同的岩心上，在不同的界面张力值和冷凝水饱和度下进行了实验室实验。这些结果表明，在实验条件下，在 100% 气体饱和的岩心中，惯性占主导地位。然而，随着凝析油饱和度的增加，在所有 IFT 测试值的整个速度范围内，由于正耦合，观察到相对渗透率的改善。

　　井下压缩机可使运营商通过增加冷凝液产量，从非常规储层中获取更大价值。非常规油藏的开采需要获得纳米基质渗透率的技术。Nelson 等展示了硅碎屑岩的实验室测量结果。

　　被称为"正耦合效应"的两相流耦合产生的正速率效应可能会大大减少地层中的凝析油堆积。图 5.1.5 显示了正耦合对气体和凝析油相对渗透率的影响。此外，在一系列潜在梯度和速度上进行的岩心实验室实验表明，由于气体速度较高，压力梯度增加，较低破裂面的液体驱替得到改善。

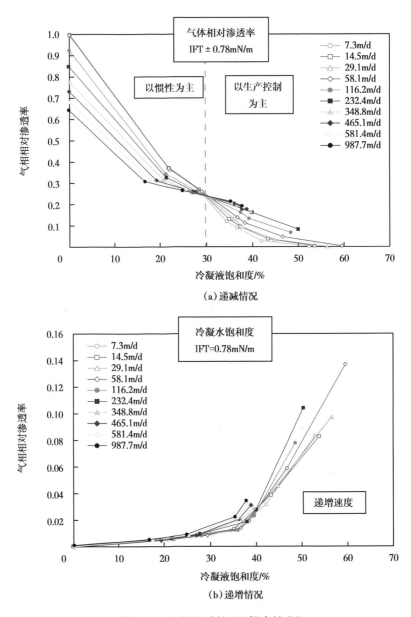

（a）递减情况

（b）递增情况

图 5.1.5　两相流动的"正耦合效应"

5.1.2　井下压缩机系统

SCS 旨在通过消除传统电潜泵中的常见故障点，在井下环境中提供可靠的性能。它基于在上部和水下油气应用中使用的成熟磁技术（图 5.1.6），在 Riverside 试验期间首次成功部署在井下。

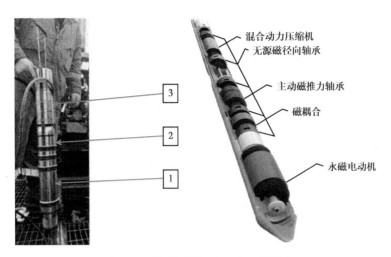

图 5.1.6　井下压缩机的三个主要部件

5.1.2.1　系统组成

目前正在开发和部署各种型号的井下压缩机，其直径、功率范围、压力比和集成技术各不相同。然而，无论设计如何，功能和顶层拓扑都保持不变。系统组成包括：

（1）高速永磁（PM）电动机。

（2）磁性联轴器。

（3）湿气压缩机。

地面上的无传感器宽频变速驱动器通过长时间同步控制，电动机转速高达 50000r/min。

混合轴向湿气压缩机由密封高速永磁电动机驱动。扭矩从电动机传递到压缩机，无须机械轴或密封件，无须电动机保护器将电动机与井下流体隔离。这种"无防护器"结构消除了传统井下人工举升系统的一个常见弱点。

SCS 降低了井底压力，提高了气流速度，从垂直和水平井段排出液体，并通过在离开压缩机时提高气体温度来防止蒸汽冷凝。液体加载产生的回压降低导致气体产量增加，进而加速液体卸载。一旦液体被气流携带，压缩机进口处的较低压力和压缩机出口处的较高温度可防止蒸汽冷凝，并增强气流将液体带到地面的能力。

5.1.2.2　高速电动机

SCS 电动机最大运行速度为 50000r/min，超速为 55000r/min。如图 5.1.7 所示，表面安装的永磁体使用高强度铬镍铁合金套筒固定在轴表面。正弦滤波器也用于将转子中的谐

图 5.1.7　基于永磁电动机产品线的高速转子和定子

波损耗降至最低，从而消除了转子腔内主动冷却流的需要。定子采用专有的绝缘系统和独特的封装工艺，在高频下工作时可延长使用寿命。由于电动机外壳与环境完全密封，并在外壳内保持低压，电动机部分的最低使用寿命预计为 20 年。电动机转子由被动磁性轴承悬浮，以支撑高速旋转轴。无须润滑或加压空气源，它们特别适合这种应用。无须主动控制，这些轴承的悬浮使转子在运行期间保持非接触状态，从而将产生摩擦的热量或磨损降至最低。

与 ESP 系统类似，可以串联添加多个电动机模块，以增加系统的可用马力。对于部署的设备，每个电动机模块的额定功率为 150hp。对于 5.5in 套管气井应用，这已经足以影响到迄今为止分析的所有情况的显著改善。

由于整个电动机模块与环境是隔离的，因此利用磁耦合系统将扭矩从电动机传输到压缩机。由于磁场可以通过固体压力屏障传递扭矩，因此无须任何类型的旋转密封。

5.1.2.3 磁耦合

化学工业中的许多上部组块泵通常使用磁性联轴器，但该应用首次将其用于高速井下应用。如图 5.1.8 所示，磁性联轴器由三个主要部件组成，磁性联轴器的公端和母端以及中间的隔离罐，磁性联轴器的母端直接连接到电动机上。隔离罐用于将永磁电动机主体内的阴磁耦合部分与环境隔离。外螺纹磁性联轴器直接连接至压缩机。当电动机转子旋转时，由于通过隔离罐的内螺纹和外螺纹联轴器之间的吸引力，电动机转子的扭矩可传输至压缩机。对于所述的井下压缩机，磁性联轴器使用永磁体来产生吸引力。内螺纹和外螺纹磁性联轴器上的所有磁铁均由耐腐蚀金属套管保护，这些套管经过焊接，以便联轴器能够暴露在井下环境中。磁性联轴器设计用于在 200℃ 下以 50000r/min 的速度传输 40kW 的功率。

图 5.1.8　磁耦合结构

使用磁性联轴器通过隔离罐传递扭矩是无保护装置、无旋转密封电动机系统的关键功能之一，以确保电动机的可靠性。传递扭矩的传统方法是使用实心轴，并在其周围安装轴封，将井下流体与需要保护的电动机、轴承和其他部件隔离。众所周知，密封最终会失效，尤其是在压力、温度和腐蚀性井下环境下。如果没有轴，因此也没有轴密封，则不会出现轴密封故障。

5.1.2.4　混合式湿气压缩机

压缩机为多级混合轴流湿式压缩机，如图 5.1.9 和图 5.1.10 所示。与离心式压缩机相比，这种专有压缩机设计的关键优势在于其相对笔直的流道。当流动路径笔直且方向变化不大时，较重的成分（包括液体和固体）将跟随气相，因为几乎没有离心力将高密度相与低密度相分离。此外，与离心式压缩机的弯曲内部路径相比，由于固体颗粒撞击压缩机内表面的概率较低，因此，通过直流模式将压缩机零件的腐蚀降至最低。

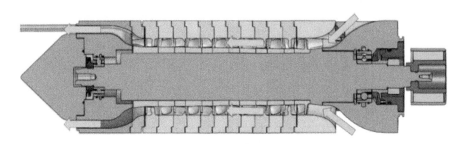

图 5.1.9　混合湿气压缩机横截面

在这种部署中，使用了 6 级叶轮，以提供 1∶1.45 的压力比。这种压缩机的独特设计允许相当平坦的压缩曲线，从而使压缩机在整个速度范围内具有广泛的工作范围。整个压缩机模块由铬镍铁合金制成，具有最高的井下完整性。压缩机轴由专有的混合角接触球轴承系统支撑，该系统利用来自上部的少量连续油，以确保适当的润滑，并且没有外部颗粒进入轴承腔。

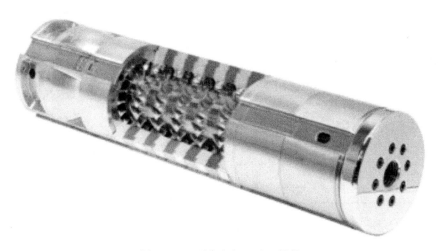

图 5.1.10　混合湿气压缩机模块

5.1.2.5　SCS 系统部署

SCS 系统的其余部分以及部署与 ESP 非常相似。从上部开始，控制中心驻留，其中包含 VSD、变压器、系统级控制器和监控设备。传统的 ESP 电缆用于向井下 SCS 传输电力。电力电缆夹在生产管外，类似于任何 ESP 应用。带有 SCS 的顶部完井如图 5.1.11 所示。

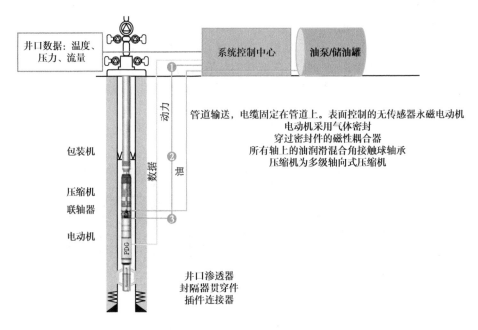

图 5.1.11　带井下压缩机的顶部完井

5.1.3　应用案例

5.1.3.1　案例一

通过一口页岩气井评估地下增效的效果，并了解对非常规天然气产量和可采储量的影响。图 5.1.12 显示了压力累积之前和期间测量的压力响应的笛卡儿曲线图，以及最近的

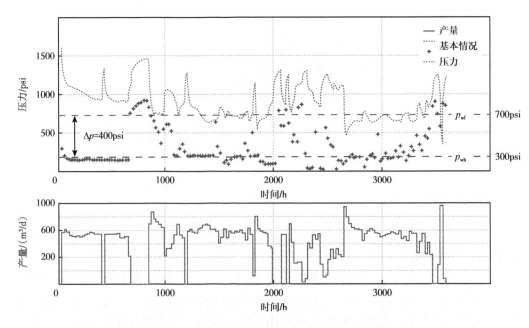

图 5.1.12　页岩气凝析井产量和压力数据的笛卡儿图

生产历史。压力响应用图 5.1.13 上部的红色符号表示，测得的流量用图 5.1.13 下部的紫色实线表示。图 5.1.12 显示了不同压缩比对井底流动压力和标准条件下测得的气体流量的影响。当井下压缩机在 230psi 的入口压力下运行时，可以实现大约 500×10³ft³/d（71% 增益）的增产气量。图 5.1.13 显示了在设计流量和速度下，压缩机吸入压力下的质量流量与整个压缩机的压力比之间的关系。

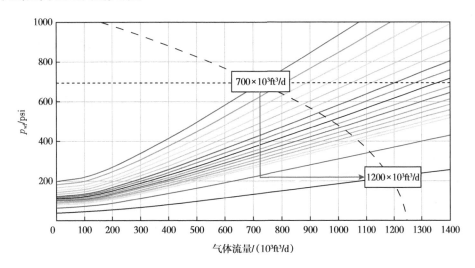

图 5.1.13　井下压缩机系统应用效果

进行了 PVT 流体分析，并将分析结果用于预测凝析油产量剖面。在储层温度为 131°F 且报告的气油比为 7190ft³/bbl 的情况下，分离器气体和油在可视 PVT 池中进行物理重组。在 100~6000psi（表）的压力范围内，采用恒成分膨胀（CCE）工艺对复合流体进行评估。所观察到的饱和压力为 3798psi（表）。对储层流体进行了定容衰竭（CVD）研究，以模拟露点压力下的井流生产。CVD 数据通过 REFPROP 成分建模进行校准，并用于确定压缩机进口处的成分、密度、黏度和质量流量。CCE 结果与凝析油生产历史相结合，用于生成凝析油气比剖面和预测凝析油产量。PVT 实验室结果用于构建理论凝析油产量剖面。根据 PVT 数据匹配确定的模型显示，凝析油产量显著下降，尤其是在储层压力达到饱和点后。图 5.1.14 显示了绿色的历史凝析气比（Condensate-Gas Ratio，CGR）值和蓝色的预测 CGR 值，使用的参数来自成分分析、储层和油井数据。使用 20×10⁹ft³ 的天然气就地体积、114bbl/10⁶ft³ 初始 CGR、4218psi 初始储层压力和 3798psi 露点压力进行预测。水平的红色虚线表示产生电流的 CGR。灰色虚线表示由于表面速度增加、井底流动压力降低以及井筒内和井筒周围扩散增加而导致的井筒卸荷。洋红色虚线代表裂缝网络中更高的黏性力以及储层中气体和凝析油相流动之间的额外耦合效应产生的上升。井下压缩机的相应 CGR 为 60bbl/10⁶ft³，因此潜在未实现 CGR 等于 40bbl/10⁶ft³。

5.1.3.2　案例二

（1）试验目的。

SCS 部署在 Indiana Riverside Petroleum 拥有的非常规页岩气井中。试用期从 2019 年 10 月底开始，SCS 于 12 月初移除。现场试验的目标包括：

①增加水平载液页岩气井的天然气产量；

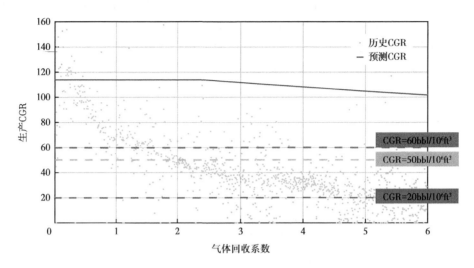

图 5.1.14　井下压缩机系统的 CGR 剖面

②降低井下流动压力，提高储层压降；

③通过在垂直和水平段中产生更高的气体速度来提高液体提升效率；

④通过提高气体温度防止液体冷凝。

（2）井况与试验安排。

该井有一个 2000ft 的垂直井眼和一个 5000ft 的水平井眼，其中有液体积聚（图 5.1.15）。压缩机安装在垂直部分的底部，尾管延伸到水平部分约 1000ft，以提供足够的速度来携带液体，同时将摩擦损失降至最低。一个护罩被用来承载尾管的延伸长度，并安装了三个井下存储式监测仪表收集压力和温度数据。

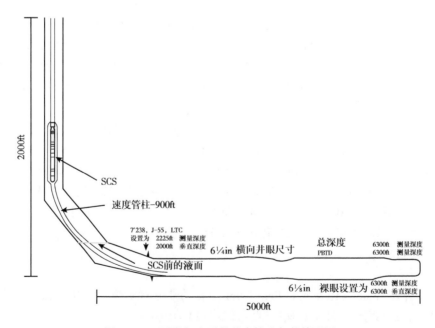

图 5.1.15　页岩气水平井井身轨迹与井筒配置

在安装 SCS 之前，向井筒注入额外的水来压井，以确保安全部署。一旦现有的杆式泵机组被拔出，在井筒中安装并开始调试 SCS 需要 2 天时间。该装置与电潜泵系统非常相似，用油管送入预定位置，并将连接仪器的电缆固定在其周围。为了最大限度地发挥 SCS 的作用，选择了 3.5in 生产油管和 3.5in 速度管柱，以提供足够的速度输送液体，同时最大限度地减少摩擦损失。

（3）试验结果。

在安装 SCS 之前，该井的产量约为 185000ft³/d，其液体产量（通过杆式泵）为 5~7bbl/d。如果没有杆式泵，该井在几个小时内就会堵塞。

有了 SCS，在氮气注入的帮助下，油井在 2 天时间内稳定在 300000ft³/d（增加 62%）的产气量，同时液体产量增加到 9bbl/d（增加 50%）。注入氮气有助于将垂直和水平井筒内的液体推入地层，使 SCS 能够启动，而不会淹没在压井液中。Turner 等的相关性假设井筒中自由流动的液体形成悬浮在气流中的液滴，重力将液滴向下拉，拖曳力将液滴向上拉。将液体提升到地面所需的最低气体速度为 22ft/s。当 SCS 以 20000r/min 运行时，垂直井筒内的气体速度为 22.5ft/s，油井在段塞流和环空雾流条件之间的过渡状态下运行。虽然是间歇的，但在那段时间地面的液体产量是可检测的。当 SCS 以 30000r/min 的速度运行时，气体速度增加到 29ft/s，高速液体被带到地面（图 5.1.16）。如图 5.1.17 所示，在 SCS 关闭之前，气体速度略高于计算的临界气体速度。一旦 SCS 关闭，进气压力增加至 65psia，导致气体速度降至 9ft/s，远低于临界速度。

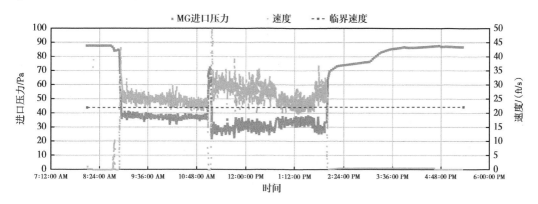

图 5.1.16　不同入口条件下的气体速度

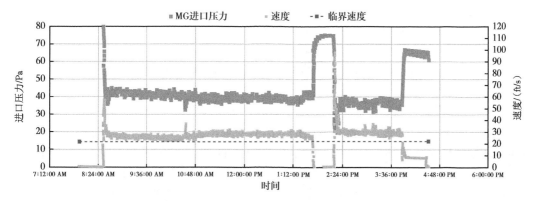

图 5.1.17　转速为 20000r/min 时的气体流速

如图 5.1.18 所示，混合轴流压缩机能够将液体雾化成非常细的雾，再加上压缩机出口产生的速度和热量的增加，有助于将液体输送到地面。

(a) 20000r/min   (b) 30000r/min

图 5.1.18　转速为 20000r/min 和 30000r/min 时排出液体的雾化效果

向气流中注入的热能促进了液体的蒸发，这也提高了液体提升效率，减少了生产管内液体的冷凝。由于气流中的温度效应，在 SCS 排放时，含水量从 $1.3bbl/10^6ft^3$ 增加到 $3.24bbl/10^6ft^3$，增幅超过 100%。图 5.1.19 显示了压缩机吸入口和排出口的温度分布。由于气体压缩，SCS 排放气体的温度增加了 27.5°F。

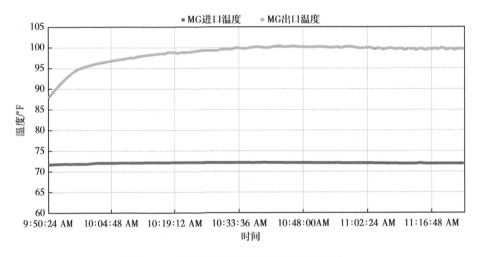

图 5.1.19　压缩机吸入口和排出口的温度分布

拆除后对系统进行了仔细检查。具有六级铬镍铁合金旋转叶片的混合式压缩机没有因液体而出现磨损或冲击的迹象（图 5.1.20）。

转速为 30000r/min 时，压缩机的设计点压力比为 1.25，这一点得到了位于压缩机吸入口和排出口的井下记忆压力计的验证。

（4）经验教训。

①压井和确保部署期间气体不流动的方法对安全作业至关重要。在这种情况下，用水对油井进行压井，在下钻期间，使用压缩机出口上方的塞子消除了通过 SCS 的流动。

②双钻机更适合部署。在初始部署期间，使用了一个现成的带福斯特大钳的单个钻机。虽然这种方法效果很好，但是使用双钻机可以减少部署时间。此外，使用开口钳还可以减少电缆管理以防止损坏，从而减少钻井时间。

(a)试验前　　　　　　　　　　　　　(b)试验后

图 5.1.20　试验前后的压缩机叶片

③完井设计与压缩机设计同样重要。在 SCS 建模期间，需要考虑生产油管直径、速度管柱长度以及水平井筒内延伸的尾管上的入口位置。Upwing 公司开发了一种内部分析工具，该工具整合并迭代油藏、井筒、上部约束和压缩机能力，以优化整体应用。

④产出的流体比测量的多。这主要是由于压缩机产生的细雾（液体被多级湿气压缩机雾化），与这种尺寸的杆式泵井传统使用的设备相比，这需要更好的分离设备。同样，孔板流量计不足以完全捕捉多相流的大小。在后续安装中，将使用双相流量计系统。

⑤ SCS 实现高转速所需的变速驱动的高频率会影响地面数据采集的一些传统数字和模拟数据协议。因此，屏蔽和隔离是必要的，以消除这一问题。

⑥油井启动方法应由作业者根据其偏好和经验来决定，因为行业中有多种可用和实践的方法。在这次试验中，氮气注入被用来成功地将游离水推回地层。

5.2　地面增压增产技术

在多相生产中，油相、气相和水相通常一起生产，油田的实践是尽可能靠近井口将不同的相进行分离，这就要求中央处理设施（CPF）相对靠近油井，以便在自然储层压力的帮助下或通过人工提升的方式输送井内流体。泵送多相生产的最常用方法是使用传统的典型重力分离器，其液体出口带有液体泵，气体出口带有气体压缩机，流体可能通过单相管线输送，或在某些情况下，组合成单线多相生产管线。

多相泵（MPP）的主要功能是降低低压井的回压，并以下游管道或工艺系统要求的更高压力输送采出液。多相地面喷射泵（MPSJP）系统也可以通过使用高压动力流体（例如高压油井或来自注入水系统的滑流）在不消耗任何电力或燃料气的情况下执行此功能。

MPP 和 MPSJP 可降低无法自然生产至下游生产管汇的油井的流动井口压力和井涌启动流量。由此产生的较低的井底压力改善了储层到井筒的液体流入，从而提高了总采收率，增加了产量，延长了油田寿命，并推迟了油井报废。通过对产出流体增压，以克服下游管道和设施的回压，可以延长管线输送距离，产生的伴生气也可以转移到下游设施并回收。

5.2.1　多相地面螺杆泵增压技术

5.2.1.1　多相双螺杆泵结构与原理

自多相泵开始商业应用以来，其安装量稳步增加。目前，许多制造商在流量和压力构建能力方面提供了广泛的泵系列。然而，最重要的工作原理仍然是双螺杆技术，双螺杆多相泵用于石油和天然气行业，将一定体积的液体（油和水）和气体从入口输送到出口。这是通过两个转子实现的，每个转子都带有一组两个螺纹，螺纹相互啮合，从而形成锁或腔室。通过转子的反向旋转，流体从入口轴向移动到出口，顶着下游系统的回压排出。该组件设计为在旋转构件之间和外壳内部无金属对金属接触的情况下运行。所选泵有一个分体式入口，以便将流体输送到排放口所在的中间位置。图 5.2.1 显示了转子组件上流体的流动路径。

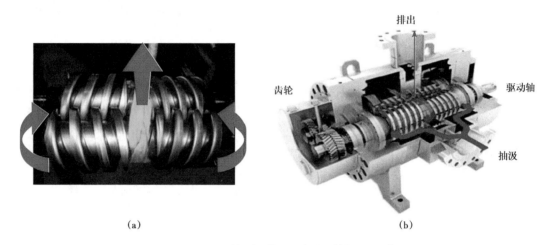

(a) (b)

图 5.2.1　通过转子组件的双螺杆泵剖面和流道

衬套插入壳体中，除其他特征外，衬套可被视为磨损元件。衬套和螺纹尖端可以是硬涂层，以提供更好的耐磨性，防止沉积物和固体生成。

螺纹有一个特殊的侧面轮廓，螺距朝着螺纹的排出端逐渐减小，从而使内部压缩在多相流中获得更高的效率，同时对减少间隙中的回流至关重要。节距大小决定了泵的运行参数，节距越小，泵可以提供的压差就越高（以较低的速率）。相比之下，更大的螺距将允许更高的速率（在较低的压差下）。图 5.2.2 所示的曲线图分别显示了 600kW 泵和 2.2MW 泵的变桨性能。

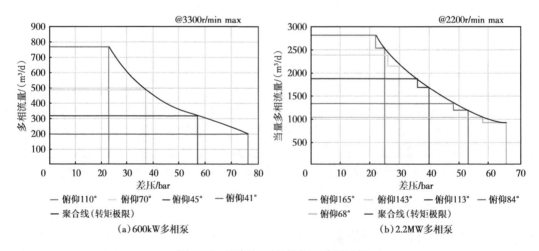

(a) 600kW多相泵 (b) 2.2MW多相泵

图 5.2.2　双螺杆泵的性能和节距选择

如上所述，转子和转子、转子和衬套之间没有金属对金属接触，这导致存在非常小的间隙。这个"间隙"必须用液体密封，以实现有效的泵送过程。通过分离泵壳内部或泵下游的泵送液体，然后将其再循环至入口，实现所需的密封。液体也可以从系统外部获取，例如使用淡水或净化水，而密封质量取决于液体特性，尤其是其黏度。

在泵送过程中，由于气体的摩擦和压缩，会产生热量。在任何情况下都必须避免局部内部过热，因为这会导致泵随后关闭。高温可能导致严重损坏，例如运行表面之间的冷焊。此外，泵表面的温度必须受到限制，以满足防爆要求，因此，液体再次进入入口前需要对其进行降温。

5.2.1.2　多相双螺杆泵注意事项

多相泵的运行需要注意上游和下游流动情况，以及了解整个泵送过程的详细知识，以便为特定情况给出最优设计。此外，还必须考虑潜在的固体产量。

多相流可能从井下开始一直延伸到中央工艺设施的第一级分离。由于流动情况是完全瞬态的，可能发生段塞流。在这种情况下，泵的设计必须考虑全是气体或全是液体的情况。距离井口或管汇越远，需要考虑的气相越长。如果要安装多相泵，那么它肯定应该尽可能接近返出地面的流体，因为气体段塞（有时）要短得多，并且较低井口压力的效益可以达到最大化。然而，为了最大限度地减少单井的占地面积和重复安装，理想的安装应该是在歧管水平，通过适当的多相泵系统设计来处理流型问题。

事实上，泵主要设计用于生产液体和气体，但不生产干气或气体体积分数为100%，由于系统关闭，这将导致过热和潜在的"无流量"情况。在此范围内，应使用压缩机。然而，当油井必须在高含水率下开采时，压缩机将无法处理增加的液体量。在这种情况下，泵将表现出卓越的性能。

连续运行多相泵用于生产贫气的主要想法是人为地将气体体积百分数降低到所选泵系统可以适当处理的水平。这可以通过专门设计的内部或外部再循环系统来实现，无论流动流体成分如何，都可以使泵保持运行。

螺杆的非接触特性和泵内的流动路径允许一些泵送流体在增压情况下回流到入口侧。不幸的是，这无法避免，但潜在的液体滞留将有助于泵冷却。制造商还使用并推荐下游分离液源，以防止泵干转，从而导致系统因过热而停机。这种液体可以在独立的下游（或上游）容器中分离，也可以在泵出口侧的泵壳室中分离。分离后的液体可以作为泵总容量的3%~5%范围内的恒定比例再循环。这种"操作辅助"会略微降低泵的效率，但可以限制过程温度升高并避免局部过热，同时产生具有100%气体体积分数的恒定流体流量。

5.2.1.3　固体和泥沙流量控制

油气井出砂是业内众所周知的挑战。疏松的储层以及不适当的井口压力下降可能会产生相当大的影响。固体的存在对各种地面设备都是一个挑战，此外，它们在再循环中的存在或潜在的回流损失可能会在回收时产生持续的磨损和磨损效应。

由于相互啮合的螺杆、螺杆和衬套之间的间隙很小，砂对双螺杆泵是一种特别危险的因素。磨损扩大了间隙，间隙仅在十分之几毫米的范围内，并会导致回流损失增加，这很难通过提高泵速来补偿更长的时间。因此，必须集中全力清除多相泵上游的储层固体。在这方面，已成功实施并安装了简单的单罐过滤包，以消除任何直径大于70μm的流动颗粒。

除了这些情况外，还建议对螺杆尖端和衬里孔进行表面硬化或涂层处理，以进一步延长泵的使用寿命。如果在这方面没有采取任何预防措施，则仅几个月后就可能需要更换泵内部部件。这种不可持续的情况导致采取了多种措施来提高内表面的耐磨性，例如在螺杆尖端应用碳化钨，在衬套孔上镀硬铬层。在产出 CO_2 和 H_2S 的情况下，必须考虑类似的因素，以选择合适的材料。

5.2.1.4 气体体积分数为 100%（100% GVF）时的多相双螺杆泵系统设计

该系统已被证明是多相生产（富气和贫气）的理想选择，可处理纯气相。在油田的生命周期中，可以通过控制泵的速度来控制多相流，以满足各种生产场景的处理需求。产出流体通过泵的总体积是所需压差的函数。

泵系统设计能够在不影响运行的情况下处理段塞流，高 GVF 以及湿气体可以通过液体综合再循环来处理。通过液体再循环除去压缩热。但是，处理 100% GVF 的贫气，应增加冷却器。

双螺杆泵依靠可获取的液体来密封内部间隙，消除产生的压缩和摩擦热。已经分析了不同的技术解决方案，并为克服这个问题设计了产出液的分离、储存和再循环系统。所有分离器在出口前都配备了内部除雾器，以进一步分离气流上的任何残留液体。如果需要，液体也可以从外部获取。

为此，双螺杆泵的关键部件（如冷却器和润滑油）以及所有安全装置都配有辅助设备，以创建一个复杂的系统，该系统确保了已安装泵保持最佳性能。考虑了两种不同的情况，因此，单泵和多泵装置已正确设计，并成功安装在歧管水平，靠近中央工艺设施。

并联安装的泵需要特别注意分离上游流体，并包括一个通用入口分离器，以处理从远处的油井到达的任何潜在段塞，同时除了每个泵上的内部分离器容器外，还向再循环系统提供更多液体。

这两种配置的设计基础都集中在适当解决所有流体流动约束的基础上，并包括图 5.2.3 所示的组件，具体情况见表 5.2.1。

图 5.2.3　三台 600kW 的双螺杆泵并联现场

表 5.2.1　三台 600kW 双螺杆泵并联系统组件明细

编号	组件名称	数量
1	入口分离器	1
2	细长的歧管	1
3	多相双螺杆泵，安装在便携式橇块上，包括：电动机及底座，600kW 的泵，轴泵联轴器，内部分离器或缓冲罐，润滑油系统，仪表和本地控制面板	3
4	管道橇块接头、安全装置和过滤器	3
5	橇装冷却器	3
6	柴油发电机 / 电气控制室	9/3
7	包含控制和数据转换系统的驾驶室	3
8	用于发电机燃油供应的柴油箱	4
9	辅助循环系统的外部注入点	1
10	卫星数据传输系统	1

对于单泵安装（图 5.2.4），配置和组件基本相同。主要区别在于泵没有内部分离器，而是包含在泵的外部下游。分离器提供必要的液体以使系统保持在温度范围内，组件见表 5.2.2。

图 5.2.4　2MW 单双螺杆泵施工现场

表 5.2.2　独立双螺杆泵系统组件明细

编号	组件名称	数量
1	用于扩充泵安装的进气歧管系统	1
2	便携式橇装多相双螺杆泵，包括：带电动机的底座，2.2MW 泵，轴泵联轴器，润滑油系统，仪表和本地控制面板	1
3	管道橇块接头、安全装置和入口过滤器	1
4	橇装冷却器	1
5	柴油发电机 / 电气控制室	8/1

续表

编号	组件名称	数量
6	包含控制和数据转换系统的驾驶室	1
7	用于发电机燃油供应的柴油箱	4
8	下游分离器和有外部注入点辅助再循环系统	1
9	卫星数据传输系统	1

5.2.1.5 应用实例

在 B 油田，通过考虑最低入口压力、预期处理量（天然气、凝析油和水）以及通过干线至 CPF 的排放压力来选择泵配置。根据油井的历史产量计算了油井的预期产量。

计算预测，通过在地面施加 30bar 压差，至少需要一个 2.2MW 的单泵来管理两个歧管的预期产量，该泵还将显著提高产量。泵安装后，它不仅能够阻止产量急剧下降，而且在启动时产量提高了 50% 以上。通过对油井参数进行优化，并施加 20bar 的压差，系统成功运行，这期间 GVF 保持在 99.9%。地面加压前后生产参数如图 5.2.5 至图 5.2.8 所示。

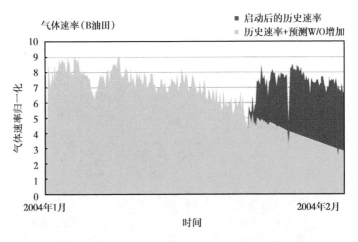

图 5.2.5　案例 1 泵安装前后的气体速率

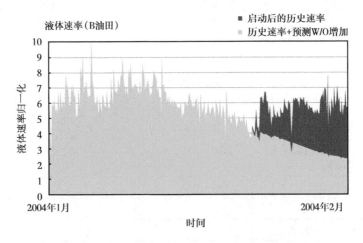

图 5.2.6　案例 1 泵安装前后的冷凝液体速率

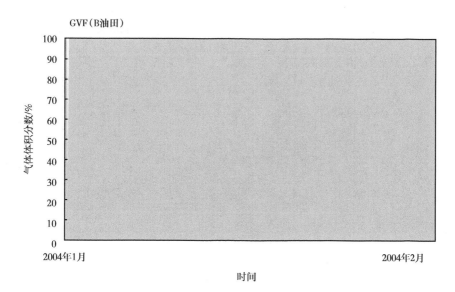

图 5.2.7 案例 1 泵安装前后 GVF

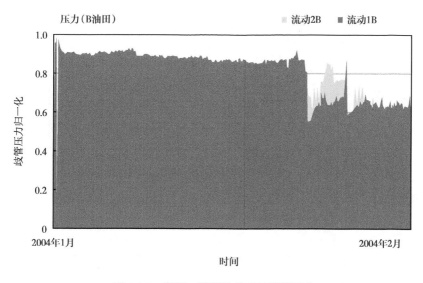

图 5.2.8 案例 1 泵安装前后的管线压力

另外，在 A 油田，根据预期处理量（天然气、凝析油和水）和 CPF 段塞捕集器的排放压力，泵的配置尽可能降低入口压力。根据油井的历史产量计算了油井的预期产量。

计算表明，需要 3 台 600kW 的泵，通过在地面上施加 30bar 的压差来管理 A 油田的油井的预期产量，并允许重要的产量增加。安装后，这些泵不仅能够阻止产量急剧下降，而且在启动时将产量提高了 50% 以上。通过对油井参数进行优化，施加 25bar 的压差，系统成功运行，这期间 GVF 保持在 99.9%。地面加压前后生产参数如图 5.2.9 至图 5.2.12 所示。

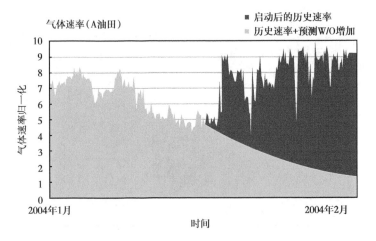

图 5.2.9　案例 2 泵安装前后的气体速率

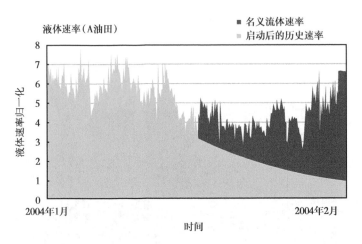

图 5.2.10　案例 2 泵安装前后的冷凝液体速率

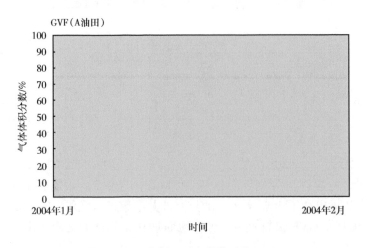

图 5.2.11　案例 2 泵安装前后的 GVF

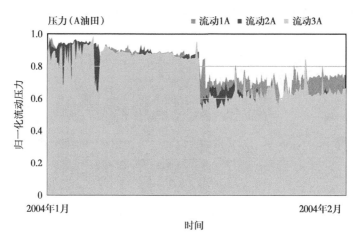

图 5.2.12　案例 2 泵安装前后的压差

5.2.1.6　优势和不足

使用多相泵（MPP）有许多好处：

（1）它们可以将多相流体泵送至更高的排放压力；

（2）无须对生产设施进行重大升级即可从边际油田继续生产；

（3）增加现有出口管道的生产能力；

（4）将井口流动压力降低至提高生产率，与传统的地面设施升级相比，占地面积和成本更低。

尽管如此，由于 MPP 是一个旋转的机械部件，它确实面临几个挑战：

（1）多相泵的使用取决于现场大量电力的可用性，许多卫星和井口平台缺乏多相泵所需的电力；

（2）MPP 的功率要求在几百千瓦到几兆瓦（MW）之间；

（3）大多数多相泵在连续运行的情况下，在高 GVF 值下不能很好地工作，需要一些方法来积极回收液体流量；

（4）MPP 过热会导致密封件和轴承等整体损坏；

（5）大多数 MPP 泵不能承受段塞/严重段塞和极端流量波动，在这种情况下，一些泵可能需要一个储存容器形式的流量调节装置来调节波动；

（6）由于旋转部件和沙子/蜡等的存在，需要经常进行维护，以防腐蚀损坏和堵塞；

（7）MPP 需要对其整体运行进行复杂的控制，这往往具有挑战性；

（8）由于过去的经验，许多运营商仍然对使用 MPP 表示担忧。

以上问题会对 MPP 的性能和利用率产生负面影响。

5.2.2　多相地面喷射泵增压技术

5.2.2.1　多相地面喷射泵

多相地面喷射泵系统是地面喷射泵、紧凑型分离器和混合器的独特专利组合。

（1）单相地面射流泵结构与工作原理。

单相地面喷射泵（SJP）（有时称为喷射器）是一种被动装置，利用高压（HP）源的能量来提升低压（LP）流体的压力。图 5.2.13 显示了 SJP 的总体配置和系统的关键组件。

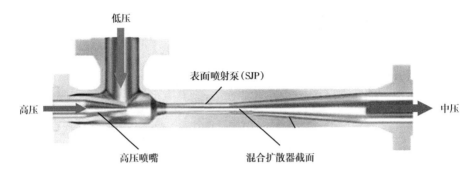

图 5.2.13　SJP 结构特征

高压流体通过 SJP 的喷嘴，根据伯努利原理，提高高压流体通过汇聚喷嘴的速度会导致在喷嘴前面形成低压区域，选择在这一点引入低压气流，然后，混合物通过混合管，在高压和低压流体之间进行能量和动量传递。混合物最终通过扩散器，压力进一步恢复。SJP 出口处的压力将处于高压和低压流体压力之间的中间值。图 5.2.14 显示了 SJP 中该流程的操作原理。

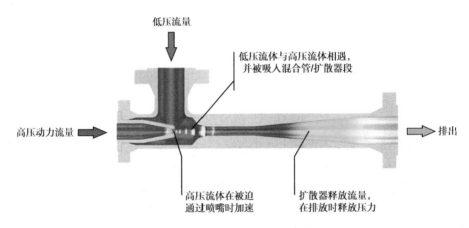

图 5.2.14　地面喷射泵（SJP）工作原理

低压流体的增压量取决于高压 / 低压流体的流量比、压力比、密度和分子量。还有其他因素，如工作温度和 SJP 是否在其最佳设计条件下运行。

在工作压力和温度下，单相地面喷射泵可以承受低压气流中 1%~2% 体积的液体（冷凝液、油或水）。除这些因素外，对实现的增压（排放压力—低压压力）的影响可能很大，需要在 SJP 上游分离低压液体，并通过单相液体泵单独增压。另外，如果有低压液体源，可以将低压液体输送至在较低压力下运行的工艺系统的一部分。

高压气体中液体的存在也有类似的限制，超过该限制，液体需要在 SJP 上游分离。这种情况下的主要原因是，喷嘴的性能和尺寸受到高压流是液相还是气相的影响。另一点是，如果高压流是多相流（气体和液体的混合物），与多相流相关的波动流型和混合物密度会进一步降低 SJP 的效率，因为混合物通常不均匀。

这些情况下的例外情况是瞬态条件，如启动，此时系统可能会受到通过 SJP 的高流速液体（多相）的影响。在这种情况下，一旦液体通过 SJP，SJP 就会迅速恢复。如果工艺条件发生变化，可以改变喷嘴和扩散器内部构件。另外，在选择 SJP 时需要谨慎，一些 SJP，尤其是那些源自蒸汽 / 真空 / 水服务设计的 SJP，可能难以应对变化的低压负载和变化的动力流体压力，这些情况通常存在于石油和天然气生产中，这些 SJP 可能会变得不稳定并停止工作。

（2）多相地面喷射泵。

在多相生产应用中，高压和低压流动可能来自生产油、气和水混合物的油井，在这种情况下，应分离高压流体中的气体，使高压流体单独作为动力流。因为对于低压侧的多相增压，高压液相比高压气相更有效。在这种情况下，SJP 可能能够处理低压侧的多相（采出气体和液体），分离的高压气体绕过 SJP，并与来自 SJP 出口的流体混合。该系统被称为 "WELLCOM 系统"，在业界是独一无二的。该系统使用高压油井的能量来降低一口或多口低压油井的回压，目的是降低低压井的流动井口压力（FWHP）并提高其产量。

WELLCOM 系统（油井混合的缩写，如图 5.2.15 所示）由三个主要组件组成；一个称为 I-SEP 的紧凑型旋风分离器、一个地面喷射泵（SJP）和一个混合滑阀。整个系统安装在一个滑轨中，便于运输和安装。WELLCOM 系统使高压油井的液体能够提高一个或多个低压油井的生产压力。

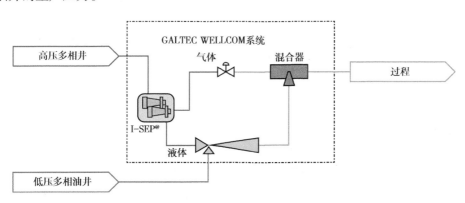

图 5.2.15　MPSJP WELLCOM 系统流程图

（3）多相地面喷射泵的优势与挑战。

多相地面喷射泵（MPSJP）系统有几个优点：

①无源、无活动部件；

②利用能量，否则会浪费过剩的流体能量；

③紧凑、占地面积小和重量轻，对海上位置尤其重要；

④不消耗任何电力或燃气，动力来源于现有的高压资源；

⑤零维护 / 最低维护，无活动部件；

⑥对 GVF 和气体成分的变化非常耐受；

⑦不受 "气锁" 的影响；

⑧能够应对段塞流条件和喘振；

⑨控制和仪表最少；

⑩安装简单快速；

⑪低风险；

⑫投资回收期短；

⑬能够同时从多个低压井提高产量；

⑭地面安装；

⑮专为管道规范和极高压力/温度额定值而设计。

MPSJP 面临的主要挑战是，下游管道可能没有足够的能力处理高压井和低压井的合流，并且需要提供高压动力源。为地面喷射泵提供动力以增压多相流的动力源可以是以下动力源之一：

①多相高压油井；

②高压单相液体（注入水/输出油等）；

③高压气源（输出/提升气体压缩机和气井等），可用于为放置在接收低压流体的分离器气体出口上的 SJP 供电。

5.2.2.2　MPSJP 系统在低压油井增产中的工作原理

MPSJP 系统可有效提高低压油井的产量。系统的性能可以通过排放压力和低压流体压力之间的压差来测量。在这种情况下，影响 SJP 性能的主要因素是高压与低压压力比、流量比和低压流的 GVF。还有其他次要因素，如操作温度和各相的密度。只要流经 SJP 的流体处于完全湍流区域，黏度的影响可以忽略不计。

图 5.2.16 为 MPSJP WELLCOM 系统结构图。该系统还配有压力仪表和位于 I-SEP 气体出口的调节阀。

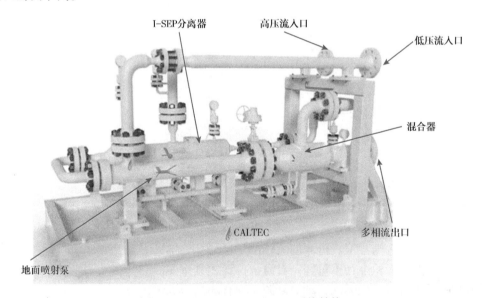

图 5.2.16　MPSJP WELLCOM 系统结构

I-SEP 的功能是分离高压井的气流和液相。分离出的液相被输送至速度阀芯的高压进口。分离的气相绕过 SJP，并通过混合滑阀与来自 SJP 出口的流体混合。I-SEP 气体出口管线上的截止阀主要用于调节，还可使分离的高压气相的压力降至下游混合滑阀和 MPSJP 系统出口管线的压力。SJP 接收分离的高压液体作为流经 SJP 喷嘴的动力流，当高压液体通过 SJP 的喷嘴时，部分势能（压力）被转换，在这种情况下，SJP 会降低所选低压井的工作压力，并将其压力提升至下游生产系统规定的压力。根据压力—流量关系，这反过来将增加所选低压井的产量。

混合滑阀的功能是允许来自 SJP 出口和 I-SEP 气体出口的液体有效混合，该系统在 SJP 的上游和下游配备了多个压力表，有助于监控系统的性能。

值得注意的是，该 MPSJP 系统的作用与机械式多相泵（MPP）相同。主要区别在于，MPSJP 系统不需要直接电力或燃料消耗，因此该系统可以在没有公用设施和基础设施的偏远地区使用。MPSJP 也比 MPP 更简单，成本更低。

5.2.2.3　MPSJP 系统应用案例

图 5.2.17 显示了 MPSJP WELLCOM 系统的示例。在这种情况下，MPSJP 用于两个不同的多相低压井，一个是低产间歇式生产井，另一个是已死亡 10 年的非自流井。动力由附近的高压多相井提供。结果表明，MPSJP 降低了 WHP 压力，该压力首先将死井井筒内积聚的液体卸载，然后使其恢复，平均日产量为 1100bbl，井口压力降低 50psi。在第二种情况下，MPSJP 还将第二口低压井的产量平均提高了 400bbl/d，FWHP 降低了 45psi。

图 5.2.17　安装在现场的 MPSJP WELLCOM 系统

多相地面喷射泵包含一个特殊设计的紧凑型分离器（当其他多相井用作高压源时），在提高低产油量油井的产量和恢复充满水或由生产管汇压力排出的死井方面非常有效。产量增加是通过降低施加在井口上的回压来实现的，并且取决于低压井的产能指数。该技术非常独特，为使用多相泵和许多 IOR/EOR 技术提供了一种非常经济高效的替代方案。它是地面安装的，可以在不改变正常生产管道路径的情况下在旁通线上进行改造，避免了油井干预的主要资本和运营支出。

参 考 文 献

Mali P, Singh R, De S, et al., 1999. Downhole ESP & Surface Multiphase Pump – Cost Effective Lift Technology for Isolated and Marginal Offshore Field Development. SPE–54375–MS.

Malone L, 2016. Case Study Gas Interference: Manage or Mitigate Presented at the Southwest Petroleum Short Course, Lubbock, TX.

Marathon Oil, 2021.Field Service Management FSM | 7.1.1 Available at: https://www.marathonoil.com/sustainability/highlights/technology–and–innovation.

McCoy J N, Rowlan O L, et al., 2017. "Gas Separator Selection And Performance", Presented at 2017 Southwest Petroleum Short Course, Lubbock, TX, Available at: https://www.echometer.com/Portals/0/Technical%20Papers/SWPSC_2017_DownHoleGasSeparationandPerformance.pdf.

M–I SWACO, 2021.3–Phase Separator' pamphlet Available at: 3–Phase Separator(slb.com).

Mingo, 2021. Ninja LCI–Liquid Concentrating Intake Available at http://mingomanufacturing.com/wp-content/uploads/2017/05/MM–Ninja–LCI.pdf .

Mingo, 2021. Ninja Gas Separators – Rod Pump Available at http://mingomanufacturing.com/wp-content/uploads/2017/10/Mingo–NInja–RP.pdf.

Mirza M, Soegiyono R, Syaifudin A, et al., 2009. Permanent Downhole Cable to Surface Gauges Technology and Real–time Monitoring System Optimizes Artificial Lift Production Operations, B–Field in Sultanate of Oman Case Study. IPTC–13967.

Molenaar M, Hill D, Webster P, et al., 2012. First Downhole Application of Distributed Acoustic Sensing for Hydraulic–Fracturing Monitoring and Diagnostics. SPE Drill & Compl 27: 32–38. SPE–140561–PA.

Mueller L, Dietrich J, Gisbert S, 2005. Multiphase Boosting in Oil and Gas Production. IPTC–10143–MS.

Granado L, Drago A, Smail F, et al., 2019. Gas Field Revitalisation Using Optimised Multi–Phase Pumps Installations That Can Manage Up to 100% Gas Volume Fraction, First Application in Algeria. SPE–196296–MS.

Nagoo A, Kulkarni P, Arnold C, et al., 2018. A Simple Critical Gas Velocity Equation as Direct Functions of Diameter and Inclination for Horizontal Well Liquid Loading Prediction: Theory and Extensive Field Validation. SPE–190921–MS.

Nagoo A, 2018. Gas Velocity–Based Lift Curves for Quantifying Lost Production in Liquid–Rich Permian and Delaware Basin Horizontal Liquids Loaded Wells. SPE–191772–MS.

Neuhaus C, Telker C, Ellison M, et al., 2013.Hydrocarbon Production and Microseismic Monitoring – Treatment Optimization in the Marcellus Shale. SPE–164807–MS.

Oxley K, Shoup G, 1994. A Multiphase Pump Application in a Low–Pressure Oilfield Fluid–Gathering System in West Texas. SPE–27995–MS.

第6章 自动化监测与管理技术

北美页岩区块大型钻井项目创造了很多自喷井，但由于区块、储层的差异，井及井组的产能可能有较大差距，在生产过程中，保持生产井都处于最佳状态是非常困难的。随着自动化技术的进步，生产参数监测、实时远传通信、专家系统决策及反馈控制等技术越来越先进成熟，通过应用自动化技术监测与管理油气井，能够显著提高页岩区块运营和生产收益。

目前，国外页岩气自动化及信息化水平根据井场规模有所不同，在大型生产平台上，页岩气公司使用油服公司提供的信息化管理系统，远程监控、操作井场的运行，不仅节省了大量的人工成本，也降低了高压区的操作风险。

在规模化的页岩气井场上，运营商通过电子传感器、远程控制系统、无线传输系统来组成自动化井场。同时，为了维护油井作业的安全，井场配备了紧急关闭系统（ESD），可以用现场的开关和（或）远程监控和数据采集系统（SCADA）来控制。

6.1 自动化监测系统

6.1.1 控制系统

在 Haynesville 页岩区的 Louisiana 北部部分，壳牌国际勘探与生产公司在控制油井生命周期的自由流动阶段方面取得了成功。每口井都配备了如图 6.1.1 所示的控制系统，流量由自动节流阀控制。

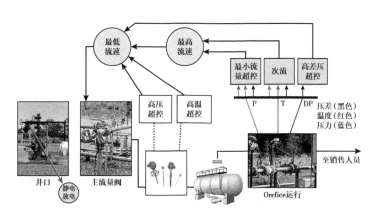

图 6.1.1 自动节流控制系统

实现控制所需要测量的参数为：连接外输管线孔板的流动压力增量（Delta Pressure，DP）和流速，以及供给分离器的出油管的静压和温度。为了实现有效控制，电路系统必须包括比例积分微分（PID）控制回路和编码算法，能执行流量计算，并能与 SCADA 系统进行通信。整个装置必须牢固，且有太阳能供电系统支持。

图 6.1.2 为壳牌公司设备，选择了艾默生远程操作控制器（ROC）800 系列设备，配套软件为 Production Manager，能够为用户提供访问和修改系统的界面。

图 6.1.2　壳牌公司太阳能供电自动化设备

操作人员可以设定油井到外输管线的流量，多个超控工作，系统可实现外输流量的稳定，如图 6.1.3 所示。

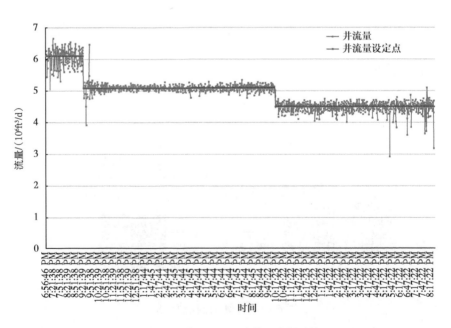

图 6.1.3　Haynesville 油井：流量响应

当一口井首次启动时，可以使用自动启动程序，以一致、快速和简单的方式实现最小流量。油井在线后，操作员可以逐渐将流量增加到所需的数值。

无论何时出现段塞流，都必须解决油井的液体装载和随后的卸载问题。随着油井产水，通过外输管线的气体流量减少。系统的主要流量控制编程响应此变化，并打开节流阀进行补偿。

随着油井卸载（水减少），气体流量迅速增加。主流量控制编程将补偿并开始关闭节流阀；然而，反应时间往往太慢。最好尽快将产量恢复到最佳水平，避免因外输管线压力过高而导致油井生产下线。

为了实现这一点，对孔板运行的 DP 进行监控。可以调整 DP 超控以获得更快的响应；因此，它可以使油井迅速恢复正常流量控制。

与生产水相关的另一个问题是确保井流速超过临界速度。由 Turner 和 Coleman 方程确定的临界速度意味着从井中提升液体所需的最小流速。低于临界速度的流动使水聚集在井中，最终减少产量。在这种情况下，可以手动输入流速值，也可以由 ROC 单元使用管道 ID 以及实时管道和流线压力值自动计算。

ROC 内的编程指令将在主要流量控制和临界速度设定值中的较大值之间进行选择。这样，流量将保持在操作员指定的设定点，直到达到临界速度。然后，控制系统工作，以保持足够的流速继续提取液体。

Haynesville 页岩区块中的油井往往达到 13000ft 的垂直深度。井底压力达到 10000psi（表），温度约为 325°F。典型外输管道的最高允许温度为 140°F，为此，应用燃气发动机驱动的冷却器（图 6.1.4）降低油气的温度。

图 6.1.4　燃气发动机驱动的降温冷却器

为了防止高温生产导致油井下线，高温超控 PID 回路会迅速响应，以降低设定温度。减少流经热交换器的流量有助于将平均温度保持在可接受的水平。

井场以外可能存在其他问题。下游天然气处理厂有时会出现问题，导致管道出现故障。PID 回路将减少流量，并防止高压波动使油井起下钻。这两种情况下的 PID 回路都可以根据需要进行调整，以将流量调整到可接受的数值。反应时间比一次流量控制回路配置的反应时间要短得多。

图 6.1.5 显示了对高压的响应。在本例中，当压力峰值达到约 1250psi（表）时，油井以约 $10 \times 10^6 ft^3/d$ 的速度流动，导致流量突然减少。流量最终在主流量设定点附近重置，并由操作员确定一个新的压力控制点。

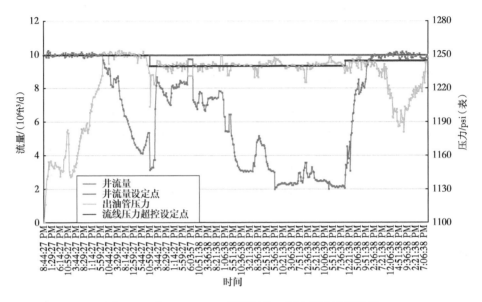

图 6.1.5　某 Haynesville 页岩气井：压力超控流量结果

控制系统的优点包括：

（1）无须人工控制重新启动油井，否则该油井会因高温或高压短期条件而生产下线。

（2）使工作人员能够以更快、更安全的方式保持井正常生产。

（3）无需在井场花费大量时间来执行操作以达到最佳流速。

避免生产延期是另一个好处。由于天然气生产流向管道，任何类型的下游问题都需要减少流量或关闭油井。该自动化系统可以远程修改设定点并快速使油井恢复运行。

6.1.2　测量与分析

永久性地面和井下测量技术在可用性、可靠性、性能和成本方面有了长足的进步，并越来越多地用于油井和设备的实时监测。永久性井下传感器用于测量压力、温度、流速、液相，并反映井筒中的操作条件。地面传感器系统提供压力、温度、液相和流量的实时测量，需要进行集成分析。由此产生的大量数据给数据管理、评估和分析带来了挑战。重要的是，生产分析人员能够访问提供实时高效可视化和分析的工作流和工具。最佳方法是实时或近实时地对数据进行可视化和分析，获取可操作的信息，以便及时、准确地做出决策。

永久性井下仪表用于监测储层排水、注入效率、完井硬件性能和井下泵性能。由此产生的一些好处包括降低运营成本、提高安全性和适当监控油井完整性。目前，越来越多的操作员依赖实时永久性仪表，这证明了从井下永久性仪表和地面测量中获得信息是合理的。

油井的生产改进可能涉及一系列干预措施：节流管理、地面设施调整、人工举升的实施和改变、井筒完井的改变、分层补孔、增产或隔离等。在发现生产率或阶段达到经济上不可接受的极限后，尝试这些补救程序。补救措施可能会重建或增加产量，但如果没有后续监督，则无法确保持续改善。实施基于地表测量和 SCADA 集成软件（如 CygNet®、LOWIS™ 和 i-DO®）的监控方案，通过将操作保持在系统限制范围内，从而可以持续优化具有不同人工举升系统（ALS）的生产井，从而提高运行寿命。请注意，此类集成软件系统中的基础井模型依赖于重要参数，如地面和井底流动压力、温度、含水率、气油比、试井流量等。

　　传统上，使用试井测量、生产测井和井筒梯度测量来评估这些参数。然而，此类数据捕获的频率通常不足以解决正常发生的生产变化。一个相关的挑战是这些数据集之间缺乏同步性，这通常会导致对生产行为的不准确预测。这反过来会导致延迟或错误的干预决策，而且往往代价高昂。

　　过去，定期测试和测量方法之所以有效，是因为储层和完井的动态性较低，或者被认为是如此。此外，测量关键参数的实时技术不可用、不太可靠或非常昂贵，将数据转换为可操作信息的工作流程也不成熟。如今，实时测量技术已被世界各地的运营公司所证实和广泛接受。这些技术可以作为完井作业的一部分或作为人工举升井下组件的一部分永久安装在地面系统或油井中。

　　在以下情况下，永久性实时系统的使用变得至关重要：

　　（1）容错率低的高价值油井，例如深水、海底、高温高压和大容量。

　　（2）流动条件是动态和瞬态的非常规井。

　　（3）智能井配备井下流入控制阀或装置（ICV 或 ICD），以优化多区应用的生产。

　　（4）井数量多，但资源有限的油田的生产管理中，监测和监视必须是连续的，但不依赖于人力，且分析必须优先考虑并基于例外情况。

　　（5）灵活的双向通信和远程控制可以最大限度地减少现场访问的远程位置。

　　（6）越来越重视井的完整性和 QHSSE，同时通过最小化侵入性测试来降低 NPT。

　　永久性实时监控系统使操作员能够最大限度地减少产量下降，减少设备故障，识别并采取预防措施，以应对破坏性和潜在的不安全条件，如水合物、沥青质或蜡沉淀。另外，以实时井下压力和温度读数、地面或井下流量，甚至含水率测量的形式获取油井脉冲，可以帮助操作员优化生产。在智能井中，实时井下流量测量使 ICD 或 ICV 能够根据井况变化进行操作，以将产量保持在操作参数范围内。实时数据可以帮助在更短的时间间隔内更新地质模型，从而更快地减少其不确定性，最终显著提高储层波及效率。

6.1.2.1　地下测量

　　有广泛的地下测量技术可以应用，这些传感技术可以分为两大类：电子技术和光纤技术。

　　（1）电子仪表。

　　基于电子的技术用于中等温度和压力环境中的常规用途。这些大容量、经济的仪表广泛用于压力、温度和振动测量，并与人工举升系统、生产井和注入井监控以及区域生产管理应用相结合。在人工举升应用中，将泵吸入和排出压力与振动数据相结合的能力可以对设备进行持续的健康检查，并能够进行主动的举升调整，以使生产率与油藏能力密切匹配。主动提升管理将生产率保持在安全水平，以避免油藏伤害。举升管理还有助于避免因使用不正确的设置或过大的设备而导致举升设备损坏，从而使举升系统超出储层的输送能力。

商用压阻式电子技术的额定压力为 10000psi，额定温度为 302°F。基于石英的电子技术的最新发展支持在更高的压力（高达 25000psi）和温度（高达 392°F）下进行传感，分辨率更高，数据更新频率更高，以及单芯电缆上多达 16 个传感位置。图 6.1.6 显示了在使用螺杆泵（PCP）生产的重油井中，通过井下 P/T 测量实现的人工举升优化。

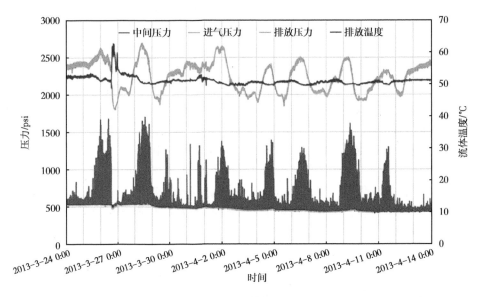

图 6.1.6　利用井下 P/T 测量进行 PCP 优化（Gustafsson 和 Noble，2013）

使用永久性井下压力计（PDHG）的连续实时数据可以帮助储层工程师监测其油井，同时为操作员提供油井性能分析的诊断工具。如：基于 PDHG 获得的目标流动井底压力实施 PCP 井的压力控制；使用 PDHG 的智能井应用可以在泵入口上方的最低液位下操作油井，同时防止由于 PCP 干运行条件导致的故障事件；PDHG 在大规模优化增产和提高采收率方面的应用；页岩气井中应用 PDHG 进行 ESP 和气举优化等。

（2）光纤压力计。

光纤井下传感技术可以以更高的数据密度实时监测井底状况，可靠性也得到大幅度提高，典型应用如图 6.1.7 所示。

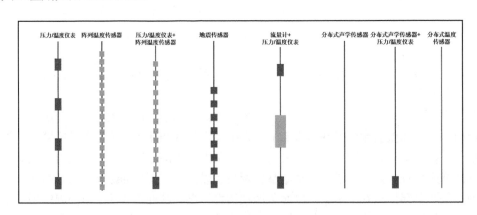

图 6.1.7　光纤技术传感器可选探测方式

光纤井下传感技术可以实现强大的、可靠的点测量和多点传感器测量，可测量的参数包括压力、温度、流量和地震参数等，大大扩大井下参数测量数量和范围。光纤电缆通常包含三根或四根光纤，可以在同一根电缆甚至同一根光纤中组合多个测量值，如图 6.1.8 所示。使用光纤的分布式温度传感（DTS）和分布式声传感（DAS）技术已在第 4 章进行了详细介绍，本节不再赘述，本节重点介绍井下仪表和传感器。

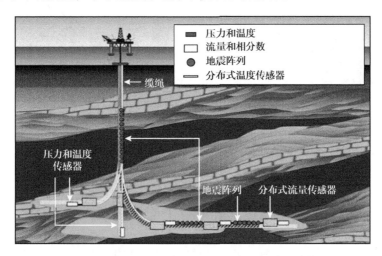

图 6.1.8 光纤传感技术井下部署方式

（3）基于光纤的压力和温度计。

压力和温度井下仪表是海上油井、智能完井、高速天然气／石油生产井、海底井和高温高压井的完井设计中的常见组件。在这些类型的井上使用光学测量仪正逐渐成为常规选项。图 6.1.9 显示了一个光学压力表组件。市售的光学 P/T 压力表的额定压力为 20000psi，额定温度为 446℉。

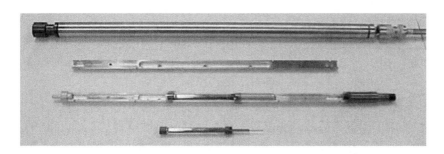

图 6.1.9 光学压力表组件

在高速产气井和凝析油井中，高流速引起的振动会导致部署的石英仪表出现重大故障，据统计，电子石英压力计的故障率超过 40%，而光学压力计在研究期间的可用性为 100%。因此，部署光学温度和压力仪表的主要驱动力是避免额外的措施，并在这些高价值井上减少停产时间。用于温度压力测量的电子或光学技术的应用取决于压力和温度额定值、应用场所、故障率接受度和成本等因素。图 6.1.10 是 Enyekwe 等根据人工举升和高温高压工况下不同井下永久测量仪应用情况绘制的 PDHG 适用性的雷达图。

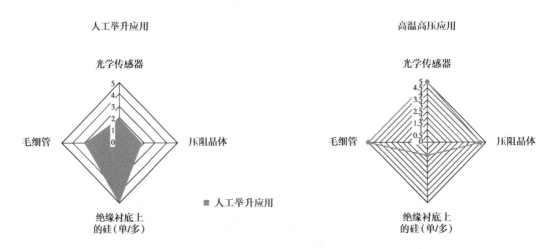

图 6.1.10 PDHG 技术的适用性雷达图

（4）基于光纤的分布式和阵列温度传感器。

DTS 和多点阵列温度传感（ATS）是两种基于光纤的温度测量技术。

①分布式温度传感（DTS）。

沿光纤的温度变化会导致光纤内的光传输特性发生变化。这些变化可以在地表感知，并转换为温度测量，位置分辨率约为 1m。因此，温度是沿着纤维长度而不是离散点记录的。

Allanic 总结了 DTS 在道达尔应用领域：

a. 井内生产验证。

b. 油井动态监测，包括气举注入深度，完井完整性，结垢或蜡定位。

c. 储层监测，包括生产区或注入区的位置，意外流体突破的早期检测，横流或窜流，流入剖面，控制蒸汽驱动态。

d. 地球物理监测。

②光学阵列温度传感（ATS）。

ATS 由位于光纤电缆上离散测量点的光学仪表组成。该系统基于成熟的光学布拉格光栅（BG）技术，用于光学压力和温度计。BG 技术的波分复用（WDM）功能允许在一根光纤上部署多个点传感器。

ATS 的主要优点是综合了高性能，包括精度（0.5℃）、分辨率（0.01℃）和稳定性（1℃）、更快的响应时间（每秒一次读数）和对氢变暗的敏感性更低。45dB 的更大动态范围使系统能够在不影响测量的情况下承受传感光纤明显更多的累积氢变暗。通过在一根光缆中安装 40~80 个传感器，在两根光缆中安装多达 120 个传感器，提高了空间分辨率。

总之，用于光学温度传感的两种技术 DTS 和 ATS 各有优缺点。例如，DTS 允许在整个光缆长度上进行空间覆盖，但更新速度较慢，对光损耗的敏感性更高。ATS 技术可提供超高温的稳健测量，即使在存在更高光学损耗的情况下也能提供更高的分辨率和更好的稳定性，更新速度比 DTS 更快，但空间覆盖范围可能更有限。ATS 和 DTS 的组合现在可用，在某些情况下，可以为井下温度监测和剖面分析提供最佳解决方案。

（5）基于光纤的分布式声传感器（DAS）。

DAS 是将部署在整个井眼上的标准光纤转变为永久性麦克风阵列。DAS 已证明其用于监测水力压裂（HF）增产作业，用于实时确定注入流体和支撑剂的体积，以便更好地了解和优化与 DTS 结合的处理设计；用于获取垂直地震剖面（VSP）测量和微地震活动，其中一组常规检波器现在可以用 FO 电缆代替。

（6）基于光纤的永久性井下流量计（PDFM）。

PDFM 是非侵入式的，这种技术通过测量体积流体中的声速（SoS）和体积流速，并将整体的 SoS 和各相的 SoS 相结合，以确定各相分数，这样基于体积速度测量的总流量可以分解为单独的相流量。两相流中，该技术可以确定含水率或 GVF，在三相流中，还需有流体的混合密度才能确定各相分数。PDHM 还可以用于压力瞬态分析，以获得渗透率、表皮系数、生产指数（PI）和平均储层压力变化趋势。另外，PDHM 与 P/T 仪表相结合也成功实现了水平井中三相流的测量。

6.1.2.2　实时地面流量测量

地下技术支持对压力、温度、声学、振动和流量进行实时井内生产监测。然而，测试和分离设施的地表流速测量是井和储层性能的关键性能指标（KPI）。流量测量技术的最新进展在井口或中央处理站点附近提供了实时、连续的含水率和流量测量，而无需流体分离。

（1）含水率测量。

含水率是生产井的关键流动性能指标。传统上，含水率是在定期生产井测试期间确定的。有不同的技术来测量生产流体中的水，例如使用无线电或微波频率的介电测量、近红外（NIR）测量以及不太常见的基于伽马射线的仪器。图 6.1.11 显示了 RedEye® 含水率测量技术使用的光谱学基本原理，该技术依赖于油和水之间 NIR 辐射吸收的巨大差异。它同时测量多个红外波长的传输。仪表性能不受水化学或盐度变化的影响，因为水的吸收曲线受水分子本身而非溶解成分的控制。含水率是通过求解多个同时存在的吸光度方程来确定的，每个波长一个。

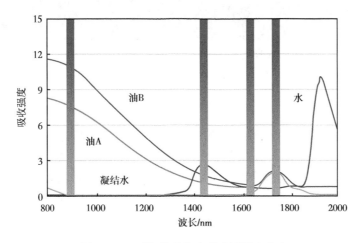

图 6.1.11　近红外吸收光谱法测量含水率

该近红外传感器适用于多相流（油／水／气），可实时监测井口或井口附近的含水率。且可用于任何多相管线，无论是上部组块还是水下，用于灵敏的出水检测和随后的产水跟踪，并在油井和储层的整个生命周期内跟踪产水量。这些传感器在模块化多相流量计中也起着关键的含水率测量作用。该技术在生产测量和生产分配的准确性方面提供了很大的进步。

（2）水下含水率计。

水下油井通常在到达平台之前就已经混合在一起，因此，在单个油井的基础上追踪水的唯一方法是通过差分测试或在混合点上游的水下安装计量设备。这意味着在每口井或海底管汇上安装昂贵的海底多相流量计。最新技术能够以紧凑且经济高效的方式，在井口的水下油井的产出中实时测量含水率。

6.1.2.3 多相流测量（MPFM）

自 20 世纪 90 年代中期以来，多相流量计（MPFM）已发展成为世界各地许多运营商采用的一种通用技术。多相和湿气流量计提供油、水和气体流量测量，无需分离（图 6.1.12）。与传统的三相测试分离器相比，这种流量计可以显著节省资本支出，尤其是在高压和腐蚀性工艺流体应用中。与传统分离器相比，它们也更易于维修，并具有内置诊断功能，以跟踪性能，并在出现问题时立即提醒操作员。QHSSE 也得到了改善，无需使用测试分离器和相关体积的加压可燃碳氢化合物。

(a) 传统分离器　　　　　　　　　　(b) 多相流量计

图 6.1.12　传统分离器与多相流量计占用空间比较

6.1.2.4 测量数据分析

通过实施监测，将获得大量数据，测量井下压力、温度和流量通常会在每口井每天生成千字节到兆字节的数据，而 DTS 可以生成高达 1GB 的信息，DAS 的数据规模则要在 TB 范围内。如此大的数据量给分析员带来了巨大的挑战，他们习惯于每周或每两周对每口井进行几次点测量。另一个挑战是离散数据处理，其中使用独立软件包进行举升或油藏的数据分析。实时监测数据需要数据库系统进行数据管理，并定义数据预处理规则，以提高数据的可靠性和安全性。

由于 MPFM 技术仍存在测量结果可靠性不高、设备成本及租赁费用较高等问题，该技术的应用范围有限。图 6.1.13 为两口页岩气井地面流量计测量结果对比，生产情况接近的两口井测量结果差异较大。

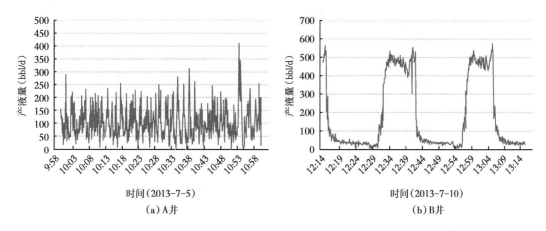

图 6.1.13 Eagle Ford 两口页岩气井的流量测量结果对比

在任何工业控制环境中，当检测到控制回路内的故障时，必须将工艺条件恢复到正常或安全状态，以防止火灾、石油化学品泄漏、废物泄漏和其他可预防的灾难。执行此功能需要实施"故障保护控制系统"。

在无线技术出现前，铝线和铜线是控制和监控远程仪器设备的唯一手段。硬连线系统虽然相对可靠，但由于线缆本身的成本及挖沟开槽、安装及可操作性等方面的成本增加，以及雷电、火灾、电偶腐蚀、电解及磨损老化等物理因素的影响，其局限性日益明显。

现代无线技术已被证明在取代远程硬连线应用时提供了同样可靠的故障安全解决方案。无线解决方案还具有成本更低、新项目启动和调试更快的额外优势。

6.1.2.5 监控系统结构

无线技术解决方案消除了硬接线不可避免的成本。而且，当使用无线系统取代硬线方法时，完全不需要控制仪表回路中的长距离模拟（4~20mA）I/O 模块和模数转换器，从而降低了额外成本。所有输入和输出（I/O）都通过串行通信（Modbus）与控制设备进行简单中继，从而进一步降低了布线和安装时间的复杂性。通常使用分布式控制系统（DCS）、可编程逻辑控制器（PLC）或其他远程终端单元（RTU）来控制阀门（控制设备）。图 6.1.14 的方框图描述了一个典型的硬线连接和无线控制的回路，用于带反馈的阀门控制。

图 6.1.15 描绘了一个故障安全控制回路，该回路使用气开式执行器来控制阀门。这种断电状态一般称为开环。通常，使用插入式继电器可以保护控制电磁阀的控制设备的输出电路。控制装置的输出驱动插入继电器线圈，继而将阀门打开或关闭。控制装置输出通过插入继电器与电磁阀线圈隔离。这样做是非常必要的，因为控制设备 I/O 和电磁阀之间的额定电压通常不同，或者因为控制设备的输出电流额定值不足以驱动电磁阀所需的更大电流。图 6.1.15 中要关闭的阀门，因为监控和控制仪表回路的 SCADA 系统已启动阀门关闭，或者控制设备中的逻辑单元无法从流量计读取流量，在任何一种情况下，控制设备的输出都会断电，从而移除插入继电器线圈的接地源。阀门电磁阀连接到插入式继电器的打开触点。在这种情况下，阀门电磁线圈断电，没有仪表空气供应到阀门执行器隔膜，使其保持关闭状态。

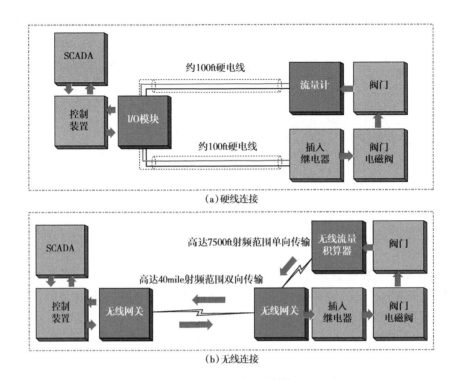

(a)硬线连接

(b)无线连接

图 6.1.14　监控系统结构

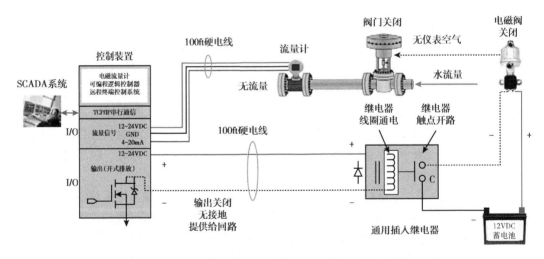

图 6.1.15　硬线连接阀门控制——开环图（阀门关闭）

图 6.1.16 描述了一个运行故障保护仪器回路。在这种情况下，SCADA 计算机系统已启动控制装置以打开阀门。控制装置已使输出通电，并为插入式继电器线圈提供接地。一旦插入式继电器线圈通电，触点将从断开切换到闭合。通过闭合触点，高电流电磁阀接地。一旦电磁阀通电，仪表空气会对阀门执行器隔膜加压，使其打开，从而允许水流动。水流量计由控制装置监控以进行反馈。这种情况是故障保护仪表闭合控制回路运行，因为

如果回路的任何部分出现故障，阀门都将关闭。

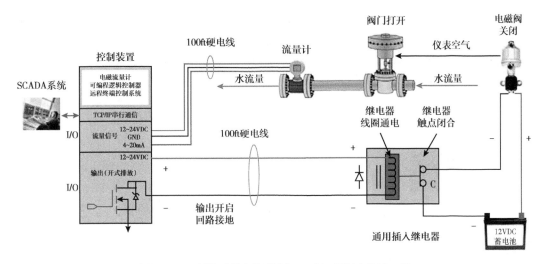

图 6.1.16　硬线连接阀门控制——闭环图（阀门打开）

确定控制阀可能是所述控制回路的关键部分。在使用故障保护方法时，如果说控制阀是回路中最重要的部分，那就不准确了，因为所有部件都是相互关联、相互依赖的。将上述示例控制回路视为一个仪表链。和其他链路一样，整个链路的强度取决于其最薄弱的一环，如图 6.1.17 所示。

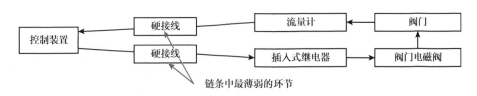

图 6.1.17　硬线连接薄弱环节示意图

将控制设备连接到流量计和阀门的电缆和导管成为硬线应用中最薄弱的环节。控制回路布线和数据布线通常位于导管或电缆桥架中，随着时间的推移会老化和失效。直埋电缆既昂贵又耗时。此外，布线可能会以多种方式损坏，包括挖沟、浸水和电解。

6.1.2.6　无线连接监控系统控制方式

使用无线技术可以解决硬线连接存在的问题。无线系统技术提供了一种低成本的解决方案，它消除了控制回路链中的连接，从而提供了一个强大、可靠的系统。

将图 6.1.16 中的电缆替换为无线连接（图 6.1.18），利用从无线网关到控制设备的 Modbus 串行通信替代昂贵的 I/O 模块；I/O 模数转换器被基于计算机的内存位置取代，其中包含过程变量的 IEEE 浮点表示。浮点表示可以支持范围更广、精度更高的值。此外，控制设备的总功耗较低，使其在功率有限的偏远地区应用也能确保其经济性。

图 6.1.19 描述了一个无线故障保护闭环。如果 DH2、控制设备或基本单元电子设备发生故障或断电，该无线应用程序将确保故障保护。这种应用背后的方法是，所有三种基于计算机的设备都保持持续通信。这是通过控制装置和 DH2 之间的串行 Modbus 通信实

现的，利用连接到阀门电磁阀设备的基本装置的脉冲输出功能。

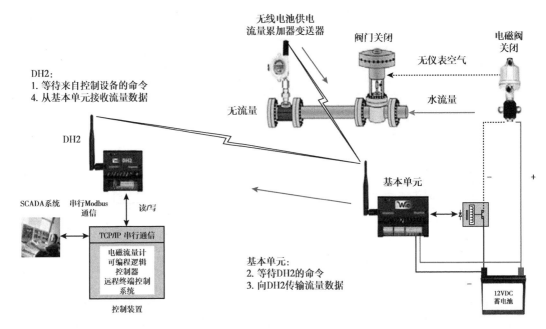

图 6.1.18　无线连接阀门控制——开环图（阀门关闭）

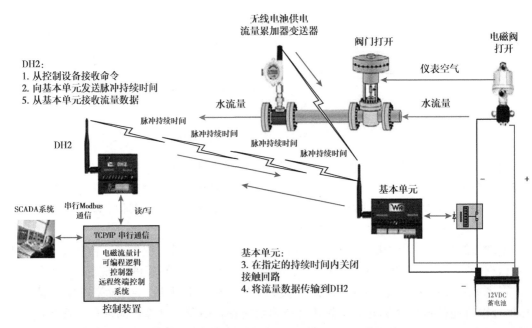

图 6.1.19　无线连接阀门控制——闭环图（阀门打开）

　　无线故障安全闭环始于控制设备不断将定时脉冲持续时间值写入 DH2 中的 Modbus 寄存器。一旦 DH2 收到写入命令，它会立即将数据传输至位于阀门处的基本装置。阀门上的电磁阀持续通电，从而保持阀门打开。如果电磁阀断电，阀门将关闭并切断水流。电磁阀由基本单元的开漏离散输出通电，该输出使插入式继电器通电。常闭状态将使电磁阀保持通电。这种状态是由 DH2 传输的重叠无线脉冲持续时间造成的。因此，如果由于无线故障而错过脉冲持续时间，则会出现打开状态，阀门将关闭。如果该回路为硬接线，且导线被切断或出现故障，则会产生相同的效果。基本单元可以为输出脉冲长达 25s。当基本单元收到一个新值时，它开始重新计数。例如，如果基本单元每 15s 从控制装置接收 25s 的脉冲值，则产生常闭状态。如果基本单元没有收到脉冲持续时间值，离散输出将在 25s 结束时打开，并保持打开状态，直到收到另一个值。此外，如果控制装置启动阀门打开，并且没有接收到来自无线流量计的无线反馈传输，则回路不会因故障而关闭。

在正常操作期间，控制装置接收来自无线流量计和基本装置的诊断数据。控制设备现在可以监控控制回路的状态，并通过串行读取 DH2 中的诊断 Modbus 寄存器来说明所有成功的 RF 传输。例如，如果无线流量计编程为每 1min 向 DH2 发送一次数据，则在接收到正确的射频传输后，诊断计数器寄存器会增加。如果由于 RF 故障，诊断寄存器没有增加，控制设备可以向 SCADA 系统发出警报，就像控制回路是硬接线一样，可以派遣技术人员或操作员诊断警报状况。

6.1.2.7　无线监控系统设计与应用要求

无线连接监控系统设计应满足以下要求：

（1）设计气体流量控制系统，应包括紧急关闭（ESD）。

（2）监督所有仪表和电气部件的施工、安装和调试，以及符合所有监管要求的整体系统设计，设计应符合当地石油与天然气装备安装法规。

（3）每个井场由一个 RTU 天然气测量橇块组成，该橇块位于距离 2~4 个井口约 500 码的位置，并配有隔砂过滤器。

无线远程实施井口操作应能实现以下控制：

（1）远程 SCADA 气体流量控制；

（2）远程 SCADA ESD 控制；

（3）带压力超控的气体流量控制；

（4）带防砂器 DP 超控的压力控制；

（5）本地 ESD 重置；

（6）井口套管和油管压力监测；

（7）管道高压监测；

（8）管道低压监测；

（9）砂滤器高压监测；

（10）砂滤器压差监测。

为了满足上述要求，无线系统取代传统的硬接线气体流量控制，不再需要长距离直埋模拟（4~20mA）电缆，大幅降低了初始成本。此外，无线传感器网络系统消除了通常用于硬接线控制仪表回路的 I/O 模数转换器模块。所有过程变量，如温度、压力和液位，都通过 RS 串行通信（Modbus）与 RTU 气体流量计算机进行简单传输。应用无线网关，进一步降低了系统复杂性、工时成本和安装时间。

通常，大多数硬接线流量控制应用程序使用传感器测量温度、压力、液位或其他变量，并将读数转换为信号（通常为数字，1~5VDC 或 4~20mA）。然后，RTU 流量计算机控制算法计算输出信号，并将其传输至流量控制阀IP。当使用数学算法控制流量控制阀时，首先设定流量的标准值，实际控制时计算RTU流量计算机测量的输出流量变化，通过阀门开度或关闭阀门来实现，流量将在设定标准值上下小范围内波动。

例如，Mcki Wireless使用RTU，该RTU可以通过串行通信读取无线过程变量，同时利用OleumTech无线网关提供的Modbus协议。通过消除带有基于计算机的内存位置（包含过程变量的IEEE浮点表示）的I/O模块，它们可以以更高的精度支持更大范围的值。此外，如果RTU、无线网关（连接到RTU）和井口网关之间的串行或无线通信丢失，ESD阀将自动关闭，PID将从自动控制恢复为手动，并将输出驱动至零，从而使过程故障安全。此外，一旦产生ESD，在操作员到达现场、解决问题并启动类似于硬接线控制回路的ESD重置按钮之前，该过程无法恢复正常。图6.1.20是用OleumTech无线传感器网络系统取代硬接线的概念框图。

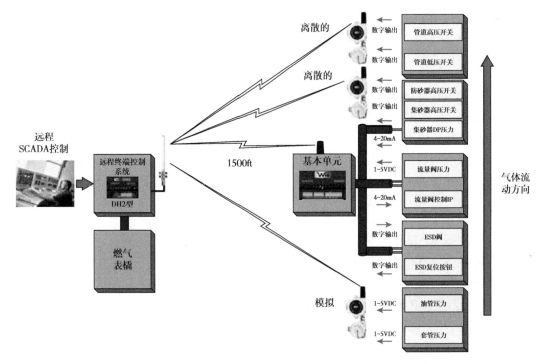

图6.1.20　气体流量无线测控系统框图

总体而言，环境影响使许多生产商采用了多井控制方案。硬接线多孔焊盘具有多根多芯电缆、多个接线盒，并且RTU成本在I/O中的每个井中翻倍。无线系统不需要任何多芯直埋布线。无线网关的每个井口外壳只需要一个接线盒。此外，井口网关的整体功耗较低，因此无线网类更容易在电力有限的偏远地区应用，且成本将显著降低。

6.2　生产井自动化管理软件系统

生产井自动化管理效率高，可靠性好，能够节省大量的人力和物力，为运营商和生产商带来显著的经济效益。自动化生产管理系统的硬件是实现功能的基础，而功能齐全、算法先进、反应快速的软件系统则是该技术得到推广应用的保障。Weatherford、Halliburton、Shlumberger 等油服公司均开发了功能齐全的生产井自动化管理软件系统。

6.2.1　Weatherford 云端平台 CYGNET® 和 FORESITE®

Weatherford 油服公司的云端平台 CYGNET® 和 FORESITE® 可以采集、管理和无缝集成数据，以支持企业范围内的生产优化，如图 6.2.1 所示。系统可在数小时内完成安装，通过谷歌云可靠托管，加速传统管理方式向智能化的自动化管理方式过渡。该系统可以根据实时监测数据或历史数据进行物理模型建模和预测分析，并提供直观的图形化显示。用户可通过基于 Web 的界面观察分析结果，并用来预测故障、减少生产下线时间、主动发现优化机会，最终实现生产最大化，并降低成本。

6.2.1.1　CygNet

CygNet 云端平台可以将数据仓库统一到一个单一的实时生态系统中，利用企业范围内的实时数据提高运营效率，并集成所有现场、生产、管道和业务数据，用户可以分析他们需要的每个业务功能中的数据并确定其优先级，最终即时将油田数据从井下传输到地面设施，再传输到管道，发送给所需用户。

图 6.2.1　Weatherford 云端平台 CygNet 和 ForeSite 平台界面

6.2.1.2　ForeSite

ForeSite 云端平台可以连接现有生产管理生态系统，并在未知领域有较好的扩展性，具备以下能力：最大限度地提高从井筒到加工厂的生产率；连接油井、储层和地面设施，以实现明智的决策；自动查明生产问题并确定其优先级，以实现主动优化；将实时数据与基于物理的模型集成，通过直观的 Web 界面提供关键见解。

ForeSite 是下一代自动化技术的前沿，ForeSite Edge 将数十年的 Weatherford 生产与先进的批量支持硬件相结合，最终提升资产盈利能力、生产力和正常运行时间。ForeSite Edge 利用井场的高频数据和建模进行真正的连续生产优化，包括自动提升调整和油井性能诊断。

ForeSite Edge 可以作为一个独立的自动化设备安装，也可以作为以太配置中现有设备的补充，通过持续分析和优化，最大限度地提高了生产效率，并改善了平均无故障时间（MTB）。此外，ForeSite Edge 通过让生产人员专注于主动优化而非被动维护，提高了运营效率，实现了举升设备组合和各种举升工艺的优化系统相结合。该软件系统具备的主要功能见表 6.2.1。

表 6.2.1　ForeSite 云端平台功能及可连接并监测与控制的设备

模块	功能
生产 （PRODUCTION）	井的监测与控制
	柱塞举升
	往复式杆式泵（RRL）
	气举
	喷射泵
	电潜泵（ESP）
	螺杆泵（PCP）
	自喷井
管道 （PIPELINE）	管道监测与控制
	气液耦合监测
	线包
	平衡
	气体负荷预测
通用设备 （COMMON）	罐监测
	压缩机监测与控制
	泵监测与控制
	工厂监测与控制
	警报管理
测量 （MEASUREMENT）	电子流量测量（EFM）气体和液体数据采集
	气体品质管理
	编辑、验证和评估

6.2.2　Schlumberger　生产管理系统

6.2.2.1　Avocet 生产运营软件平台

斯伦贝谢油服公司的 Avocet 生产运营软件平台主要包括生产数据管理、成交量和分配管理、生产数据报告等三个应用，其主要软件界面如图 6.2.2 所示。Avocet 平台的集成能力能够联结现场工作人员、生产和油藏工程师、生产会计和管理人员，从而实现多个学科的全球协同和远程操作；能够收集、存储和显示所有类型的生产操作信息（地面、井筒、井口和设施数据）以及测量数据（试井数据、流体分析、转移票据和储罐库存）；用户能够查看和跟踪公司、业务部门或地理级别的预测、生产目标、预算和其他KPI，且无论资产类型或位置如何，所有用户都可以在单个环境中看到资产性能。

图6.2.2　Schlumberger Avocet生产运营软件平台界面

通过Avocet平台将生产运营中获得的数据和测量数据与模拟模型相结合，可以为用户提供生产中断和不足原因的技术见解。该软件平台与其他斯伦贝谢软件平台和产品以及第三方软件相连接。例如，与OFM油井和油藏分析软件的集成可将数据轻松传输到Petrel E&P软件平台，以执行Eclipse行业参考油藏模拟器中的油藏模拟历史匹配等任务。最新模型帮助用户了解不断变化的生产条件将如何影响生产。通过将数据和模型统一在一个环境中，可以更快地确定问题的根本原因，从而最大限度地减少停机时间并优化生产。

Avocet平台还提供了用于加强监测和监视的运营解决方案，以帮助应对当今生产行业面临的关键挑战，从多相计量到ESP监测，以及管道瞬态行为（如清管和水合物）的管理。此外，该软件平台还提供了二次开发接口，提供了软件开发工具包（SDK），允许用户扩展和定制平台工作流程。

6.2.2.2　OLGA在线动态生产管理系统

OLGA在线系统可以具体地预测油井和管网的多相流行为。其预测能力确保了在不断变化的生产和现场条件下获得准确的结果。由于其模块化结构，PMS可以根据油井数量、管道数量或生产系统的复杂程度，灵活地根据用户需求定制功能。OLGA在线系统的核心是实时数字双核，即管道和油井产量的实时计算和表示，并且如管道压力、温度、流速、滞留曲线和其他关键生产参数实时数据和历史数据可随时调用和审查。核心功能如下：

（1）实时虚拟计量和仪器（现场数字孪生）；

（2）优化生产和正常运行时间；

（3）扩展操作包络线；

（4）关键事件通知（泄漏、水合物、井涌等）；

（5）带有现场条件的校准模型，用于导入OLGA模拟器；

（6）用于高效规划运营的 Web 场景工具；

（7）自动监测和报告。

6.2.3　Baker Hughes Sabio Production Link 人工举升监测系统

贝克休斯公司的 Sabio Production Link 平台能够对人工举升运行数据进行实时传输和监控，从而有效地优化生产，适用于任何类型的举升工艺，并能够将井场数据以 Web 页面的形式提供给用户。平台界面通过内置的实时诊断和分析能力促进工程师和操作员之间的沟通和协作。这使得实时决策与数据可视化，跟踪运营变化，并允许用户快速分配和解决任务。该界面还为操作员提供了与贝克休斯专家的即时访问，贝克休斯专家可帮助监测油井健康状况，并在发生事件时对油井及其设备进行主动变更、检测事件、传达所需问题，并提供适当建议。信息中心设置了趋势和报警选项，可通过电子邮件或短信通知用户任何可能影响系统或健康状况的更改，高级报警触发升级工作流，并向关键人员发送通知，以采取适当措施。关键性能指标（KPI）、诊断和分析功能为油井性能和设备效率提供了参考数据，可对其进行分析，以改进生产优化决策。

该平台可以生成可定制的自动报告，可以根据持续订阅发送，也可以根据需要通过电子邮件发送。还有一个 Production Link 移动应用程序，使用户可以在 iOS 和 Android 设备上远程监控油井。该界面可以用多种语言查看，包括英语、俄语、汉语和西班牙语。平台的主要特点如下：

（1）提供灵活的部署选项和具有端到端数据安全性的集成连接；

（2）通过双向监控优化 ESP、PCP、有杆提升、气体提升和地面泵送系统；

（3）降低运营成本和 NPT 风险；

（4）提供基于分析的实时预测性、规定性和描述性生产解决方案；

（5）使用基于物理的建模生成诊断分析；

（6）在无须管理设备的情况下，保持价格合理的实时流量和压力测量；

（7）除例行模型校准检查外，无需定期维护；

（8）准备自定义警报和自动报告；

（9）通过所有类型的人工升降控制器提供更高的灵活性，并与所有类型的 ESP 系统兼容。

参 考 文 献

Rassenfoss S, 2018. So Many Wells, So Few Engineers: Scaling Production Engineering for all Those Shale Wells. J Pet Technol 70: 39–42.

Sankaran S, Molinari D, Zalavadia H, et al., 2022. Unlocking Unconventional Production Optimization Opportunities Using Reduced Physics Models for Well Performance Analysis – Case Study. IPTC-22493-MS.

Sarshar S, 2012. The Recent Applications of Jet Pump Technology to Enhance Production from Tight Oil and Gas Fields. SPE-152007-MS.

Scott K, Chu W, Flumerfelt R, 2015. Application of real-time bottom-hole pressure to improve field development strategies in the Midland Basin Wolfcamp Shale. URTEC-2015-2154675.

Sherven B, Mudry D, Majek A, 2013. Automation maximizes performance for shale wells[J]. Oil Gas J.

Shuvajit B, Payam K, Timothy R, 2019. Application of predictive data analytics to model daily hydrocarbon production using petrophysical, geomechanical, fiber-optic, completions, and surface data: A case study from the Marcellus Shale, North America. Journal of Petroleum Science and Engineering, 176:702-715.

Sumaryanto, Lukman A, Kontha I, 2010. Optimizing Well Productivity and Maximizing Recovery from a Mature Gas Field: The Application of Wellhead Compressor Technology.SPE-132855-MS.

Horst V, Juun D, 2014. Fibre Optic Sensing For Improved Wellbore Production Surveillance. IPTC-17528-MS.

第 7 章　国内页岩气采气工艺技术现状

国内页岩气区块主要位于重庆涪陵、四川长宁—威远、云南昭通等地，具有较为成熟的页岩气开采技术。本章以涪陵页岩气田为例，介绍了国内页岩气采气工艺技术现状，为推动我国页岩气开采技术起到支撑作用。

7.1　涪陵页岩气田开发概况

川渝地区是中国页岩气资源量较大的地区，其中涪陵页岩气田主体位于重庆市涪陵区，处于中国石油化工股份有限公司（简称中国石化）"重庆市四川盆地涪陵地区页岩油气勘查"矿权区块内，区块勘查面积为 $7307.77km^2$。涪陵地区地质调查工作始于 20 世纪 50 年代，勘探开发历程可以分为 3 个主要阶段。

受美国页岩气快速发展的影响，2009 年中国石化正式启动了页岩气勘探评价工作，并将发展非常规资源列为重大发展战略，加快了页岩油气勘探步伐。2012 年 2 月，中国石化在最有利的目标区焦石坝，部署钻探了焦页 1 井。2012 年 6 月 19 日在焦页 1 井井深 2020m 处侧钻了水平井焦页 1HF 井。2012 年 11 月 7～24 日对焦页 1HF 井龙马溪组水平段分 15 段（38 簇）进行了水力加砂压裂。11 月 28 日开始放喷测试，获 $20.3×10^4m^3/d$ 工业气流。2013 年 1 月 9 日焦页 1HF 井投入商业试采，产气量为 $6×10^4m^3/d$，标志着涪陵页岩气田焦石坝区块正式进入商业试采。焦页 1HF 井于 2014 年 4 月 9 日被重庆市政府命名为"页岩气开发功勋井"。

2013 年，在焦页 1HF 井获得商业发现的基础上，优选 $46.8km^2$ 有利区域开展了开发试验评价。主要评价：水平井长度和方位的开发试验；压裂改造工程工艺技术试验，评价了不同压裂段数、规模对单井产能的影响；确定了合理单井产能。部署钻井平台 10 个，新钻井 17 口。2013 年 3 月 7 日，涪陵焦石坝区块开发试验井组第一口评价井焦页 1-3HF 井开钻，标志着开发试验井组评价全面展开。17 口开发试验井压裂试气均获高产工业气流，单井无阻流量为（15.3~155.8）$×10^4m^3/d$，单井配产可达到（6~35）$×10^4m^3/d$，其中焦页 6-2HF 井产气量为 $37.6×10^4m^3/d$，焦页 8-2HF 井 2013 年 10 月 8 日进行试气测试，产气量为 $54.72×10^4m^3/d$，计算无阻流量为 $15.58×10^4m^3/d$，创造了中国页岩气产量新高。

2013 年 11 月 28 日，中国石化通过了涪陵页岩气田一期 $50×10^8m^3$ 产能建设方案。部署平台 63 个，总井数 253 口（含焦页 1HF 井）、新钻井 252 口、利用井 1 口（焦页 1HF 井），总进尺 $116.8×10^4m$、平均单井进尺 4616m，动用面积 $2627km^2$，动用储量 $1694.7×10^8m^3$、平均单井动用资源量 $6.67×10^8m^3$，新建产能 $50×10^8m^3/a$。2014 年 1 月 29 日，焦页 15-2HF 井正式开钻，标志着涪陵国家级页岩气示范区试验井组圆满收官，一期 $50×10^8m^3$ 产能建设正式拉开序幕。2014 年 3 月 24 日，中国首个大型页岩气田——涪陵页岩气田提前进入商业化开发阶段，标志着中国页岩气勘探开发实现重大突破，加速进入商业化大规模开发阶段。2015 年 12 月 29 日，中国石化在重庆正式宣布首个国家级页岩气示范区——涪陵页岩气田，一期 $50×10^8 m^3$ 产能建设顺利建成，二期 $50×10^8 m^3$ 产能建设正式启动。

涪陵页岩气田目前生产区块三个（焦石坝、江东、平桥），焦石坝区块含气面积 $289.30 km^2$，地质储量 $2872.68×10^8 m^3$，技术可采储量 $718.17×10^8 m^3$，经济可采储量 $359.08×10^8 m^3$（开发年报数据）；由两个采气承包单位进行现场管理，投产井 296 口，涉及 74 个平台（焦石坝 63 个、江东 8 个、平桥 2 个、白涛 1 个），64 座集气站（焦石坝 53 座、江东 8 座、平桥 2 座、白涛 1 座），6 个巡检站，3 个脱水站。

7.1.1　地质概况

晚奥陶世—早志留世初期，川东南地区整体处于深水陆棚沉积相带，沉积水体相对平静、缺氧，有利于烃源岩的形成，富有机质页岩（TOC ≥ 1.0%）分布范围广、厚度大，厚度一般在 60~120m。涪陵页岩气田处于川东南深水陆棚的中心区域，陆源供给相对较少，总体为静水、缺氧、还原的沉积环境。富有机质页岩在五峰组—龙马溪组一段纵向连续稳定，中间无隔层，TOC 大于或等于 1.0% 的页岩层总厚度为 70.1~86.6m，TOC 介于 0.46%~7.13%、平均值为 2.66%，页岩处于过成熟阶段，镜质组反射率 R_o 为 2.22%~2.89%、平均值为 2.55%，有机质类型为 I 型。储层发育灰黑色含放射虫碳质笔石页岩、含碳含粉砂质泥页岩、含碳质笔石页岩、含粉砂质泥岩等岩相类型；在纵向上，页岩层段总体具有向上碳质含量减少、粉砂质含量增大、黄铁矿含量降低的趋势。因此，TOC 大于或等于 20% 的优质页岩气层位于五峰组—龙马溪组一段一亚段，总体具有高 TOC、高硅质矿物含量的特征。以焦页 1 井为例，优质页岩层（2377~2415m）TOC 普遍不小于 2.0%、最高可达 5.89%、平均为 3.56%；脆性矿物含量一般为 50.9%~80.3%、平均为 62.4%；硅质矿物含量最大达到 70.6%、平均达到 44.4%，既能为页岩气的形成提供良好的物质基础，又有利于后期的压裂改造。

焦石坝地区五峰组—龙马溪组一段页岩气层整体物性较好，以低—中孔、特低渗透—低渗透储层为主。常规氦气法物性分析表明，涪陵页岩气田优质页岩气层段孔隙度高、物性好，焦页 1 井岩心分析孔隙度为 2.78%~7.08%、平均为 4.80%，渗透率为 0.0011~335.2mD、平均值为 0.875mD。综合岩心、岩矿薄片、氩离子抛光扫描电镜等资料发现，涪陵页岩气田五峰组—龙马溪组优质页岩发育孔隙和裂缝两大类储集空间，氩离子束抛光扫描电子显微镜下识别出的孔隙类型主要有有机质孔、黏土矿物间孔、晶间孔和次生溶蚀孔，这些储集空间孔径主要介于 2~300nm。裂缝则主要包含微观裂缝和宏观裂缝，微观裂缝宽度一般小于 10μm，主要发育于片状矿物、有机质内部或边缘。宏观裂缝可分为水平缝（页理缝、层间滑动缝等）和高角度缝（斜交缝和垂直缝），其大部分被方解石或黄铁矿全充填。页理缝和层间滑动缝在整个川东南地区五峰组—龙马溪组底部常见，其中层间滑动缝层面一般存在大量平整、光滑或具有划痕、阶步等特征；高角度裂缝发育主要受构造作用影响，在焦石坝背斜构造主体，构造变形较弱，高角度缝总体不发育，规模较小；在焦石坝钻井中，常见到水平缝和高角度缝在五峰组—龙马溪组一段底部同时发育，从而形成相对发育的裂缝网络。四川盆地及周缘页岩气勘探实践揭示，顶、底板条件和后期构造作用的强度与时间控制了页岩气逸散方式、程度及丰度。

研究表明，涪陵页岩气田具有良好的顶、底板条件且后期构造作用相对较弱，造成页岩气层含气性好、地层能量高。

涪陵地区五峰组—龙马溪组页岩气层顶、底板与页岩气层位连续沉积，顶、底板岩性致密，突破压力高、封隔性好。顶板为龙马溪组二段灰色—深灰色中—厚层粉砂岩，孔隙度平均值为2.4%，突破压力为69.8~71.2MPa；底板为临湘组和宝塔组连续沉积的灰色瘤状石灰岩、泥灰岩等，孔隙度平均值为15.8%，突破压力为64.5~70.4MPa，具有很好的封隔作用。涪陵气田目前开发区主体在焦石坝构造，位于齐岳山断裂西侧四川盆地内，为似箱状断背斜，构造顶部宽缓、两翼陡倾，构造稳定；主体部位断裂不发育，断层主要发育于焦石坝地区东侧及西南侧边缘。焦石坝构造主体埋深适中，多大于2km，出露地层主要为侏罗系—三叠系，页岩气层五峰组—龙马溪组在焦石坝地区没有出露，侧向上无明显的泄压区，因此主体保存条件总体较好，页岩气层现场总含气量为1.19~9.63m³/t、平均为4.60m³/t，底部页岩气层含气量更高、平均可达6m³/t。而在焦石坝一期建产区东、西两侧，焦页3井、焦页9-3井、焦页42-3井、焦页3-2井在钻井过程中却发生了漏失、溢流、含气量降低等现象，其原因可能是边部断层以及断层附近大型高角度构造裂缝发育、保存条件变差所致。涪陵气田五峰组—龙马溪组一段天然气藏为典型的自生自储式连续性页岩气藏，焦石坝区块五峰组—龙马溪组一段气藏埋深一般为2300~3500m，平均地温梯度为2.83℃/100m，地层压力系数为1.55，气体成分以甲烷为主（含量为97.221%~98.410%），低含二氧化碳（含量为0~0.374%），不含硫化氢，为弹性气驱、中—深层、超高压、页岩气干气气藏。气井具有测试产量高、试产产量和压力稳定的特征，截至2017年底，在焦石坝主体区测试273口井，均获得工业气流，最高为62.85×10⁴m³/d（焦页81-5HF井），平均单井测试产量25.13×10⁴m³/d；发现井焦页1HF井已累计生产时间长达5年，累计产气量为1.05×10⁸m³（图7.1.1）。

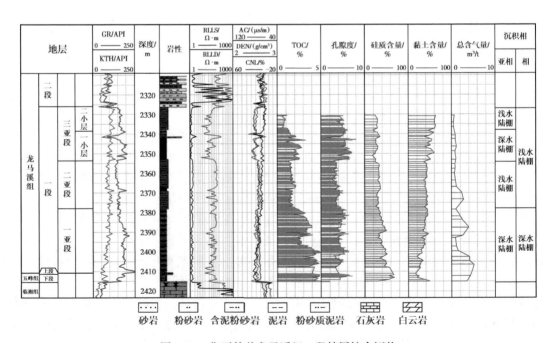

图 7.1.1　焦页某井龙马溪组一段储层综合评价

7.1.2　生产特征

涪陵页岩气田累计投产 296 口井［焦石坝区块 259 口（老井 254 口，上部气层 3 口，加密井 2 口），江东区块 32 口，平桥 3 口，白涛 2 口］，开井 286 口，开井率 97.3%，平均生产压力 7.38MPa，日产气 $1617×10^4m^3$（焦石坝 $1267×10^4m^3$），日产水 $3033m^3$（江东 $1549m^3$），平均水气比 $1.88m^3/10^4m^3$（江东 $4.77m^3/10^4m^3$），累计产气 $183.90×10^8m^3$；技术可采储量采出程度 27.93%，技术可采储量采气速度 8.60，产能负荷因子 1.26（江东 2.12）（表 7.1.1 和表 7.1.2）。

表 7.1.1　涪陵页岩气田整体开发指标

气田累计产气 / 10^8m^3	年累计产气 / 10^8m^3	月累计产气 / 10^8m^3	地质储量采出程度 /%	技术可采储量采出程度 /%	地质储量采气速度 /%	技术可采储量采气速度 /%
183.90	29.58	4.85	6.98	27.93	2.15	8.60
开井率 / %	保有产能 / $10^8m^3/a$	日产气量 / 10^4m^3	产能负荷因子	日产水量 / m^3	水气比 / $m^3/10^4m^3$	平均生产压力 / MPa
97.3	42.20	1617	1.26	3033	1.88	7.38

表 7.1.2　涪陵页岩气田分区块开发指标

区块	开井率 / %	保有产能 / $10^4m^3/a$	日产气量 / 10^4m^3	产能负荷因子	日产水量 / m^3	水气比 / $m^3/10^4m^3$	平均生产压力 / MPa
焦石坝	96.9	36.40	1267	1.15	1419	1.12	5.80
江东	100.0	5.05	325	2.12	1549	4.77	17.10
平桥	100.0	0.59	22	1.22	21	0.95	23.16
白涛	100.0	0.16	3	0.62	6	2.00	16.55

2021 年 6 月气田开井率 97.3%，全月生产井数 30 口，较上月减少，主要是因清管影响部分井关井 0.2~0.3d。生产天数不小于 25d 的气井共 136 口（45.95%），生产时间未满 24h 的气井共 10 口（33.8%）（图 7.1.2）。

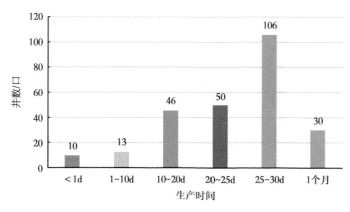

图 7.1.2　2021 年 6 月不同生产时间井数分布柱状图

本月未开井气井 10 口，其中计划关井 2 口（52-5HF 井和 52-6HF 井），非计划关井 8 口 [长停井 6 口（51-3HF 井、51-4HF 井、51-5HF 井、64-3HF 井、47-5HF 井、64-7HF 井）、躺井 2 口（47-4HF 井、62-4HF 井）]（表 7.1.3）。

表 7.1.3　气田 6 月生产时间不足 24h 气井统计表

序号	分类	井号	套压 /MPa	油压 /MPa	关井原因
1	长停井	51-3HF	3.94	3.83	水淹
2	长停井	51-4HF	6.01	3.29	水淹
3	长停井	51-5HF	5.72	5.14	水淹
4	长停井	64-3HF	4.74	4.57	水淹
5	长停井	47-5HF	15.44	7.58	水淹
6	长停井	64-7HF	11.15	19.80	水淹
7	躺井	47-4HF	0.37	—	水淹
8	躺井	62-4HF	0.04	0	水淹
9	工程因素	52-5HF	0	21.80	无支撑剂压裂
10	工程因素	52-6HF	0	9.95	无支撑剂压裂

气田开井 286 口（即生产时长满 24h 的井），气井平均生产压力 7.38MPa，最低 2.25MPa（增压开采井 49-4HF 井），最高 38.72MPa（新投产井 89-3HF 井）。

生产压力小于 10MPa 的井有 257 口，占本月生产井数 89.9%；目前涪陵页岩气田生产压力大于 15MPa 的井 20 口，主要为江东和加密新投产气井（图 7.1.3 和图 7.1.4）。

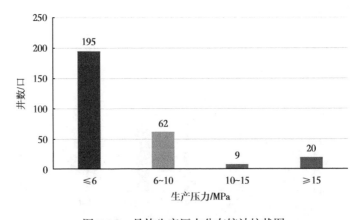

图 7.1.3　月均生产压力分布统计柱状图

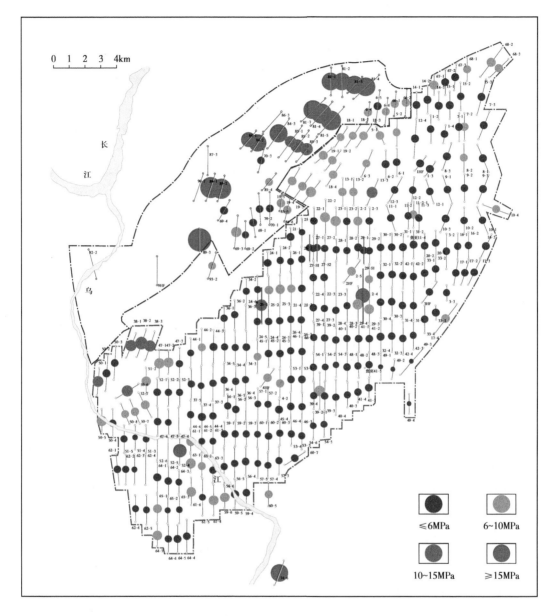

图 7.1.4　气田生产井月均生产压力分布图

　　针对焦石坝区块 254 口井,选取其中配产变化较小、压力递减趋势相对稳定的井,统计 9~10MPa、8~9MPa、7~8MPa、6~7MPa 以及 6MPa 各阶段压力累计产气(表 7.1.4)。从各阶段压力累计产气统计表上看,6~10MPa 的累计产量相对较为平稳,气井压力下降 1MPa 平均产量在 $380×10^4m^3$ 左右。

　　从各区域阶段日产气、累计产气统计表上看,西区的各阶段配产较高,气井压力递减较快,单位压降产量较低。主体区的气井压力递减较为稳定且单位压降产量较高,主体区部分气井仍有较高的产气能力。

表 7.1.4　各区域不同压力阶段日产气、累计产气统计图

不同压力阶段	9~10MPa		8~9MPa		7~8MPa		6~7MPa	
统计项目	日产气 / 10^4m^3	累计产气 / 10^4m^3	日产气 / 10^4m^3	累计产气 / 10^4m^3	日产气 / 10^4m^3	累计产气 / 10^4m^3	日产气 / 10^4m^3	累计产气 / 10^4m^3
主体区	8.62	381.98	8.49	435.74	8.66	408.49	7.69	428.90
西区	11.29	197.95	10.25	260.43	9.73	324.63	7.43	418.57
东区	6.26	260.19	6.30	327.74	6.28	330.67	5.90	312.91
平均水平	8.49	335.78	8.38	395.62	8.41	383.17	7.24	401.13

7.1.3　井型及完井管柱

涪陵焦石坝区块地层自上而下依次为：中生界下三叠统嘉陵江组、飞仙关组；古生界二叠系上统长兴组、龙潭组，二叠系下统茅口组、栖霞组、梁山组，石炭系中统黄龙组，志留系中统韩家店组，志留系下统小河坝组、龙马溪组，奥陶系上统五峰组。主要钻井完井难点有：

（1）涪陵地区为山地丘陵地形，地表出露地层为嘉陵江组灰色、深灰色石灰岩，在地下水和地表水的岩溶作用下，喀斯特地貌发育，山体沟壑较多，因此钻前工程难度大，费用高。

（2）地质条件复杂，钻井井下故障时有发生，影响钻井安全与速度。浅表层溶洞、暗河发育，呈不规则分布，钻探过程中漏失严重，环保压力大；三叠系存在水层，二叠系长兴组、茅口组和栖霞组在局部地区存在浅层气，水层和浅气层（或含硫气层）均属于低压地层，使气体钻井技术应用受限；志留系的坍塌压力与漏失压力差值较小，井壁易失稳；目的层龙马溪组底部页岩气层，油气显示活跃、地层压力异常，气层压力系数为1.41~1.45。

（3）井身结构设计不尽合理，不能满足钻井提速的要求。如焦页 1 井，表层套管下至长兴组中部（井深 765m）是为了完全封固长兴组硫化氢气层，但二开在井深 773m 钻遇硫化氢，被迫终止空气钻进，转为常规钻井钻进，严重影响了钻井速度。

（4）长水平段生产套管和完井管柱的安全下入对水平段井眼轨迹要求高。焦石坝区块水平井的平均水平段长度为 1500m 左右，套管与井壁间摩阻大，套管下入难度大，因此对井眼轨迹提出了更高要求。

（5）长水平段的固井施工难度大，质量难以保证。一方面，水平段长度大，套管偏心严重，影响套管柱的居中度；另一方面，水平段使用油基钻井液，在井壁上形成了油膜层，对油膜的清洗效果直接影响到水泥胶结质量；同时，页岩气储层的多级分段压裂改造对水泥环的抗冲击能力和柔韧性要求也较高。

针对钻前工程难度大、成本高的问题，将焦石坝区块布井方式优化为小型丛式井模式，并对丛式水平井的钻井方位、水平段长度及井距等进行了优化。

（1）钻井方位。根据成像测井成果，焦石坝区块龙马溪组的最大水平主应力方向为近东西向，水平井眼沿最小水平主应力方向钻进，后期压裂裂缝与井眼方向垂直，压裂改造效果好。因此，水平段方位设计为近南北向，水平井方位偏移范围控制在 30° 以内。

（2）水平段长度。焦页 1HF 井水平段长 1000m，已获得高产工业气流。国外水平段长

度多为 1000~2000m，随着水平段长度的增大，初始产量相应增大。充分考虑目前国内实际的钻井技术水平，为最大限度地提高单井产能，将水平段长度优化为 1500m。

（3）井距与布井方式。考虑大型压裂裂缝的扩展长度，同时防止邻井压裂对后期钻井井壁稳定造成的不利影响，平均井距优化为 1000m，布井采用水平段方位垂直最大水平主应力方向（0°和 180°）和与最大水平主应力方向斜交相结合的方式。

前期钻探实践证明：小河坝组（埋深 2020m）之上地层比较稳定，2020~2450m 井段的坍塌压力系数为 1.10~1.78，漏失压力系数为 1.39~1.61，容易出现塌漏同层的情况；而且，随着钻井液浸泡时间的增长，坍塌压力有进一步升高的趋势，斜井段需要的钻井液密度高于直井段，这些因素也会带来井下复杂情况。该地区的地层必封点主要有：浅表溶洞（暗河）；三叠系的水层、漏层与二叠系的浅气层；龙马溪组页岩气层顶部"浊积砂岩"之上的易漏、易垮塌地层。根据地层必封点分析和三压力剖面，形成了"导管 + 三个开次"的井身结构方案：

（1）导管：采用 ϕ660.4mm 钻头，下 ϕ508.0mm 套管，套管下深 50m 左右，封隔浅表层溶洞，建立井口。

（2）表层套管：一开采用 ϕ444.5mm 或 ϕ406.4mm 钻头，下 ϕ339.7mm 表层套管，封隔三叠系的水层、漏层，为揭开二叠系的浅气层创造条件，采用内插法固井工艺，水泥浆返至地面。

（3）技术套管：二开采用 ϕ311.1mm 钻头，钻至龙马溪组页岩气层顶部，下 ϕ244.5mm 套管，封隔龙马溪组页岩气层之上的易漏、易垮塌地层，以钻入龙马溪组页岩气层顶部的标志性砂层——浊积砂岩为中完原则，水泥浆返至地面。

（4）生产套管：三开采用 ϕ215.9mm 钻头，完成大斜度井段和水平段钻井作业，下入 ϕ139.7mm 套管，水泥浆返至地面，射孔完井。

7.1.4 井口及地面特征

气田平均输压 4.88MPa，最高 5.89MPa（19#集气站），最低 3.14MPa（63#集气站）。输压 4.5~5.5MPa 的集气站共 44 座，占集气站总数的 72.1%；未有输压大于 6MPa 的集气站（图 7.1.5 和图 7.1.6）。

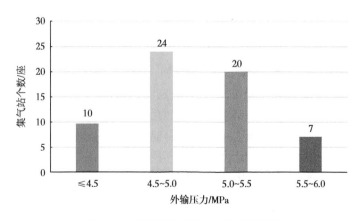

图 7.1.5 集气站输压分布统计柱状图

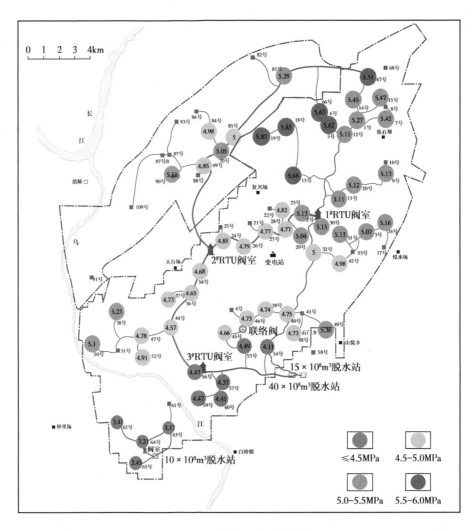

图 7.1.6　集气站输压分布图

7.2　压裂增产技术

涪陵焦石坝地区钻探的焦页 1HF 井压裂试气后获得了 $20.3 \times 10^4 m^3/d$ 的高产，成为国内第一口具有商业开发价值的页岩气井。但在该井压裂过程中，个别层段加砂异常，压裂液滤失严重，裂缝发育特征明显，调整设计参数后才得以顺利施工，反应出水平井段页岩地层的非均质性较强，所以有必要针对不同页岩地层采取差异化设计研究。

本章介绍了压裂材料的优选、簇间距和段间距的优化、压裂规模的优化以及适用于涪陵焦石坝地区的页岩气水平井分段压裂增产技术。

7.2.1　簇间距和段间距优化

考虑水平段地层岩性特征、岩石矿物组成、油气显示、电性特征等地质因素，兼顾岩石力学参数、固井质量等工程因素进行综合压裂分段。按照优化结果,水平段轨迹穿行于龙马溪组时,水平井按照 75~85m/ 段进行分段;水平段轨迹穿行于龙马溪组底部及五峰组,考虑到诱导应力的作用,适当加大段长,以 85~95m/ 段为宜。焦页 1 井五峰组—龙马溪组泥页岩层段地质特征如图 7.2.1 所示,

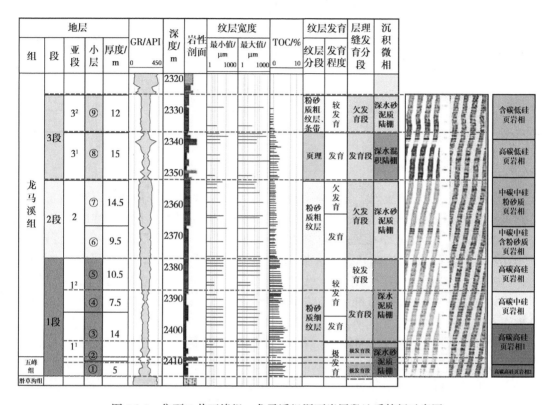

图 7.2.1　焦页 1 井五峰组—龙马溪组泥页岩层段地质特征示意图

以产能预测为基础对簇间距和段间距进行优化时,通过数值模拟确定经济效益最大情况下簇间距和段间距。模拟结果表明,储层下部处于页理缝极发育区,易形成较复杂的网络裂缝,簇间距为 30~35m、段间距为 35~40m。水平段轨迹穿行于龙马溪组中部及以上层段时,簇间距为 20~30m 较为适宜。

7.2.2　压裂规模优化

应用页岩储层缝网压裂模式,针对龙马溪组和五峰组进行优化设计,分单段 3 簇模拟 1400m³,1600m³,1800m³,2000m³ 压裂规模的支撑裂缝几何参数(表 7.2.1)。结果表明,龙马溪组以形成复杂裂缝为主,层理开启较少,裂缝延伸较为顺畅;五峰组以形成网络裂缝为主,层理开启较多,缝长延伸相对受限。考虑到目前井间距为 600m,为有效避免两井间产生干扰,裂缝半长控制在 300m 以内。根据 Meyer 压裂设计软件模拟结果,液量在 1400~1800m³ 时,裂缝半缝长为 260~290m,支撑半缝长为 195~210m,确定单段砂量为 50~70m³,满足压裂改造需求。

表 7.2.1　龙马溪组、五峰组不同压裂规模下三维裂缝参数

地层	液量 /m³	波及缝长 /m	支撑缝长 /m	缝高 /m	波及宽度 /m
龙马溪组	1400	240	200	54	60
	1600	270	220	54	64
	1800	290	240	55	75
	2000	310	165	65	80
五峰组	1400	220	170	43	81
	1600	235	185	45	90
	1800	240	200	45	93
	2000	255	210	41	96

7.2.3　压裂材料体系优选

借鉴北美页岩气压裂经验，选用减阻水体系和线性胶体系。减阻水能有效提高裂缝改造体积，中黏线性胶有利于提高缝内净压力，携带高浓度支撑剂，形成高导流能力主支撑裂缝。减阻水配方为 0.1%~0.2% 减阻剂 JC-J10 或 SRFR-1+0.3% 防膨剂 +0.1% 复合增效剂 +0.02% 消泡剂，两种减阻水体系表界面张力低，黏度 3~12mPa·s，减阻率 50%~70%，水化时间短，满足连续混配需求。线性胶配方为 0.3%SRFR-CH₃+0.3% 流变助剂 +0.15% 复合增效剂 +0.05% 黏度调节剂 +0.02% 消泡剂，配置好的液体表观黏度为 30~35mPa·s，悬砂能力强，易于水化，无残渣。

涪陵页岩储层闭合应力为 52MPa，要求支撑剂抗破碎能力高，并要满足减阻水加砂压裂工艺的需求，因此选择密度为 1.6g/cm³ 的树脂覆膜砂。经性能评价，在闭合应力 52MPa 条件下，破碎率低于 5%，导流能力在 20D·cm 以上，支撑裂缝的渗流能力强。选择粒径 100 目支撑剂 +40/70 目支撑剂 +30/50 目支撑剂组合，能有效提高裂缝支撑效果。

7.2.4　分段工艺

根据国内外页岩气压裂经验，套管固井完井多采用桥塞分段压裂施工，该工艺具有成本低、成功率高的特点。涪陵焦石坝地区页岩气水平井分段压裂选用桥塞分段方式，施工采用电缆射孔—桥塞联作工艺保证各个压裂层段的有效封隔和长时间大排量的注入，压裂结束后采用连续油管进行一次性钻塞，确保了压后井筒的畅通。

截至 2014 年 5 月，涪陵焦石坝地区页岩气水平井压裂试气 26 口井。试验井组采用"K"字形井网部署，单井水平段长度 1000~1500m，采用缝网压裂模式和组合加砂、混合压裂方式，实现长水平段桥塞多级压裂。对于水平段 1000m 长的井，单井平均液量 24288m³，单井平均砂量为 830m³，单段平均砂量为 58.5m³，单段平均液量为 1712m³；对于水平段 1500m 长的井，单井平均液量为 31347m³，单井平均砂量为 947.6m³，单段平均砂量为 52.3m³，单段平均液量为 1760m³。已完成试气的 26 口井投入试采后均获得较高产能，单井无阻流量（10.1~155.8）×10⁴m³/d，单井产量（5~35）×10⁴m³/d，区域井组产气量达 308.66×10⁴m³/d。

26 口井压裂共计 422 段，结合不同页岩地层，按照施工曲线特征及施工参数分析，

可分为 3 类。

（1）裂缝正常延伸、扩展类型。此类曲线表现为在施工过程中，压力缓慢下降或保持平稳 [图 7.2.2 (a)]，共计 269 层，占总施工段数的 58.7%，主要分布于龙马溪组中部以上层段，说明施工过程中裂缝能够正常起裂延伸，并在形成主缝后不断向远处延伸。

（2）压力逐渐上升类型。此类曲线主要特征为前期加砂正常，当中高砂比段塞进入地层后，压力出现上升 [图 7.2.2 (b)]，统计共 153 层，占总施工段数的 33.4%。处理对策为降低砂比，加大隔离液用量。一般在进入龙马溪组底部和五峰组时多出现该种情况，原因可能是页理缝极发育，液体滤失量大，缝宽有限，裂缝延伸困难，对砂比提升较敏感。

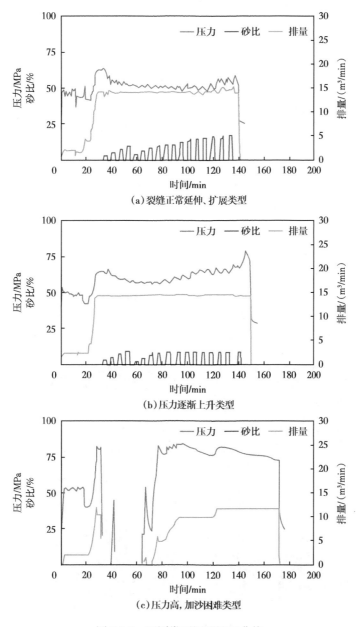

图 7.2.2　不同类型压裂施工曲线

（3）压力高，加砂困难类型。此类曲线主要特点为从替酸开始施工压力就居高不降，酸蚀压降后压力又会迅速爬回高点，地层对砂比非常敏感，加砂极为困难［图7.2.2（c）］。统计共36层，占总施工段数的7.9%。遇到该类情况时，主要对策为二次替酸，以降低施工压力，并高挤胶液促进裂缝延伸、扩展。该种情况多出现在龙马溪组和五峰组界面的凝灰岩，其塑性强，裂缝延伸极困难，不具备加砂条件。

7.3　排水采气工艺技术

7.3.1　产出剖面测井技术

四川盆地涪陵页岩气藏采用长水平井分段压裂开发模式，由于水平井井眼轨迹、井身结构特殊性，常规的工具组合很难在水平段顺利平稳起下。此外，水平井段的流动以分层流为主，且气水之间存在滑脱现象，常规流量剖面测井仪在井筒中居中测量，无法评价流体水平分层流动情况。针对以上问题，在涪陵页岩气田采用流体扫描成像测井技术进行水平井产出剖面测井及资料解释，解决了传统产出剖面测井技术应用于水平井的困难。

流体扫描成像（Flow Scanner Image，FSI）测井仪针对大斜度井和水平井，可测量自然伽马、磁定位、温度、压力、流量、持水率、持气率等参数。FSI一个仪器臂上有4个微转子流量计，测量流体流动速度剖面，另一个仪器臂上有5个FlowView电探针和5个Ghost光学探针，分别测量局部的持水率和持气率，如图7.3.1所示。利用温度、压力数据的解释方法只能定性了解主要生产层情况，而集成多个流量转子和传感器的流体扫描成像测井仪，对井筒实现分层流速、分层相持率的测量，实现了产出的定量分析，且精度高。利用产出剖面测井资料，可以认识水平井流态分布规律；求取分层产量，优选穿层；优化分段压裂参数；优化井身轨迹；指导生产。该技术的应用对涪陵页岩气水平井的轨迹优化、分段压裂参数优化及生产管理提供了技术依据。

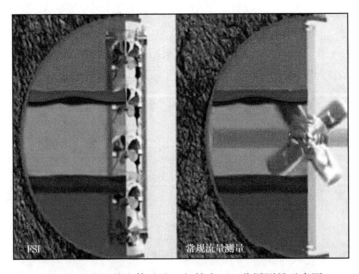

图7.3.1　水平井流体流速、相持率FSI分层测量示意图

通过 FSI 测试分析，涪陵页岩气藏 1 号、3 号产层为主力产层，应确保水平段尽量在该层穿行；综合压裂参数对比分析，认为单段液量在 2000m³，平均砂比在 6%~8% 之间时，产量较高；采取水平段大于 90° 的井眼轨迹和 12×10⁴m³/d 的生产方式更利于井底积液的排出。FSI 测试为涪陵页岩气水平井的轨迹优化、分段压裂参数优化及指导生产管理提供可靠依据，并取得良好效果。

7.3.2　压裂改造工艺

焦石坝区块产建过程中积极实践了一体化高效开发模式，整个工作流程和思路以勘探与开发、地面与地下、科研与生产一体化研究和现场实施为基础，以油公司模式、市场化运作、制度化体系及协同化服务为保障，实现了高水平、高速度、高质量、高效益开发，如图 7.3.2 所示。

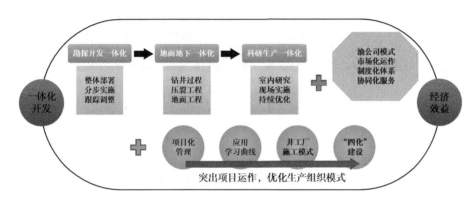

图 7.3.2　一体化开发模式

页岩气平台主要通过井组间改造体积的交叉覆盖，实现产能释放的目的，多井开展工厂化压裂较单井压裂而言能沟通更大范围的储层有利区域，形成更大的储层改造体积，具有明显的优势。就焦石坝区块而言，一方面，可通过优化布井模式减少平台建设、节约用地，采用交叉式全覆盖布井方案和经济优化型"井工厂"平台布局；另一方面，该区域相对复杂的山地环境对"工厂化"压裂车组、设备配套、场地、供水供液等后勤保障提出了更高要求。因此，在涪陵页岩气田开发过程中应用"井工厂"拉链压裂施工模式，同时集成应用设备组配优化等多项技术，可全面提升生产时效。目前国内外在"工厂化"拉链压裂机理研究和现场实践应用方面取得了丰富成果，通过多井—井组交叉压裂造立体缝网可沟通储层、充分动用地质储量，如图 7.3.3 所示。

"平面—横向—段间" 3 层次的工程参数优化如图 7.3.4 所示，是实现水平井组拉链压裂整体参数设计的具体手段。针对涪陵页岩储层特点，为实现上述目标，应从 3 个层次对工艺参数进行优化设计：（1）与平面井组所在区域地质特征、井网井距分布相匹配的压裂主体工艺、交叉布缝及裂缝参数设计；（2）从横向波及宽度覆盖全水平井筒考虑优化段簇间距、簇数及施工排量；（3）从段间多尺度人工裂缝扩展与支撑考虑优化不同层段压裂液及支撑剂体系、泵注工艺。

目前，拉链整体压裂及配套工艺技术在焦石坝区块 40 多个平台累计应用 200 余口井 4000 余段，平均单井无阻流量为 $38.5×10^4m^3/d$，相比单井压裂模式施工周期缩短 30%~40%，单井产能、施工时效明显提高。

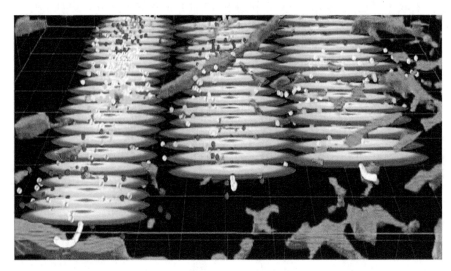

图 7.3.3　拉链压裂多井交叉立体布缝示意图

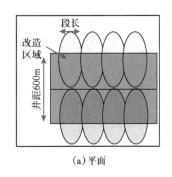
（a）平面

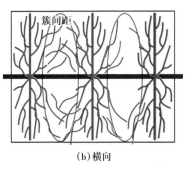
（b）横向

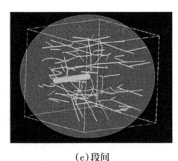
（c）段间

图 7.3.4　多层次工程参数优化理念

涪陵焦石坝地区钻探的焦页 1HF 井压裂试气后获得了 $20.3×10^4m^3/d$ 的高产，成为国内第一口具有商业开发价值的页岩气井。但在该井压裂过程中，个别层段加砂异常，压裂液滤失严重，裂缝发育特征明显，调整设计参数后才得以顺利施工，反应出水平井段页岩地层的非均质性较强。因此，在压裂改造试验过程中，开展了以水平井分段压裂优化设计为主体的技术研究，优化了水平段长度、簇间距、段数、规模等参数，优选了压裂材料和施工工艺，确定了主导压裂工艺技术。

考虑水平段地层岩性特征、岩石矿物组成、油气显示、电性特征等地质因素，兼顾岩石力学参数、固井质量等工程因素进行综合压裂分段。对于簇间距和段间距优化主要是以产能预测为基础，通过数值模拟确定经济效益最大情况下簇间距和段间距。根据模拟结果，储层下部处于页理缝极发育区，易形成较复杂的网络裂缝，簇间距为 30~35m、段间距为 35~40m。水平段轨迹穿行于龙马溪组中部及以上层段时，簇间距为 20~30m 较为适宜。

经过 26 口井的现场实施，效果显著，压裂井均获得了较高产能，平均单井无阻流量

（10.1~155.8）×10^4m³/d，证实了以"复杂缝网＋支撑主缝"为改造主体的页岩气水平井分段压裂技术的有效性，采用高效减阻水和线性胶的混合压裂液体系、低密度支撑剂组合，大排量泵注，提高净压力等措施，达到了形成复杂裂缝的目的，形成了适用于涪陵焦石坝地区页岩气的水平井分段压裂改造技术，为其他区块页岩储层压裂改造提供了技术借鉴。

7.3.3　生产参数优化

为研究涪陵焦石坝区块页岩气井产量递减规律和影响产量递减典型曲线的主要因素，依据该区块典型页岩气井生产数据，可以采用拟合方法，建立归一化拟产量与物质平衡时间的递减典型曲线，分析气井初始产能、生产时间、配产、产水量、地层压力和井底流压对产量递减典型曲线和可采储量评价的影响。在建立涪陵焦石坝区块页岩气井归一化拟产量与物质平衡时间的递减典型曲线的基础上，结合气井生产数据，分析气井初始产能、生产历史、配产、产水量、地层压力、井底流压对产量递减典型曲线的影响，研究了产量递减典型曲线在页岩气井可采储量评价、气井合理配产、流动阶段划分 3 方面的应用。

研究表明，采用产量递减典型曲线评价可采储量时，既考虑了研究井目前的生产特征，又可反映后期变化特征，因此该方法较常规的物质平衡法、弹性二相法、经验类比法更为可靠；页岩气井产能和生产规律是一个动态变化的过程，因此应动态合理配产，注意分区、分井、分阶段的差异性；对产量递减典型曲线取归一化拟产量和物质平衡时间的双对数曲线后，在完整的生产周期内可根据斜率判别页岩气井所处的流动阶段。采用不同方法计算涪陵页岩气田焦石坝区块的可采储量，结果见表 7.3.1。

表 7.3.1　涪陵页岩气田焦石坝区块多方法可采储量评价结果

方法		单井技术可采储量 /10^8m³	平均单井技术可采储量 /10^8m³
行业标准	产量递减法	0.26~2.08	0.80
	流动物质平衡法	0.36~4.37	2.40
	数值模拟法	0.35~4.22	2.00
常规气藏工程	弹性二相法	0.73~4.31	2.20
	产量累计法	0.39~1.60	1.00
	压降法	0.42~2.96	1.00
非常规方法	不稳定产量分析法	0.64~3.40	1.80
	典型曲线法	1.03（裂缝区）	1.72
		2.16（主体区）	
国外经验法	SEC 上市储量评估法	0.33~2.55	1.75

应用区块归一化拟产量递减典型曲线可相对准确地评价气井可采储量，指导气井合理配产、识别页岩气井流动阶段，预测涪陵页岩气田焦石坝区块主体构造区平均单井技术可采储量可达 $2.16×10^8m^3$，裂缝发育区平均单井技术可采储量为 $1.03×10^8m^3$。在开发实践中，需采用多方法准确评价气井初始产能，采用地层测试和压力恢复试井准确获取原始地层压力，选取典型井进行连续井底流压监测等措施获得准确的气井资料，方可建立相对准确的产量递减典型曲线。利用产量递减典型曲线评价可采储量和配产时，需分区对待，确定低、中、高产能区的吻合度，建立分区应用调节系数，以提高评价精度。

为了准确地评价页岩气井各阶段的生产特征，探寻其生产动态变化规律，可以采用弹性产率作为描述页岩气井生产动态的主要技术指标。影响弹性产率整体变化的主控因素，主要表现为以下几个方面：

（1）气井能力。

利用 RTA 不稳定产量分析法评价单井可采储量是目前普遍较为认可的一种评价方法，而可采储量的大小一定程度上反映了气井应具备的能力，高产气井往往伴随着高生产压力、高压力保持水平及长稳产时间。同样，在弹性产率的表现上，也具有类似特点。

（2）偏差系数 Z。

偏差系数是指在相同温度、压力下，真实气体所占体积与相同量理想气体所占体积的比值，反映了实际气体偏离理想气体状态的程度。页岩气井生产后期，当地层压力下降至一定阶段，弹性产率受其影响开始下降，因此认为在这个阶段，页岩气井往往进入了低压期，需要通过其他方式来改善生产效果，不再需要考虑弹性产率的变化，即使考虑，就其理论变化趋势而言，变化幅度也非常小，可以忽略。

（3）合理配产。

页岩气井以控压定产为主要的生产方式，这就要求气井需具备较为合理的工作制度，过低配产致使达不到气井所需临界携液流量，过高配产则可能对气井造成无法恢复的伤害，结合前文所述，在不考虑偏差系数 Z 的情况下，利用井口压力近似计算弹性产率，此时配产的影响就显得尤为突出。

采用弹性产率来描述控压定产页岩气井生产特征，可以消除部分由于关井或调产带来的压力变化影响，较为直观且规律地观察到气井的生产变化，且理论部分及现场实际均表现出较为一致的变化趋势。页岩气井弹性产率的变化受气井本身能力、偏差系数及配产影响。气井能力越强，各阶段弹性产率越高，同时，为保证气井稳定高效生产，在追求高弹性产率的同时，避免弹性产率下降，应对气井合理配产。

如图 7.3.5 所示，A 井为焦石坝区块一高产井，试气无阻流量为 $83.36×10^4m^3/d$，按照相关配产方法，该井初期最高配产应为 $15×10^4m^3/d$，合理配产为 $12×10^4m^3/d$，但由于生产需要，在累计产气（600~1700）$×10^4m^3$ 阶段，按照 $30×10^4m^3/d$ 高负荷生产，在此阶段，其弹性产率整体偏低，且变化趋势异常，虽然此后降低配产，弹性产率有增加趋势，但到 $7000×10^4m^3$ 累计产气阶段，其水平也只有 $250×10^4m^3/MPa$ 左右，这与其本身应具备的能力不符。分析认为，过高配产对气井造成了伤害，超过最高配产生产，气井弹性产率不增反降，且其弹性产率整体水平将偏低，所以为保证气井稳定生产，在追求较高弹性产率保持水平的同时，应确保气井在不同阶段均保持合理工作制度生产。

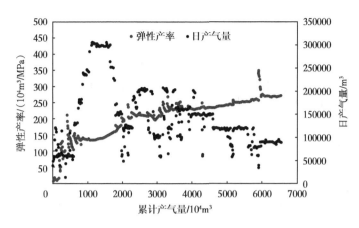

图 7.3.5　A 井弹性产率与日产气量随累计产气量变化图

7.3.4　泡沫排水采气

泡沫排水采气工艺是指从井口向井底注入某种能够遇水起泡的表面活性剂，井底积水与泡排剂接触以后，借助天然气流的搅动，生成大量低密度含水泡沫，随气流从井底携带到地面，从而达到排出井筒积液、保证生产正常进行的目的。国外页岩气田的泡排采用由一台地面泵和一个药剂罐组成的药剂注入装置，采用太阳能供电，一口井使用两套注入装置分别加注起泡剂和消泡剂。根据国内页岩气的管理模式、水平井井型、集输工艺的要求，需要采用橇装化、远程控制的药剂自动加注装置，如图 7.3.6 所示。使用起泡力、稳泡性、携液量更优的起泡剂及消泡性能更优的消泡剂。

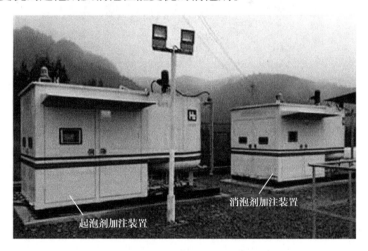

图 7.3.6　平台起泡剂、消泡剂加注装置

页岩气泡排的难点之一是消泡，一旦消泡控制不好，将造成增压机损坏及脱水溶液发泡。在现场实施过程中，通过以下 3 个方面的措施来确保消泡效果。

（1）控制起泡剂用量。

在保证泡排效果的基础上，尽量降低起泡剂用量。通过对起泡剂加注制度的优化，起泡剂用量控制在 2.0g/L 以内可以满足页岩气井带液的要求。

（2）不断改进消泡剂性能评价方法、提升消泡剂性能。

在 Q/SY 17001—2016《泡沫排水采气用消泡剂技术规范》规定的消泡时间和抑泡时间的基础上，建立了模拟现场起泡剂和消泡剂作用过程的高速搅拌评价消泡率的方法，评价了加入消泡剂与不加入消泡剂时 100mL 起泡剂溶液经过 11000r/min 高速搅拌 1min 后初始及 3min 时的泡沫体积，并计算消泡率。在此基础上，通过对消泡剂的有机硅主剂、乳化剂及增黏剂进行优选，优化消泡剂配方。

（3）加强对消泡效果的监控。

为增强消泡效果，提高药剂使用效率，现场试验应用雾化消泡装置，如图 7.3.7 所示，对消泡效果的监控包括以下 3 项内容：①从分离器排污口肉眼观察，排污结束后污水池内的泡沫应在 3min 内完全消失；②缓慢打开高级孔板阀的排污阀门，肉眼观察排污口为纯气或有少量水，无稳定泡沫；③从排污口取泡排返出水进行二次发泡评价，要求 100mL 返排水样以 11000r/min 高速搅拌 1min 后，初始泡沫体积小于或等于 15.0mL、3min 时泡沫体积小于等于 5.0mL。

图 7.3.7　集成化消泡剂雾化装置照片

2018—2019 年在长宁区块 9 个平台实施了平台整体泡排技术，见表 7.3.2，9 个平台气产量增加比例在 9.55%~41.54% 之间、平均为 25.02%，水产量增加比例在 1.6%~48.0% 之间，平均为 19.1%。

表 7.3.2　9 个平台泡排效果对比表

平台编号	泡排前		泡排后		增量		增加比例	
	气产量 /（$10^4 m^3/d$）	水产量 /（m^3/d）	气产量 /（$10^4 m^3/d$）	水产量 /（m^3/d）	气产量 /（$10^4 m^3/d$）	水产量 /（m^3/d）	气产量 /%	水产量 /%
B	9.70	11.90	13.50	15.80	3.80	3.90	39.18	32.8
C	19.63	19.68	22.78	20.00	3.15	0.32	16.05	1.6
D	17.90	41.90	20.00	43.40	2.10	1.50	11.73	3.6
E	12.80	10.66	17.30	15.78	4.50	5.12	35.16	48.0

平台编号	泡排前		泡排后		增量		增加比例	
	气产量 / （$10^4 m^3/d$）	水产量 / （m^3/d）	气产量 / （$10^4 m^3/d$）	水产量 / （m^3/d）	气产量 / （$10^4 m^3/d$）	水产量 / （m^3/d）	气产量 / %	水产量 / %
F	26.68	77.20	35.32	85.50	8.64	8.30	32.38	10.8
G	26.10	25.30	28.80	29.10	2.70	3.80	10.34	15.0
H	7.89	7.88	10.20	8.83	2.31	0.95	29.28	12.1
I	6.50	7.80	9.20	8.80	2.70	1.00	41.54	12.8
J	22.00	35.80	24.10	48.30	2.10	12.50	9.55	34.9

现在的工艺是派人驻扎井口定期从气液分离器取样，观测泡沫高度，并根据泡沫量定期加消泡剂。为了实现泡排工艺中井口泡沫含量监测的自动化、数字化、智能化，从而节约人工成本，更重要的是为后期实现精准投放消泡剂做准备，提出了一种泡排采气井口泡沫含量云端监测系统。

泡排采气井口泡沫含量云端监测系统总体架构如图 7.3.8 所示。主要由监测部件层、数据采集层、云端管理层和交互层 4 个模块组成。

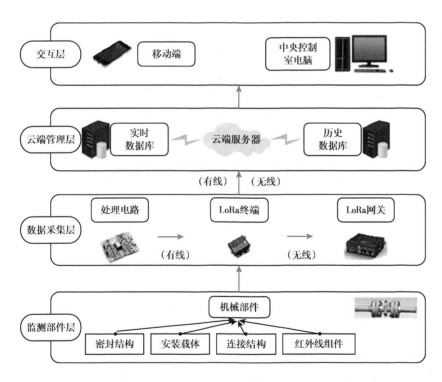

图 7.3.8　泡沫含量云端监测系统架构图

监测部件是整体设备的基础和载体，主要起着安装红外线信号发射端和接收端、连接产气主管道的作用。数据采集层通过处理电路将红外线接收端接收到的信号进行模型转换、整形放大，以无线的方式将数据传输至云端管理层。云端管理层再将数据存入数据库，对数据进行计算处理，能够实时调用和数据查询，可追溯现场的生产情况，且可以将数据与现有的其他自动化设备进行对接。交互层调取服务器中的数据，以 Web 的方式将泡沫含量实时显示出来。

井口泡沫含量的自动化检测是实现智能化、无人化产气的关键技术之一，下一步需要围绕现场应用实验、检测系统机械部件的优化、产气管道泡沫含量的实时分布形态算法和与现场消泡剂的自动投放设备实现对接等各个方面展开研究。

7.3.5 射流泵排水采气

射流泵的主要由喷嘴、喉管和扩散管三个部分组成，如图 7.3.9 所示。射流泵排采工艺主要利用喷射原理，将由地面高压泵提供的高压动力液通过喷嘴形成的高流速低压头的流体泵入喉管中，与通过吸入口进入喉管的井底积液均匀混合。当混合液通过具有不断增大的横截面积的扩散管时，液体的流速持续不断地降低，而压力不断升高，即混合液的动能持续不断地转换为压能，直至混合液压力高于液体静液柱的压力时，井底积液将被举升至井口。

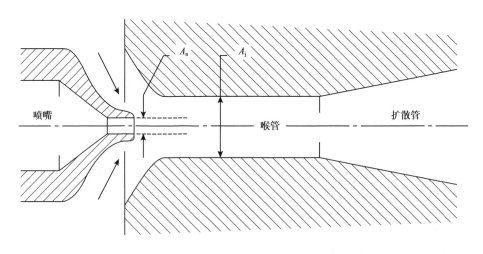

图 7.3.9 射流泵工作原理示意图

射流泵工艺在常压页岩气排水采气中是适用的，一定程度上解决了常压页岩气排采中的技术难题，丰富了常压页岩气排水采气工艺。相比电潜泵排水采气工艺，射流泵工艺更适合常压页岩气井后期生产中的排水采气，能有效降低生产成本。

XX 工程院于 2019 年 5 月选用同心双管射流泵在 XX 区块 XX 井进行了试验应用。XX 井是一口常压高气液比的页岩气井，该井通过采取静压测试措施（压力计下入气层中部深度 3000m），实测井下压力为 27.23MPa，压力系数为 0.908，同时测得该储层的地层静温是 84.37℃，地温梯度为 2.55℃/100m。XX 井在启泵工作 14.2h 后停泵，通过小油管环空进行自喷生产，气井的累计产气量为 $104.01 \times 10^4 m^3$，累计产水量为 $86.75 m^3$，气液比为 $11921.74 m^3/m^3$，由于气井产气量较大，地层产水呈连续相被气体携带出小油管环空。其生产数据见表 7.3.3。

表 7.3.3 XX 井正常自喷携液生产数据

日期	排水 /（m³/d）	采气 /（10⁴m³/d）	小环空压力 /MPa	套压 /MPa	油压 /MPa	外输压力 /MPa
2019-8-29	9.00	11.40	15.60	20.4	19.9	2.64
2019-8-30	14.00	16.02	14.20	19.8	19.0	2.51
2019-8-31	10.00	9.90	15.50	19.0	19.0	2.97
2019-9-1	11.00	11.10	11.30	19.0	17.8	2.95
2019-9-8	9.00	11.70	14.50	19.0	18.0	1.80
2019-9-9	11.25	12.33	14.50	19.0	18.0	2.11
2019-9-10	11.00	17.16	14.13	19.0	18.0	2.11
2019-9-11	11.50	14.40	14.50	19.0	18.0	2.10

根据页岩气井的自喷生产数据，该井平均产气量为 $14.86 \times 10^4 m^3/d$，远大于最大临界携液流量 $6.752 \times 10^4 m^3/d$，证明设计的射流泵下泵深度满足现场生产的需要，能够保证该井在较长时间内正常带液生产并且节省管柱，降低了生产成本，提高了经济效益。

7.4 其他配套技术

7.4.1 动态监测技术

页岩气井生产动态监测可为页岩气开发措施的制定提供科学依据，是保障页岩气效益开发的有效手段之一。

目前我国页岩气井的生产动态数据主要通过生产测井和试井作业等获取，即在井口通过电缆把监测仪器下到产层，录取一段时间的生产动态信息，通过电缆把数据传到地面，待作业结束后，再将监测仪器随电缆一起取出井筒。

气井动态监测是科学管理气井的重要技术手段，通过对气井在生产过程中的产量、压力、流体物性的变化，以及井下、地面工程的变化等监测，及时有效地指导其合理开采。动态监测的内容主要包括压力、温度、产量、产出流体理化性质以及工程参数变化等。目前针对页岩气单井的动态监测方法基本成形，见表 7.4.1。

表 7.4.1 页岩气井动态监测项目

序号	监测项目	所取资料	监测目的
1	压力恢复试井	井筒静止压力梯度 / 流动压力梯度、井筒静止温度梯度 / 流动温度梯度、压力恢复试井数据、井底压力数据	分析储层渗流参数，评估气井压裂效果；掌握气井井筒积液状况，为工艺措施选择提供依据
2	产能试井	井筒静止压力梯度 / 流动压力梯度、井筒静止温度梯度 / 流动温度梯度、产能试井井底压力数据	计算气井产能；掌握气井井筒积液状况，为工艺措施选择提供依据

续表

序号	监测项目	所取资料	监测目的
3	干扰试井	压力恢复试井井底压力数据、激动井生产数据和井底流压数据、观测井井底压力数据	分析储层渗流参数，评估气井压裂效果；计算激动井产能；分析气井的井间干扰
4	生产测井	产层段流体剖面和流动压力剖面	掌握气井井筒积液状况，为工艺措施选择提供依据；掌握气井流体剖面，定量分析压裂段的压裂效果，分析气井产能
5	流体性质监测	井口气、水样全分析数据	分析气井产出流体性质，实时掌握压裂液返排状况

但是，目前动态监测技术还存在一些不足之处，例如：（1）包括测井车、防喷设备等在内的井口装备复杂，操作难度大，且风险高，同时还影响页岩气井正常生产；（2）页岩气井多采用水平井开发，由于井斜较大，监测仪器随电缆下入的深度受限，难以到达产层位置，获取数据与真实产层数据有差异；（3）生产测井或试井作业为间断性开展，如半年一次，而且每次作业时间有限，如5天左右，获取数据为静态的、不连续数据，数据量少，不能了解井下动态全貌；（4）随着页岩气大量开发，未来页岩气井越来越多，可达数以千计的页岩气井，生产测井工作量巨大，难以口口井兼顾。

7.4.2 增压开采

在天然气开采过程中，气田开采进入后期阶段之后，其中的压力指标会逐渐降低，压力无法满足天然气输送要求，导致天然气输送困难，为了确保天然气能够持续供应，需要合理利用增压开采工艺技术，做好各个方面的协调工作。

随着对气田的深度开发，进入到后期开发阶段，开采难度也会逐渐增大，主要表现在以下几个方面：气井中的压力呈一个逐渐递减的趋势，空气压力在气井中的底部最低，使得后期压力供应不足，无法满足压力推动需求，使得天然气无法正常输出；在气田的后期开采中，水量增加呈一个不稳定的状态，水量的不稳定波动对环境的内部监测指标会造成一定的影响，无法准确判定气井的资源开采情况，导致后期的天然气资源开采受阻，缺乏明确的参考指标，也有可能造成不少天然气资源的浪费。为了确保天然气开采的有序性，需要合理利用增压技术，使天然气开采能够满足预期的资源估计，我国在天然气开采方面还存在一定的局限性，对于增压开采技术的应用不够全面，还有不少问题需要解决。同时应用增压开采技术需要尽可能考虑以下几个方面：

（1）选择合适的气井和气田。

针对气田后期开发，因为开采的复杂性，需要制定合理的天然气增压开采工艺方案，在方案制定过程中，选择合适的气井和气田是非常重要的。合适的气井和气田，才能保证投资和生产成正比。

（2）增压站位置的合理性。

在应用天然气增压开采技术的过程中，增压站位置设置的合理性是非常关键的，关系着技术应用的有效性。为了更好完成高压气体和低压气体的分层输送，设置增压站的时候，尽可能将增压站设置在气场附近。

（3）设备选型应与气田生产需求相贴合。

对于天然气增压开采技术的应用，需要综合考虑各个方面的影响因素，做好各个方面的协调工作，结合气田的实际生产情况，对设备的选型和工艺进行合理的优化完善，同时在设备型号选择上，需要与天然气增压开采工艺技术保持极高的契合度，确保天然气开采的有序性。

（4）压缩机工况与气田生产变化相适应。

在气田开发的后期，需要对气田或者气井天然气储量进行一个有效的勘察，判定是否满足增压开采技术的应用标准，然后对压缩机和型号、规格、数量等进行一个有效的选择，确保各个环节都能落实到位，使天然气增压开采技术发挥最大的应用优势。

涪陵页岩气田是我国最大的页岩气生产基地，随着开发的进行，部分气井压力下降较快，接近与输压持平。为保障气井生产、延长气井寿命、提高页岩气的采收率，涪陵页岩气田进行了大规模的增压开采。实践证明，增压开采对降低气井废弃压力、提高气井可采储量有显著效果。

7.4.3　信息化自动化技术

由于我国的页岩气分布比较广泛，涪陵大型页岩气的开发为我国页岩气的信息化和自动化开发提供了经验。

对中国石化涪陵页岩气的开发实施井工厂模式，满足页岩气钻井的需要。应用国产的钻机能够实现页岩气井的钻探施工需要。依据涪陵页岩气层的地质特点，实施钻井技术攻关，形成了空气钻井、泡沫钻井、清水钻井、PDC 与复合钻井技术的结合等形式，达到提高机械钻速的效果。针对页岩气开发的特殊情况，优化设计井身结构，如果预测溶洞比较深的话，增加一层导管，第二层导管应用于空气钻井。对于钻探水平井段的漏失问题，通过优化设计钻井参数，防止井漏及井喷事故的发生，保证安全钻探，达到预期的页岩气井的钻探效果。采用油基钻井液体系，实现正常的钻井液的循环，保证井壁的稳固，防止井壁坍塌，避免影响页岩气的开采。应用地质导向钻井技术措施，合理控制井眼轨迹，防止长的水平井段产生坍塌的现象，合理设计钻井液的密度，减少对页岩气层的伤害，达到清洁绿色施工的条件。将旋转导向钻井技术和地质导向钻井技术结合起来，有利于钻探造斜井段、稳斜井段和直井段，保证达到水平井段井眼轨迹，提高页岩气井的钻井效率。

目前，通过对页岩气开发过程中应用的钻机进行自动化改造升级技术的分析，解决页岩气开发过程中钻探的技术问题。地面的自动化钻井设备包括绞车和自动送钻装置，顶部驱动钻井装置，钻井管柱的自动化操作装置，一体化司钻控制系统，实现了页岩气钻探的自动化。各种自动化钻机的应用，促进页岩气的开发进度，适应页岩气田生产的需要。随着信息技术、计算机技术的不断发展，钻机的自动化技术也得到进一步的提高。

（1）自动化钻机现状。

在页岩气钻井施工过程中，应用自动化钻机，达到最佳的钻探效率。变频传动技术在页岩气钻井中成功应用，对于交流变频钻机的应用方面，西门子公司的变频器被应用于钻机的配置中，而国产的电动机很难推广使用，依据钻机的特点可以实现单传动和多传动的模式，达到自动钻探的效果。

（2）自动化钻机的发展趋势。

为了更好地开发页岩气田，对自动化钻机进行研究，预测发生趋势，更好地适应页岩气生产的需要。不断开发自动化的工具，通过控制系统的指挥和协调，自动化的工具能够进行动作，完成页岩气井的钻探，降低岗位员工的劳动强度，而且能够满足井控的需要，有效地防止井喷等事故的发生，保证安全钻进。

通过对涪陵页岩气开发中自动化钻机的现状和发展的研究，解决页岩气开发的钻探问题，为更好地开发页岩气奠定了基础。由于涪陵的页岩气田具有压力高、气井的产量高、二氧化碳含量低、不含有硫化氢的特点，具有非常广阔的开采前景。应用自动化钻机对页岩气井进行钻探，分析自动化钻机的应用现状，分析其发展前景，对页岩气的开发具有推动作用。

参 考 文 献

邹顺良，杨家祥，胡中桂，等，2016. FSI 产出剖面测井技术在涪陵页岩气田的应用 [J]. 测井技术，40（2）：209-213.

王志刚，2014. 涪陵焦石坝地区页岩气水平井压裂改造实践与认识 [J]. 石油与天然气地质，35（3）：425-430.

肖佳林，李奎东，高东伟，等，2018. 涪陵焦石坝区块水平井组拉链压裂实践与认识 [J]. 中国石油勘探，23（2）：51-58.

沈金才，刘尧文，2016. 涪陵焦石坝区块页岩气井产量递减典型曲线应用研究 [J]. 石油钻探技术，44（4）：88-95.

谭聪，2017. 涪陵焦石坝区块页岩气井弹性产率变化规律研究 [J]. 新疆石油天然气，13（3）：5，65-70.

蒋泽银，李伟，罗鑫，等，2020. 页岩气平台井泡沫排水采气技术 [J]. 天然气工业，40（4）：85-90.

郑瑞，梁静，李莹，等，2021. 泡沫排水采气井口泡沫含量云端监测系统 [J]. 天然气工业，41（S1）：171-176.

蒋一欣，刘成，高浩宏，等，2021. 昭通国家级页岩气示范区泡沫排水采气工艺技术及其应用 [J]. 天然气工业，41（S1）：164-170.

张浩，张志全，刘捷，等，2020. 页岩气井射流泵排水采气工艺下泵深度优化设计 [J]. 科学技术与工程，20（27）：11087-11091.

王玉海，夏海帮，包凯，等，2019. 射流泵工艺在常压页岩气排水采气中的研究与应用 [J]. 油气藏评价与开发，9（1）：80-84.

杨宗桂，2020. 涪陵页岩气田焦石区块增压开采效果预测 [J]. 江汉石油职工大学学报，33（1）：4.

赵启宏，柳文清，孙建兵，2020. 提高增压开采应用效果和方法研究 [J]. 云南化工，47（9）：146-147，150.

唐建荣，张鹏，吴洪波，等，2009. 天然气增压开采工艺技术在气田开发后期的应用 [J]. 钻采工艺，32（2）：95-96.

王睿，卓吉高，夏苏疆，等，2021. 页岩气测试自动化技术研究与应用 [J]. 中国设备工程，S1：130-132.

朱琳，2022. 气田开发后期天然气增压开采工艺 [J]. 化学工程与装备，7：106-107.

刘小伟，2017. 在涪陵页岩气开发中自动化钻机的现状和发展——"十三五"国家科技重大专项深层页岩气开发关键装备及工具研制 [J]. 化工管理，27：70.

附录　单位换算表

1 psi = 6894.76Pa

1 bar = 1×10^5Pa

1 in = 2.54cm

1 ft = 30.48cm

1 bbl = 0.159m^3

1 gal = 3.785L

1 Btu = 1055.06J

BOE = 6.1GJ

$$°F = °C \times \frac{9}{5} + 32$$